普通高等教育"十三五"规划教材

电力电子电路及容差电路
故障诊断技术

蔡金锭　刘庆珍　鄢仁武　著

U0305478

机 械 工 业 出 版 社

《电力电子电路及容差电路故障诊断技术》是一本面向从事航空航天、通信和电力电子工程等专业技术人员的专著。书中总结了作者近几年来在电力电子电路及容差电路故障诊断研究领域取得的成果，以及各种故障诊断的方法和理论。全书共 11 章，分别阐述了电力电子电路故障诊断技术研究现状和故障诊断机理及特点、基于人工神经网络的故障诊断法、BP 神经网络混合算法的故障诊断法、频谱分析和粗糙集理论的故障诊断法、ARMA 双谱与离散隐马尔可夫故障诊断法、ARMA 双谱与 FCM-HMM-SVM 故障诊断法、小波分析与随机森林算法的故障分类、子网络级电路故障可诊断性和交叉撕裂逻辑诊断、容差网络电路故障的区间诊断法、大规模容差网络可测点的优化选择和电力电子电路故障诊断系统的设计等。

本书在内容上注重理论联系实际，书中含有大量的故障诊断分析示例、图形和曲线，供读者系统学习和掌握电力电子电路及容差电路故障诊断的基本方法和步骤。本书可作为高等院校电类专业、研究生和本科生教材，也可供从事航空航天、通信和电力电子工程等的技术人员学习和参考。

图书在版编目（CIP）数据

电力电子电路及容差电路故障诊断技术/蔡金锭等著 . —北京：机械工业出版社，2016.6

普通高等教育"十三五"规划教材

ISBN 978-7-111-53135-7

Ⅰ.①电… Ⅱ.①蔡… Ⅲ.①电力电子电路—故障诊断—高等学校—教材 Ⅳ.①TM13

中国版本图书馆 CIP 数据核字（2016）第 041054 号

机械工业出版社（北京市百万庄大街 22 号　邮政编码 100037）
策划编辑：贡克勤　责任编辑：贡克勤　路乙达
版式设计：赵颖喆　责任校对：刘秀芝
封面设计：张　静　责任印制：李　洋
北京瑞德印刷有限公司印刷（三河市胜利装订厂装订）
2016 年 5 月第 1 版第 1 次印刷
184mm×260mm · 13 印张 · 320 千字
标准书号：ISBN 978-7-111-53135-7
定价：39.00 元

凡购本书，如有缺页、倒页、脱页，由本社发行部调换

电话服务　　　　　　　　网络服务
服务咨询热线：010-88379833　机工官网：www.cmpbook.com
读者购书热线：010-88379649　机工官博：weibo.com/cmp1952
　　　　　　　　　　　　　　教育服务网：www.cmpedu.com
封面无防伪标均为盗版　金 书 网：www.golden-book.com

前　　言

电力电子电路及容差电路故障诊断技术是 20 世纪后半叶新兴的一个研究课题。它在航空航天、军工、电力、通信和自动控制等诸多领域中发挥着重要的作用。目前大量的电力电子设备和装置已广泛应用到通信、航空航天、电力和交通工程等领域中，并担负着供电等重要的任务。当电力电子设备或装置中任何组成部分的元器件出现异常时，都会导致设备或装置无法正常工作，直接影响整个系统运行的稳定性和供电可靠性。当系统出现故障时，其输出端波形将发生畸变，输出非正弦波形并向电网注入谐波电流，严重影响其他电气设备的正常工作，如增加系统中旋转电机及其他电气设备的发热并附加谐波损耗、引起谐振过电压、出现错误信号干扰，造成继电保护装置误动作，严重时还将损坏电气设备、缩短设备的使用寿命等。因此，根据电力电子电路工作机理和故障特点，研究电力电子设备故障诊断方法，合理地设计电力电子电路故障在线诊断系统和方案，对故障进行早期预报，快速准确地判断出发生故障的性质和故障所在的位置并及时排除故障，避免因故障造成事故和经济损失具有重要的意义。

电力电子电路故障诊断与容差电路故障诊断在方法上有所不同。电力电子电路故障输出具有较强的非线性特征，容差电路故障时在可测试点的测量值呈现区间模糊性。因此，电力电子电路故障诊断一般先获取输出信号的特征值，然后应用人工智能算法进行故障分类和识别。为此，书中将 BP 神经网络、遗传算法和粒子群等智能算法分别应用到电力电子电路的故障诊断中，并分析了它们的优缺点。容差电路故障诊断通常先建立故障诊断方程，然后借助可测试点测量值求解方程未知量，最后进行故障定位。但随着电路规模的日益扩大，诊断方程未知量必将增大，此外可测试点测量值的可信性直接关系到故障诊断方程的可靠性。本书中提出子网络级电路撕裂诊断法和可测试点的优化选择，不仅可用于容差电路的故障诊断，同样也可以为电力电子电路故障诊断和测试点的优化选择提供有益的帮助。

本书可满足教学、科研和工程技术人员的需求，让更多读者了解和学习电力电子电路及容差电路故障诊断的基本方法和知识。全书共 11 章，除第 1 章绪论外，第 2 章至第 11 章分别阐述了基于人工神经网络的故障诊断法、BP 神经网络混合算法的故障诊断法、频谱分析和粗糙集理论的故障诊断法、ARMA 双谱与离散隐马尔可夫的故障诊断法、ARMA 双谱与 FCM-HMM-SVM 故障诊断法、小波分析与随机森林算法的故障分类、子网络级电路可诊断性和交叉撕裂逻辑诊断、容差网络电路故障的区间诊断法、大规模容差网络可测点的优化选择和电力电子电路故障诊断系统的设计等。

本书是由作者及课题组成员多年来承担国家自然科学基金项目、福建省自然科学基金项目、福建省教育厅科学基金项目以及校企合作科研项目等在电力电子电路与容差电路故障诊断研究领域取得的成果，大部分章节的内容已在国内外学术刊物公开发表。书中较为系统、详细地介绍了电力电子电路与容差电路故障诊断的基本理论和方法，在内容上注重理论与实际应用相结合。为方便读者学习，书中各章中都列举出电力电子电路和容差电路故障诊断方法的应用示例，并附上大量的故障诊断分析数据、诊断波形图和曲线，力求使读者通过学习能系统地了解和掌握电力电子电路与容差电路故障诊断的基本理论和方法。全书在内容安排上具有以下特点：

（1）主题突出，针对性强　内容直接切入主题，紧紧围绕着电力电子电路故障和容错电路诊断技术这一主题内容进行阐述。除了第 1 章绪论之外，书中较为详细地介绍了八种电力电子电路和与容差电路故障诊断方法。除此之外，在第 10 章和第 11 章中还分别阐述了大规模容差电路可测点的合理设计和优化选择方法以及电力电子电路故障诊断系统的设计和实现。

（2）内容紧凑，层次分明　整体布局合理，脉络清楚。对书中所涉及的较为繁杂的诊断理论和计算过程都一一进行了简化并运用流程图做了定性描述，每一种类型的诊断方法后面都附有实际应用示例和诊断结果分析，旨在构筑一个理论与应用相结合的平台，使读者在学习过程中对电力电子电路和容错电路故障诊断理论和方法有更为深刻的理解。

（3）图文并茂，可读性强　各章节内容除了阐述各种故障诊断方法之外，还附有故障诊断方法的流程图、诊断波形图和曲线等。在书中附录列出了大量的故障诊断分析图形和曲线，以及部分诊断方法的运行程序，便于读者学习和参考。

本书由福建省新能源发电与电能变换重点实验室（福州大学）蔡金锭教授、刘庆珍副教授和鄢仁武博士撰写，最后由蔡金锭教授统稿和审核。在本书编写过程中，福州大学刘丽军讲师和研究生曾静岚、严欣、郑敏杨、甘露、邓桂秀、林婷婷、郑闻文、黄妍妍为书中文字的编校付出了辛勤的劳动，在此向他们致以谢意，同时向书中引用的所有参考文献的作者深表谢意。

由于电力电子电路及容差电路故障诊断所涉及的知识面较广，限于作者水平，难免在书中出现遗落、缺点和错误，恳请读者批评指正。

蔡金锭

目　　录

第1章 绪 论

1.1 电力电子故障诊断的意义

电子电子技术是 20 世纪后半叶诞生和发展的一门新兴综合应用技术基础学科，其应用领域正在日益扩大，如国防军事、航天航空技术、电能变换和传输、交通运输和信息通信等领域都有电力电子装置的身影。

电力电子装置通常是由电力电子器件、集成电路、人机互动系统、通信系统、控制系统等部分根据它们的功能和作用按照一定的目的和要求有机地组合成一个装置或整个系统。当系统中的任何一个元器件或子系统局部发生故障时，都有可能导致整个系统和装置的工作状态发生异常，甚至造成整个电路不能正常工作。因此，实时对电力电子电路和装置的工作状态进行监测和诊断是相当必要而且十分重要的。

电力电子电路主要是由主电路和控制电路两部分组成的。在实际工作中，主电路发生故障的概率相对比其他组成部分较高。因此，电力电子电路的故障诊断主要是针对主电路中的电力电子器件进行监测与诊断。故多数的故障诊断研究都是集中在对电力电子电路主电路部分的研究。然而由于电力电子主电路发生故障的类型较为复杂，根据电路发生故障的不同性质，一般可将故障分为两类：其一，是电路中的元器件，如电感、电容和电阻等参数值与正常值出现偏差；其二，是主电路中的电力电子器件，如晶闸管、电力二极管等发生开路、短路，驱动电路输出信号出现异常或无信号，或者因保护电路发生误动作，如断路器跳闸、熔丝断开等。统称这一类故障为电路拓扑结构性故障，其在电力电子电路故障中较为普遍存在，而且在所有故障中占有较大的比例，是故障诊断研究的主要对象。

电力电子电路发生拓扑结构性故障的原因较多且情况复杂，故障发生前呈现出的征兆有时难以捕捉，故障信息转瞬即逝。从电路发生故障到系统无法正常工作时间仅仅为数十毫秒，给故障信号的捕获和诊断带来很大的难度。因此，仅仅依靠维修人员的经验来查找和排除故障已经不能满足工程的要求。

若电路一旦发生故障，应及时、准确地采取方法和措施从电路的不正常运行状态中判断出故障类型，并尽快通知维护人员及时地采取解决措施或者采取故障隔离手段等，以最大限度地确保和维持系统的稳定性，防止故障继续扩大和蔓延，及时根据系统输出信号的特征以及系统保护呈现出的信息，准确地判断出电路发生故障的性质，确定故障区域并诊断出具体发生故障的元器件，以尽快地排除故障使系统恢复到正常工作状态，减轻因故障造成对设备的损坏程度，保障工作人员的人身安全，减少因故障引起的经济损失和对社会造成的不良影响。由此可见，深入研究电力电子电路故障的智能诊断技术和方法在工程中具有重要的应用价值和意义。

1.2 故障诊断法及研究现状

电力电子电路故障诊断的方法主要分为解析模型诊断法、信号识别法和知识融合诊断法三类。

解析模型故障诊断法需要对被诊断系统或电路建立准确的故障诊断方程式，当被诊断系统或电路无法准确地建立诊断方程时，则可利用被诊断系统或电路的输出信号采用基于信号处理的方法对电路或系统进行故障诊断。但近些年来，绝大多数研究者都致力于知识融合故障诊断法的研究，并取得一定的研究成果。该方法是一种将信号处理、建模处理与知识处理等相融合，以知识处理为核心的一种智能故障诊断方法。

1.2.1 解析模型故障诊断法

解析模型故障诊断法通常又可分为状态估计故障诊断和参数估计的故障诊断。解析模型故障诊断法需要精确地建立待诊断电路的故障模型，其特点是通过系统或电路提供的参数值和测量值，并应用故障诊断方程计算出其理论输出值，然后将计算结果与实际测量值进行分析和比较，从而判断出电路发生故障的性质。

1. 状态估计法

应用状态估计故障诊断法对电力电子电路进行故障诊断时，通常采用卡尔曼滤波器或者状态观测器构造被诊断电路的状态变量，从而计算出状态变量的估算值并与实际输出比较构成残差序列，然后应用数理统计法从残差序列中获取故障信息特征从而实现电路故障诊断。状态估计法的故障诊断过程如图 1-1 所示。

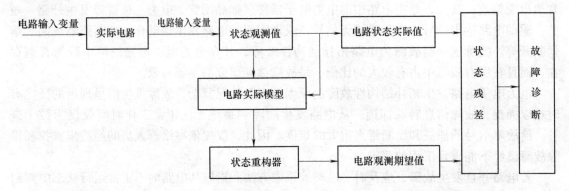

图 1-1 状态估计法的故障诊断过程

在直流调速系统中单相全桥逆变电路的故障诊断和定位方法很多，如参考文献 [1] 的主要方法是：在两种导通状态下将 H 变换器的状态空间平均模型中简化为平均状态模型，建立直流调速系统的状态估计方程，应用最小二乘法计算出系统状态变量，并将计算结果与实测值进行比较，从残差序列中获取故障信息，从而达到对电力电子电路中续流二极管开路以及功率晶体管短路和开路等故障的诊断。同时在文献中还提出了实时诊断定子绕组断开和检测绕组温升的方法。该方法首先建立直流无刷电机的控制模型，然后应用有限脉冲响应滤波器和离散状态滤波器对功率变换器的输入电流和电压信号以及转子的角速度测量值进行处理，最后应用离散平方根滤波器估算出定子反电动势和定子绕组的电阻值，从而实时诊断出定子绕组断开或温升等故障。

在对变换器－电机系统的运行状况进行监控和诊断的过程中可以应用状态空间平均模型法。该方法应用状态空间模型对无故障的斩波器进行建模，并根据电路的实际测量数据分别建立简单残差和正规残差的关系式。应用输出残差波形关系式建立判断电力电子电路中斩波器和二极管等开关器件发生短路或开路故障的逻辑判别方法[2]。

参考文献〔3〕从电路理论的基础上对感应式电机三相逆变器中的整流二极管短路、输入电压单相接地、电力晶体管短路和电力晶体管基极开路等故障状态进行了研究，构造了在故障条件下逆变器输出相电压和相电流的时域方程，然后构建状态观测器实现对电力电子电路的故障诊断。

从理论和实际应用的角度对电力电子系统的故障进行分析，以某一类型的故障为例，研究基于模型的故障诊断方法[4]。文中所提到的三相逆变器中的电力晶体管故障定位方法的主要思路为：首先构建三相逆变器的故障系统状态方程，然后构造标准的卡尔曼观测器，利用输出的观测误差对故障进行检测和分离，准确定位出故障点。

利用扩展卡尔曼滤波（EKF）和直流母线电流信息对永磁同步电动机驱动器进行断相故障诊断[5]的主要方法为：首先构建永磁同步电动机驱动器的故障系统状态方程，然后采用扩展卡尔曼滤波实时估计监控永磁同步电动机定子电阻，并比较直流母线电流的实际测量值与理论值之差来实现对系统的断相故障诊断。

在直流电机故障诊断领域中，应用模糊观测器可以用于检测直流电机系统故障。当系统状态可测量，且当测量矩阵的秩等于状态维数时，该方法还可以隔离出各种故障状态，并可估计出发生故障范围的大小[6]。

2. 参数估计法

应用参数估计法对电路进行故障诊断时，电路原理图中元器件的参数必须是已知的，而故障诊断的主要任务是，根据这些元器件参数实际值与正常值存在的偏差是否满足在允许的容差范围之内来判断电路是否发生故障。这种诊断法首先是建立待诊断电路的故障诊断方程，然后将电路的测量值代入诊断方程进行参数辨识，把辨识结果与实际测量值进行比较，最后判断出电路是否发生故障。参数估计法的故障诊断原理图如图1-2所示。

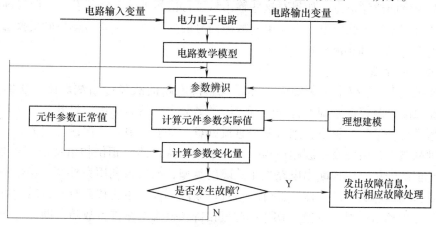

图1-2 参数估计法的故障诊断原理图

在参考文献［7］中详细阐述了将参数辨识法应用于直流变换电路的故障诊断。这种诊断法首先根据电路的参数，建立直流变换电路故障诊断模型，然后再根据诊断电路的输入和实际输出值对其进行参数辨识，最后计算出随运行状态变化的各个元器件参数值，以此判断出电力电子电路元器件的故障情况及其使用寿命。此外，在参考文献［7］中还提出了采用混杂系统理论建立电力电子电路故障诊断模型，该方法应用最小二乘法实现对电力电子电路的参数辨识，并将该模型应用到电力电子电路的故障诊断中，对系统参数进行在线辨识以及对故障的预知诊断。

作者在参考文献［8］中解决了当解除撕裂端点必须全部可测的限制后是否有误区存在的问题，以及可测点分布必须遵循的规律。同时也解决了自验证（STC）和互验证（MTC）故障诊断法不曾解决的基础性核心问题，论证了撕裂端点全部可及仅是文中所研究无误区的一个特例。

当大规模电路发生故障的子电路数不大于3时，应用交叉撕裂准则和子网络级电路故障的逻辑定位方法是有效的。在子网络级电路故障可诊断性拓扑条件的基础上，作者提出了一种快速诊断子网络级电路故障的新方法[9-12]。这种诊断法与互验证（MTC）法比较，具有以下独特优点：它不受子网络电路外节点必须可及的限制；一些传统方法无法诊断的电路，用此方法可以诊断，而且诊断次数少、计算量小、可测点可以多次重复使用。这种方法也可以应用于容差子网络电路的故障定位和通信网络中电子电路的故障诊断。

研究实际工程中电路元器件参数含有容差的故障诊断问题，是故障诊断从理论走向实际应用的关键一步。参考文献［13］深入探讨了应用区间分析法对容差子网络级电路故障诊断的方法和步骤，并通过工程实例进行验证，表明这种诊断法在工程中具有实际应用价值。

区间数学分析法作为容差电路故障诊断的一种有效工具[14-16]，作者首先论述区间迭代法的基本算法和迭代步骤，然后把这种算法应用到容差电路的故障诊断之中，并与其他算法进行比较，具有较为精确的诊断结果。

1.2.2　信号处理的故障诊断法

基于信号处理的故障诊断法其最大特点是，它不需要建立被诊断电路准确的诊断模型，因此具有较强的自适应能力。当电路发生故障时，电路的输出量将随之发生变化，这些输出量中包含有大量的故障信息。如果对这些输出量进行信号处理，将可获得故障诊断所需要的重要信息。目前常用于获取电力电子电路故障信号的处理方法主要有傅里叶变换法、沃尔什变换法、Park变换法和小波变换法等。

1. 傅里叶变换法

参考文献［7］介绍了一种诊断三相桥式整流电路的故障诊断法。该方法的实现过程是，在电路故障诊断模型基础上首先进行故障类型分类，然后应用傅里叶分析法对电路的输出电压波形进行特征量的提取，则可获得直流分量、基波幅值、二次谐波幅值和三次谐波幅值4个幅度频谱特征值以及基波相位角、二次谐波相位角两个相位频谱特征值。通过对这4个幅度特征值的分析可以诊断出电路发生故障的类型，然后再利用另外两个相位特征值就可以进一步定位到故障类中的具体元器件。这种诊断法不仅简单直接而且定位较为可靠。在文献中同时还运用离散傅里叶变换（DFT）对三相桥式整流电路进行故障诊断。首先对电力电子可控整流装置的各种电路状态的整流电压波形进行分析和归类，然后定义一种"面积"参数，利用这个参数建立故障诊断模型，并利用故障模式向量作离散傅里叶变换，将变换后的 3 个特征值：直流分量、一次谐波幅值和相位等实现对电路故障判断和故障定位。这种方法可以在 DSP 系统上方便实现。

在三相整流电路中作者提出了一种基于波形分析与神经网络相结合的人工智能诊断法[17]，并将其应用于电力电子整流线路的故障诊断中。以三相整流电路为例，首先对整流电路的输出波形进行实时采样，然后建立 BP 神经网络输出与故障元器件之间的对应关系，实现了智能故障识别。仿真诊断结果表明，这种诊断法是准确而可信的。

除了应用波形分析与神经网络相结合的故障诊断法之外，作者提出了一种基于 AR（Auto-regressive）模型与 DHMM（Discrete Hidden Markov Model）的电力电子电路诊断新方法[18]。首先对电路采样的数据进行零均值处理，然后引入 AR 模型来表征电路的工作状态，获取电路状态的故障信息特征，最后采用 DHMM 进行故障模式的训练并设计出故障识别器。通过对三相桥式整流电路进行故障诊断仿真，诊断结果表明，这种具有工程应用价值。

双桥并联可控整流电路在线故障诊断法[19]与参考文献［7］基本相似，但不同之处是，在故障分类时包含了 25 类故障，并根据整流电路输出电压波形定义了表征故障的“面积”建立 12 维故障向量来描述电路的故障状态。然后对故障模式向量进行频谱分析获得三个频谱特征值：直流分量、一次 DFT 幅值和相位值。而后再利用这三个特征值就可以实现故障的分类和定位。该文献还提出了改进频谱分析的故障诊断法，并给出了算法的实现过程，这种方法比较容易在 DSP 系统上实现。

2. 沃尔什变换

参考文献［20］的作者利用整流电路输出电压波形，提出了一种基于沃尔什变换的在线故障诊断法。在文献中首先对整流电路的输出电压波形进行沃尔什变换，获取变换后的特征值：直流分量和一、二、三次列率的功率分量等四个幅度频谱特征值以及一、二、三、四次沃尔什变换等四个相位频谱特征值；然后利用四个幅度频谱特征值可以诊断出三相整流桥电路的故障类型；最后再分别应用四个相位频谱特征值则可以具体定位到故障的元器件。由此可见，沃尔什变换法的故障诊断法其基本方法与傅里叶变换诊断法是十分类似的。然而应用沃尔什变换的诊断法只需要采用加减运算，算法简单运行速度比傅里叶变换要快得多。

3. Park 变换

Park 变换广泛应用于三相不对称电路的分析和电机控制等领域的应用。Park 变换同样也可以推广应用到电力电子整流电路的故障，正如参考文献［21］和参考文献［7］把 Park 变换应用到电力电子装置的智能故障诊断。由于 Park 变换可用于三相输出信号的分析，因此，可以将 Park 变换法应用到三相整流电路的故障诊断。

将 Park 变换应用于三相半控桥式整流电路直流驱动系统的故障诊断过程如下[22]：首先获取三相半控桥式整流电路驱动直流电机系统正常工作状态下的三相输入电流，并经 Park 变换后的标准轨迹图，然后实时监测三相半控桥式整流电路的输入电流并对其进行 Park 变换得到相应的轨迹图。并将其与标准轨迹图比较，若两者不同，则电路发生故障，且不同的轨迹图代表不同的故障性质和故障部位。同时在参考文献［7］中也深入研究和探讨了应用 Park 变换实现对电压型三相逆变桥式电路驱动异步电动机系统的故障诊断法。它与参考文献［23］不同之处在于采用逆变器的三相输出电流，也就是采用三相异步电动机定子电流作为 Park 变换。

4. 小波变换

小波分析也可以应用于 Buck 电路的故障诊断。正如参考文献［7］阐述的，首先应用小波变换消除电力电子电路输出信号中的白噪声，然后将小波变换应用到残差发生器中，提高残差发生器的鲁棒性，最后分析电力电子电路输出信号奇异点的分布规律。根据电路的驱动信号，得到一种无需数学建模的电路故障诊断法。

应用小波分行检测方法对电力电子装置开路故障进行诊断的具体过程是：首先模拟三相桥式整流电路可能发生的各种故障的输出电压波形然后进行多尺度分解，然后应用改进的关联维数算法计算出不同故障状态下的关联维数，由此表征了不同类型的故障电路对应的不规则程度来判断各种故障类型，并通过模拟仿真诊断证实了这种方法的可行性。该方法主要应用于三相桥式整流电路晶闸管开路故障诊断[23]。

在十二脉波可控整流电路故障识别时[24]，作者提出了一种基于 db6 小波函数和随机森林算法相结合的电力电子故障诊断新方法。文献中详尽地介绍了应用 db6 小波进行波形分解和提取故障特征量的方法与步骤，阐述了随机森林算法决策树的生长和投票过程和应用随机森林算法设计出故障分类器，并将其应用于十二脉波可控整流电路的故障识别。诊断结果表明，这种诊断法具有更高的正确诊断率和较强的抗噪声能力。

无论采用傅里叶变换还是沃尔什变换，都要求被变换的变量必须是周期性变化的信号[7]。但是大多数电路的输出信号一般都不是周期性的，此外还有一些电路的输出信号周期在不断地发生变化，这都将给信号处理造成一定的麻烦。然而基于小波变换的故障诊断法不像傅里叶变换和沃尔什变换对输入信号要求那么严格，且计算量也小，是一种在工程中具有广泛应用前景的故障诊断法。它不但可以进行在线实时故障检测，而且灵敏度较高，有较强的抗噪声能力。

1.2.3　知识融合故障诊断法

基于知识融合的故障诊断法，是近年来在电力电子电路故障诊断领域中发展的另一分支的故障诊断法。基于知识融合的故障诊断法主要包括有：专家诊断系统、模糊逻辑推理法、故障树法、人工神经网络法、支持向量机法、模式识别法等及其各方法的交叉混合算法。由于这些诊断法不需要对被诊断电路建立精确的诊断模型，故它在实际工程中得到较为广泛的应用。

1. 专家诊断系统的故障诊断法

专家诊断系统的基本思想正如参考文献［7］所介绍的：通过理论分析与实践经验相结合建立一个可靠的、庞大的知识库。在知识库中包含有电路系统理论知识、环境知识、系统知识和一个规则库。该知识库要能够真实反映出系统的因果关系，也就是要体现出电路的输出特征与各故障类型、故障点之间的因果关系是一一对应的。应用专家诊断系统进行故障诊断时，是利用专家知识库中的规则库对从实际运行中获得的特征变量进行逻辑推理，从而诊断出电路发生各种故障的类型。

应用专家诊断系统对电力电子电路进行故障诊断时，诊断的准确性和可信度主要取决于专家知识库中的知识水平以及适合范围，因此庞大和完善的知识库是必需的。尤其是对复杂系统的故障诊断，要建立所需要的专家知识库有时是十分困难的。目前专家诊断系统有两种发展趋势：其一是，将经验性的方法与诊断模型法相互融合，充分发挥它们的优点；其二是，将人工神经网络与专家诊断系统融合起来，把人工神经网络算法应用到专家诊断系统中。

在变频调速系统和电力电子故障诊断领域，参考文献［25］和参考文献［7］的作者分别提出了专家诊断系统。这种专家诊断系统是由微机系统、硬件检测电路以及由调速系统的故障模式知识库、诊断推理机、人机交互接口和数据库等部分组成的智能专家诊断系统。它可以对主电路中的晶闸管故障和控制电路故障进行检测和诊断。如参考文献［7］介绍的在线故障诊断时，逐次采用循环查询的方式、实时进行数据采集，并将采集的数据进行实时刷新和存储。当采样值出现超限现象时，则可判断出电路可能会发生故障，需要及时进行定向跟踪。如果连续几次的检测结果都相同时，则说明电路或调速系统有故障，最后调用专家诊断知识库进行分析和推理故障产生的原因，并将推理结果显示出来。

应用专家诊断系统对三相全桥逆变驱动电路和单相不可控整流电路的故障诊断，首先需要根据被诊断对象或系统的测量值，然后应用 PSPICE 仿真手段建立一个推理规则的树状知识库。该知识库由两部分组成：系统正常运行时的知识和发生故障时的知识。在实际故障诊断应用时，主要通过对系统的工作状态进行实时监测，获取系统工作时的特征信息，然后应用专家诊断知识库进行逻辑推理，则可以判断出系统所处的工作状态及其发生故障的性质。如果被诊断系统出现的特征信息在专家诊断系统知识库的规则之外，则该专家系统将无法判断出该系统的故障所在[26]。

2. 模糊逻辑推理的故障诊断法

模糊逻辑推理故障诊断法在工程中已广泛得到应用[27]，其最大特点是，可以直接通过专家知识库构造模糊规则库，能够充分、有效地利用专家积累的丰富经验和渊博知识。应用模糊逻辑推理诊断法能够有效地解决诊断系统输出的信号存在不准确性以及受到噪声干扰等所造成的影响。目前采用的模糊逻辑推理故障诊断法主要有基于模糊聚类算法的故障诊断法、基于模糊知识处理技术的故障诊断法、基于模糊关系及其混合算法的故障诊断法。

将模糊理论与频谱分析相结合并应用于电力电子放大电路的故障诊断[28]，其方法首先通过对电路的输出信号进行数据采集，然后对采集的信号进行频谱分析，从而获得不同故障状态下的频谱特征，再利用各种待诊断元器件的故障模糊隶属度来确定故障类型，最后结合故障实例和仿真结果表明该方法的可行性。

将模糊神经网络（FNN）故障诊断法应用于三相桥式全控整流电路的故障诊断[29]，解决了三相桥式全控整流电路中参数存在的模糊性和不确定性等难题。这种诊断法在神经网络学习的机制上引入了模糊规则，提高了故障诊断准确性。通过仿真实验，结果表明这种诊断法可用于电力电子三相桥式全控整流电路的故障诊断，且具有较高的准确性和可信度。

模糊逻辑推理故障诊断法在理论上和实际应用方面已经取得了很大的进展，但是它仍然存在一些不足，还有待于进一步改进和完善。比如，模糊系统的设计和分析手段主要依赖于专家经验；模糊逻辑推理系统还缺乏自学习的能力；模糊隶属函数和模糊规则无法确保在任何情况下都是最优的。

3. 基于故障树的故障诊断法

故障树分析是将所研究系统中最不希望发生的故障状态或故障事件作为故障分析的目标和出发点，然后在系统中寻找直接导致这一故障的全部因素，将其作为不希望发生的故障的第一层原因事件，再以这个原因事件为出发点，寻找原因事件的下一级发生的下一级全部因素，以此类推。该分析方法具有直观、应用范围广以及逻辑性强的特点。如参考文献［30］和参考文献［31］的作者分别提出一种逻辑故障树、故障树模型与人工神经网络诊断技术相融合的故障诊断法，并分别将其应用到二十四脉波可控整流电路故障诊断和交流发电机整流器中二极管开路的故障诊断。

基于逻辑故障树诊断法的缺点是，其故障诊断结果的可信性主要依赖于故障树信息的正确性和完整度。倘若故障树信息不够完整、不够详细和不精确时，都将会导致诊断结果也不够准确和完全。

4. 人工神经网络的故障诊断法

人工神经网络故障诊断法为电力电子电路的故障诊断提供了一条崭新的技术路线，它具有非线性映射特性、并行处理能力、良好的容错能力以及自学习、自组织和自适应的特点。由于该方法不要求建立明确的故障模型，克服了电力电子系统难以建模的难题而被广泛应用于电力电子系统故障诊断中。但是通常采用的 BP（Back-Propagation）神经网络识别法在训练时容易陷入局部最优解，且在结构设计上存在着盲目性。

在三相全桥整流电路的故障诊断中，作者提出了一种人工神经网络诊断新方法[32]。该方法首先设计出四层前向神经网络故障诊断系统；神经网络输入神经元的个数是根据实际输入样本数而定，神经网络的输出个数是依据电路的故障代码而设定。神经网络的学习是根据三相全桥整流电路的故障状况分类进行训练。输入学习样本是将三相全桥整流电路可能发生的各种故障状态下的输出电压的波形测量或将经过傅里叶变换后的频谱分量分别作为人工神经网络的输入学习样本。当神经网络经过训练或学习后，在输出满足误差要求的条件下，该神经网络便具有故障识别的功能。

将一种含有 20 个输入节点、12 个隐含层节点以及 4 个输出节点的三层 BP 神经网络诊断系统应用于解决高压直流输电（HVDC）系统的故障诊断问题[33]。该方法首先将高压直流输电系统的故障分为 16 大类，然后对系统进行模拟故障仿真。将系统无故障时的运行数据与各种故障状态下的运行数据作为 BP 神经网络的学习训练样本。当 BP 神经网络训练成熟后，其输出就是系统的故障代码。此外，径向基函数（RBF）神经网络也可以用于高压直流输电系统的故障诊断。它与 BP 神经网络比较，具有收敛速度很快和实时在线故障监测等优点。

根据生物免疫学的原理，将人工神经网络和免疫算法结合起来，形成免疫神经网络。将免疫系统应用于优化选择人工神经网络的隐含层数、确定隐含层到输出层的权值、设计神经网络结构并应用于电力电子整流电路的故障诊断[34]。它具有较快的故障诊断速度、良好的容错性和强大的自适应能力。

5. 支持向量机故障诊断法

支持向量机（SVM）与人工神经网络算法十分相似，它也可以看作一种学习的机器。支持向量机是以统计学理论为基础的一种预测方法。应用支持向量机故障诊断具有以下优点：

1）可将分类问题转化为一个二次规划寻求全局最优解的问题来处理。

2）可以在有限的样本数据中最大限度地挖掘出隐含在数据中的分类信息。

3）将非线性问题，巧妙地通过非线性变换转化为高维线性空间问题来解决。

目前，有些学者探索性地研究支持向量机在故障诊断中的应用，并已初步地取得了一定的研究成果。如采用一对一多分类支持向量机对电力电子电路进行故障诊断时，在小样本的情况下可以实现高正确率的故障诊断，它克服了神经网络等方法对小样本诊断的局限性。因此这种一对一多分类支持向量机诊断法在三相桥式整流电路及在其他形式的电力电子电路故障诊断中已得到有效地应用。

将模糊 C 均值聚类（FCM）、隐马尔可夫模型（HMM）和支持向量机（SVM）相结合是一种电力电子故障诊断新方法[35]。文献中应用 FCM 方法对故障信号进行模糊聚类，提取故障特征；根据 HMM 进行动态过程建模；应用 SVM 进行模式分类，基于 HMM-SVM 混合故障诊断模型实现了对机车变流器电路中晶闸管断路故障诊断。仿真诊断结果表明，该方法能准确地对电力电子电路故障元器件进行定位，且诊断精度高，具有很好的实用价值。

应用支持向量机故障诊断法可以产生较为复杂的分类界面，在特征多、类别和结构复杂时仍具有较高的分类精度。但是当分类的特征很多时，支持向量机诊断法的速度就变得缓慢，尤其是在搜索电路参数过程中需要花费大量的时间、占用较多的资源，所以它不适合在线故障诊断的实现。

6. 模式识别法

模式识别法在电力电子电路故障诊断中应用的基本方法是：从待诊断的对象中逐个与标准模式或类型进行比较，从中辨别出与此相同的或相近的对象。应用模式识别法进行故障诊断首先应模拟系统在正常工作时或系统可能发生的各种类型故障，再通过大量的实验和仿真获取电路在相应的状态下输出的波形或参量作为模式识别的标准模式和特征量。然后实时监测系统在运行过程中输出的波形或参量，并将它与标准模式和特征值比较，从而可以实时判断出系统所处的工作状态。基于模式识别的电力电子电路故障诊断系统流程图，如图 1-3 所示。

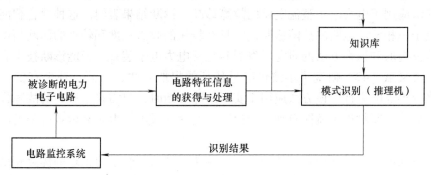

图 1-3　模式识别的电力电子电路故障诊断流程图

将模式识别方法应用到三相晶闸管桥式整流电路的故障诊断在参考文献［36］和参考文献［37］中得到应用。在参考文献［36］中选取触发角为 60°时的三相整流输出电压为特征波形，应用模糊算法分析和提取各种故障状态下的输出特征量，从而形成模式识别规则，实现了三相晶闸管桥式整流电路的故障诊断。而在参考文献［37］中采用软硬件相结合，专门设计一个用于采集和预处理输出电压波形的芯片，它大大减少了系统的软件工作量和诊断系统的结构和体积。

模式识别理论和方法是近些年来在人工智能研究领域中的一个分支，它在故障诊断中的应用略显不足，因此有必要在故障诊断方面加强对模式识别法的应用研究。

7. 交叉融合故障诊断法

人工智能诊断法不仅包含有以上所述的几种方法之外，还包括了模糊算法、遗传算法等多种混合改进算法。近年来，它与其他智能算法相结合的应用也日益增多，尤其是神经网络。它们同样可应用于电力电子电路故障诊断。

将粗糙集理论（Rough Set Theory，RST）与 BP 神经网络相融合的电力电子电路故障诊断法[38-39]，阐述了应用粗糙集理论的知识简约法对故障信息样本集的征兆进行预处理的方法和步骤，然后通过简约形成故障规则，形成故障诊断规则实现故障分类。最后将粗糙集的分类结果作为神经网络的输入，实现故障元器件的定位。

鉴于神经网络具有良好的容错性和扩展性，以粗糙集理论作为神经网络的预处理系统，去除冗余属性，再由神经网络来学习和存储逆变电路的故障信息与故障类型间的映射关系，即可在线准确地进行故障诊断，参考文献 [39] 的作者以三相 SPWM 逆变电路为诊断对象，应用 MATLAB 仿真软件建立故障诊断仿真模型。针对故障诊断中冗余及不完整的信息导致故障诊断规则的误报、漏报现象，采用粗糙集与神经网络相结合对三相逆变电路进行故障诊断，优化了神经网络结构，提高了故障诊断的速度。

将遗传算法和神经网络算法相结合，并应用于三相可控整流电路的故障诊断[40]的基本思路是：首先根据三相可控整流电路的输入和输出建立一个三层 BP 神经网络，然后应用改进遗传算法优化 BP 神经网络的权值和阀值，最后再通过反向传播 BP 神经网对权值进行调整，从而实现对三相可控整流电路的诊断。

除了将遗传算法与神经网络算法相结合之外，作者在参考文献 [41] 中提出一种基于粒子群优化算法与人工神经网络相结合的混合算法并应用于电力电子整流电路的故障诊断。文献中首先论述了粒子群优化算法以及实现粒子群和神经网络的混合算法的操作步骤，然后将这种诊断法应用于电力电子整流电路的故障诊断。诊断结果表明，这种混合智能诊断法可用于电力电子三相整流电路的故障诊断，它具有较快的收敛速度和较高的诊断精度。

故障特征提取和识别方法的研究对发展和完善电力电子装置的智能诊断技术有着重要的作用。如参考文献 [42] 研究了小波包能量特征的提取算法，从而实现带有偏差单元的递归神经网络分类器的设计。该方法应用于实际故障诊断时，只需将采样到的故障样本输入到已设计好的故障诊断软件中就能自动、快速、准确地完成电力电子装置各种类型的故障诊断和定位。

将小波变换的时频局部化特性和神经网络的非线性映射与学习推理的优点相结合，建立一种新的小波神经网络可以解决电力电子电路模型的非线性所带来的故障诊断难题[43]。文献中提出并将这种新的小波神经网络算法应用于双桥十二相脉波整流电路的故障诊断。该方法首先介绍了双桥十二相脉波整流电路可能发生的故障类型，然后应用分析软件模拟十二相脉波整流电路发生相应故障时呈现出的特征信号，进而通过小波神经网络的学习，存储双桥十二相脉波整流电路的故障信号和故障类型之间的映射关系，最后实现整流电路的故障诊断。

应用自回归滑动平均模型（ARMAM）双谱分析与离散隐马尔可夫模型（D HMM）相结合的混合算法在电力电子电路故障诊断中得到应用，作者在参考文献 [44] 中提出的一种诊断新方法。该方法首先对故障电路采样的数据进行零均值处理，然后采用高阶累积量建立 ARMAM 参数并进行双谱分析，通过对双谱矩阵进行矩阵变换提取电路故障信息特征量，然后再对故障特征数据进行矢量量化。最后应用 DHMM 设计出电力电子电路的故障分类器。文献中将这种方法应用到 SS8 机车主变流器电路的故障诊断。诊断结果表明这种方法具有较高的正确诊断率和较强的抗噪声能力，它在工程中具有实际的应用价值。

针对电力电子电路中器件的参数故障诊断问题，参考文献［45］的作者提出一种将模糊推理分类融合方法应用于 Cuk 电路的故障诊断。该方法采用支持向量机分类器和神经网络相结合设计出一种模糊推理分类器。根据模糊隶属度函数对分类器的输出进行处理，然后采用预先处理好的模糊变换矩阵进行计算，最后实现诊断系统的融合输出。

在参考文献［46］中作者提出了一种基于 D HMM 的电力电子电路诊断新方法。文中阐述了 HMM 相应的基本原理和学习算法。然后以三相整流桥电路为例，实现了基于 HMM 算法的电路电子电路状态的识别。仿真结果证明了这种诊断法是正确可行，在工程中具有一定的应用价值。

由上述可见，电力电子故障诊断法是一门交叉融合各学科知识的综合技术的应用。目前国内外学者在电力电子故障诊断法研究方面进行了大量的研究和探索，虽然提出了各种理论方法及应用成果，但仍然不够完善，还存在一些需要解决的问题。有待于今后进一步深入探索和研究。

1.3　电力电子故障诊断机理及特点

1.3.1　故障诊断机理

电力电子故障诊断法是以电网络综合理论、数学理论和方法和人工智能技术等为基础，以测试技术和计算机软件为分析手段，根据诊断对象（如电力电子整流电路、电子设备或装置等）的输出信号和特征建立故障诊断规则的一门综合应用技术。电力电子电路故障诊断法研究一般包含以下内容。

（1）故障机理研究　研究电路发生故障的机理，以及引起电路故障主要原因和因果关系等，为故障诊断和故障定位提供可靠的理论依据。

（2）故障信息的采集与处理　主要研究输出信号的采样、特征提取与分类处理等。尤其是特征提取与分类是故障诊断法中不可或缺的一个重要环节。

（3）故障诊断法的研究　主要研究内容为：诊断模型、故障识别法、专家系统和知识融合智能诊断等技术的应用。根据不同类型的诊断电路和输出的特征量选择合适的诊断法，才能准确而快速地判断出故障发生的所在位置和发生故障的元器件。由此可见，探讨故障诊断理论和方法是故障诊断技术研究的核心内容。

根据以上论述，电力电子电路故障诊断过程可以分为三个阶段：数据采样、故障状态信息特征的提取和故障定位。即：

1）在电路的各种工作状态（正常状态和故障状态）下，从电路中的可及点处进行数据采样。

2）根据测量获得的采样数据，提取各种故障状态的特征信息，并记录各故障特征，形成决策函数。

3）将待诊断的特征量输入到决策函数中，然后根据输出结果实现故障的定位。

电力电子电路故障诊断过程简图如图 1-4 所示。

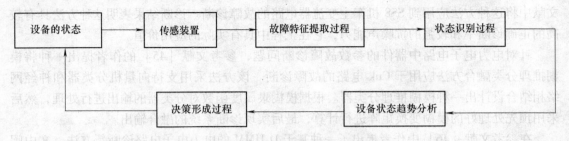

图 1-4　电力电子电路故障诊断过程简图

1.3.2　故障诊断的特点

电力电子电路故障诊断与模拟电路、数字电路故障诊断比较，它们之间存在本质上的不同，其主要特征是：被诊断对象具有高功率、强非线性，诊断实时性高等特点。由于电力电子电路的功率较大，所以集成数字电路和模拟电路故障诊断采用的方法不能应用于电力电子电路的故障诊断。同时由于电力电子电路发生故障的类型繁多，其故障现象也较为复杂，因此，电力电子电路的故障诊断法与传统的模拟电路故障和数字电路故障诊断法也有所区别。其特点主要体现在以下几方面：

1）电力电子电路故障常为结构性故障，多数故障主要是电路中的晶闸管开关器件发生开路和短路故障，导致电路拓扑结构发生变化。

2）电力电子电路故障诊断实时性要求较高。由于在电路和装置中一般安装有保护装置，当电路发生故障时保护装置快速动作使故障信号瞬间即逝，造成故障信息难以捕获。因此，需要实时在线诊断及时快速地进行故障处理，避免故障进一步扩大，减小故障造成的危害和损失。

3）在故障诊断时所需要的可测试节点较少，则可简化诊断系统所需要的硬件电路，降低诊断系统的体积和成本。

1.4　可测点优化选择和诊断系统设计

在电力电子电路或模拟电路中，可测试点的优化设计和选择是电路故障诊断理论至关重要的研究课题之一，它涉及故障的可诊断性和准确性。特别是对含有容差的模拟电路故障诊断，合理地选择可测点显得更为重要，如果电路可测点选择不合理，将会造成故障误诊断或者漏诊断。

在实际工程中，需考虑电路元器件参数值存在容差时的故障诊断。作者在参考文献［47－49］中应用区间分析法作为容差电路故障诊断的分析工具，对子网络级电路故障诊断中面临的可测点优化选择进行深入研究，提出了合理选择电路可测点的方法和计算公式，为容差电路的故障诊断和电路可测点的设计提供了一种崭新的理论和方法。

在子网络级电路故障诊断交叉撕裂搜索法的基础上，作者在参考文献［48］和参考文献［49］中分别探讨了无容差电路和含有容差电路可测点的设计和优化选择，提出了一系列优化选择可测点的具体实施方法和步骤，并对电路可测点的优化选择做了仿真分析和比较。

本书第 10 章详细阐述了容差子网络级电路在满足电路故障可诊断性定理和交叉撕裂准则的基础上可测试点的优化设计。如果将这些优化选择可测点的方法和交叉撕裂诊断法结合起来，并应用于大规模容差电路可测点的优化设计，不仅可以提高整个电路可测点的重复利用率、减小可测点所需要的数量，而且能简化在同一个电路板上设计多个测试点的难度。对实际电路可测点的合理布置和故障诊断的可信度都具有重要的应用价值。

此外，第 11 章较为详细地介绍了一种在离线状态下实现对电力电子电路故障诊断装置的总体构成框图，并分别阐述了该测试系统的各个组成部分及其功能：信号转换电路、数据采集卡等构成系统的硬件部分；JZB-1A 型故障诊断装置接口、应用 MATLAB 和 Delphi 语言混合编程实现故障诊断软件系统及其诊断功能。除了提供故障仿真诊断结果之外，同时还对诊断结果进行分析。

第 2 章　基于人工神经网络的故障诊断法

2.1　引言

　　电力电子电路故障与模拟电路故障的性质有所不同，电力电子电路的输出信号具有非线性，故障类型也较为复杂。传统的模拟电路故障诊断与检测方法已不能适用于电力电子电路的故障诊断和定位，常用的集成数字电路故障诊断法也无法适用于电力电子电路的故障诊断。目前，人工神经网络诊断法在电力电子电路故障诊断中已得到广泛的应用。由于人工神经网络具有存储、记忆和分类功能以及处理非线性信号等特点，所以人工神经网络诊断法为电力电子电路故障诊断与检测提供了新的途径。本章在 BP 人工神经网络诊断法的基础上，提出了基于改进神经网络故障诊断法和混合诊断法，同时提出了应用双向联想记忆神经网络等算法的电力电子电路故障诊断模型，并通过故障仿真诊断验证了这些诊断法的准确性和可信性。

2.2　BP 神经网络故障诊断法

2.2.1　BP 神经网络故障诊断模型

　　前馈型神经网络（Feedforward Neural Network）是一种典型的人工神经网络，BP 神经网络是利用反向传播来计算修正误差的典型前馈型神经网络，它是目前应用较为广泛的一种神经网络模型。

　　BP 神经网络是一种常用的前馈网络，它的结构是由一个输入层、输出层和一个或多个隐含层构成的。BP 神经网络网络隐含层节点的激活函数一般使用 Sigmoid 函数，输出节点的激活函数是根据不同的应用领域而确定的。三层 BP 神经网络是最简单的也是应用最为广泛的前馈网络，其结构如图 2-1 所示。

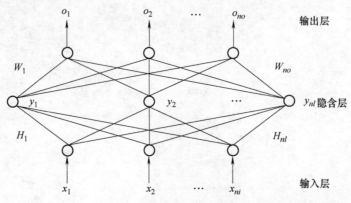

图 2-1　三层 BP 神经网络结构

　　BP 神经网络不但具有很强的自学习能力，而且还具有良好的非线性映射特性。BP 神经网络通过自适应学习，最后将输入的故障信息数据 $X_i = (x_1, x_2, \cdots, x_m)$ 与输出的诊断信息 $O_i = (o_1, o_2, \cdots, o_n)$ 建立一一对应的映射关系。也即神经网络经过学习训练后，将电力电子电路的各种故障的信息与对应的输出关系存储在神经网络的权值和阈值等结构中，建立故障诊断模型。

　　由于电力电子电路发生故障主要是电路中整流元器件（晶闸管和电力二极管）断开和直通故障，而故障的特征则主要体现为电路的输出电压、电流波形畸变和数值的变化。所以利用 BP 神经网络来诊断电力电子电路的故障，首先需要建立电路的故障征兆信息与故障元器件的对应关系，然后对诊断模型进行学习训练。应用 BP 神经网络算法诊断电力电子电路故障的具体方法和操作步骤如下：

　　1）确定故障信息数据（如电路的输出电压、电流波形的采样值）与神经网络输入样本的对应关系；确定故障源编码与神经网络输出值的对应关系，从而确定神经网络的结构和规模。

　　2）将故障数据样本输入给神经网络，然后按照神经网络的学习规则进行学习和训练，直至收敛。当收敛结束后，BP 神经网络各层关联权值和阈值中储存了电力电子电路的故障信息数据和故障元器件之间的映射关系，也即故障电路的输出电压和电流的信息与对应故障元器件之间的关系保存在其结构和权值中。

　　3）将当前电路的输出电压或电流波形的采样值输入给学习训练结束的神经网络进行分析，BP 神经网络通过一次向前计算得出电路发生故障的元器件和故障类型，从而实现故障在线诊断。

　　如图 2-2 所示是神经网络应用于电力电子电路故障诊断的流程。

　　现以三相桥式可控整流电路为例来论述 BP 神经网络在电力电子电路故障诊断中的应用。假设三相桥式可控整流电路的输出带有电感性负载，如图 2-3 所示。

　　在图 2-3 所示的三相桥式可控整流电路中，晶闸管的触发延迟角 α 可以采用不同角度触发。假设整流电路在某一角触发度 α 的触发情况下，电

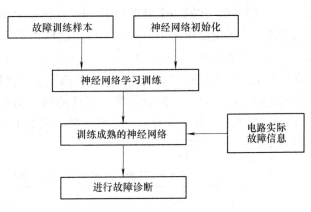

图 2-2　神经网络故障诊断流程

路中整流元器件（晶闸管）同时发生故障的元器件（晶闸管开路）数一般不超过两个，那么整流电路发生故障的种类可分为下面几种类型：

　　（1）在整流电路中发生单元器件故障　即电路中任意一只晶闸管单独发生故障，有 6 种故障类型。

　　（2）在整流电路发生双元器件故障　即电路中有任意两只晶闸管同时发生故障。这种情况又可以再分成以下三种类型：

　　1）不同组但同相的两只晶闸管故障（如 VT1 和 VT4、VT3 和 VT6、VT5 和 VT2 分别发生故障）。

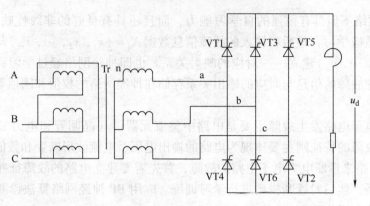

图 2-3　三相桥式可控整流电路

2）同组但不同相的两只晶闸管故障（如 VT1 和 VT3、VT1 和 VT5、VT5 和 VT3、VT2 和 VT4、VT4 和 VT6、VT6 和 VT2 分别发生故障）。

3）不同组不同相的两只晶闸管故障（如 VT1 和 VT2、VT3 和 VT2、VT3 和 VT4、VT5 和 VT4、VT5 和 VT6、VT1 和 VT6 分别发生故障）。

根据以上故障分类，在一般情况下，整流电路发生故障可能性共有 21 种类型。为了便于区别出故障状态与正常工作状态，需把电路正常工作状态也考虑进去，那么整流电路共有 22 种状态。

在每一种类型的故障情况下，故障信息可以通过对电路输出的电压波形进行周期性的实时采样，并将这组采样值作为 BP 神经网络的输入样本值，输入样本值的个数与神经网络的输入节点数相同。在同一个触发角下，BP 神经网络的输出节点数应等于电路中晶闸管的个数。若电力电子电路中第 t 个晶闸管发生故障，则 BP 神经网络的期望输出向量 $\boldsymbol{D}_i = (d_1, d_2, \cdots, d_n)^T$ 中的第 t 个元素 $d_t = 1$，其余均为 0，这个向量就作为神经网络输出的期望值。同理依此类推，当所有可能故障的元器件都做了编码后，就组成了一系列由单位向量组成的一组输出向量组。这样，所有故障元器件的输入信息样本都与输出向量组一一相对应，则 BP 神经网络的理想输出无疑是一个单位阵。表 2-1 为三相桥式可控整流电路故障元器件与输出向量组一一对应的编码表。

表 2-1　三相桥式可控整流电路故障元器件与输出编码表

故障元器件	输出编码					
	d_1	d_2	d_3	d_5	d_6	d_7
无故障	0	0	0	0	0	0
VT1	1	0	0	0	0	0
VT2	0	1	0	0	0	0
VT3	0	0	1	0	0	0
VT4	0	0	0	1	0	0
VT5	0	0	0	0	1	0

（续）

故障元器件	输出编码					
	d_1	d_2	d_3	d_5	d_6	d_7
VT6	0	0	0	0	0	1
VT1，VT4	1	0	0	1	0	0
VT3，VT6	0	0	1	0	0	1
VT5，VT2	0	1	0	0	1	0
VT1，VT3	1	0	1	0	0	0
VT3，VT5	0	0	1	0	1	0
VT5，VT1	1	0	0	0	1	0
VT2，VT6	0	1	0	0	0	0
VT6，VT4	0	0	0	1	0	1
VT4，VT2	0	1	0	1	0	0
VT1，VT6	1	0	0	0	0	1
VT1，VT2	1	1	0	0	0	0
VT3，VT4	0	0	1	1	0	0
VT3，VT2	0	1	1	0	0	0
VT5，VT4	0	0	0	1	1	0
VT5，VT6	0	0	0	0	1	1

2.2.2　BP 神经网络故障样本训练

　　电力电子电路故障诊断的样本数据是通过对电路的输出电压波形进行实时采样，并将这些样本数值作为 BP 神经网络的输入，然后按照 BP 神经网络的学习训练规则进行训练。BP神经网络经过学习训练后，当满足预先设定的精度要求时，神经网络会将故障电路输出电压波形与对应的故障之间的因果关系保存在其权值和阈值等结构中。最后将学习训练好的神经网络应用于电力电子电路的故障诊断。

　　BP 神经网络算法的学习训练过程可以分为前向传播和反向传播两个阶段。前向传播阶段从输入层开始，将输入的样本数据按照学习规则向前传递，依次计算得出各层的输出，从而求出网络最终输出层的结果。反向传播的计算方向刚好和前向过程相反，该过程是根据向前计算中得到的误差，从神经网络输出层依次往后对权值和阈值进行修正。两个过程反复交替直到收敛为止。

　　现以图 2-1 所示三层 BP 神经网络为例，假设 BP 神经网络的输入向量为 $X_i = (x_1, x_2, \cdots, x_m)^\mathrm{T}$、隐含层的输出向量为 $Y_i = (y_1, y_2, \cdots, y_n)^\mathrm{T}$、输出向量为 $O_i = (o_1, o_2, \cdots, o_{ni})^\mathrm{T}$，神经

网络的期望输出向量为 $\boldsymbol{D}_i = (d_1, d_2, \cdots, d_n)^{\mathrm{T}}$。神经网络的输入层到隐含层之间的权值矩阵用 $\boldsymbol{V}$ 表示，其元素 v_{jk} 表示输入层中第 j 个神经元至输出层第 k 个神经元的连接权；隐含层到输出层之间的权值矩阵用 $\boldsymbol{W}$ 表示，其元素 w_{ij} 表示隐含层中第 i 个神经元到输出层第 j 个神经元的连接权。BP 神经网络的学习按照如下过程实现：

对于输入层，输入、输出均为 x；

对于隐含层，输入、输出有

$$\text{输入：} S_j = \sum_{k=0}^{ni} v_{jk} x_k, \; j = 1, 2, \cdots, nl \tag{2-1}$$

$$\text{输出：} y_j = f(s_j), \; j = 1, 2, \cdots, nl \tag{2-2}$$

对于输出层有

$$\text{输入：} S_i = \sum_{j=0}^{nl} w_{ij} y_j, \; i = 1, 2, \cdots, no \tag{2-3}$$

$$\text{输出：} o_i = f(s_i), \; i = 1, 2, \cdots, no \tag{2-4}$$

在上式中，nl 和 no 分别表示隐含层的节点数和输出层的节点数。式(2-2)与式(2-4)中的激励函数 $f(*)$ 常用采用两种函数：

Sigmoid 函数

$$f(x) = \frac{1}{1 + \mathrm{e}^{-x}} \tag{2-5a}$$

或双曲正切型函数

$$f(x) = \tanh x = \frac{1 - \mathrm{e}^{-x}}{1 + \mathrm{e}^{-x}} \tag{2-5b}$$

网络的实际输出与期望输出之间的误差设为 E

$$E = \frac{1}{2} \sum_{i=1}^{no} (d_i - o_i)^2 \tag{2-6}$$

由式（2-6）可以看出，神经网络的输出与期望值的误差值是权值 w_{ij}、v_{jk} 的函数。因此，可以根据梯度下降最优算法调整权值，来减少误差值，而改善误差函数 E 的梯度，使得权值的调整量与误差的负梯度成正比。即

$$\Delta w_{ij} = -\eta \frac{\partial E}{\partial w_{ij}}, \; j = 0, 1, \cdots, nl; \; i = 1, 2, \cdots, no \tag{2-7}$$

$$\Delta v_{jk} = -\eta \frac{\partial E}{\partial v_{jk}}, \; k = 0, 1, \cdots, ni; \; i = 1, 2, \cdots, nl \tag{2-8}$$

式（2-8）中负号表示梯度下降；η 表示学习步长，它是一个常数。

从神经网络的隐含层到输出层的权值调整量为

$$\Delta w_{ij} = -\eta \frac{\partial E}{\partial w_{ij}} = -\eta \frac{\partial E}{\partial s_i} \frac{\partial s_i}{\partial w_{ij}} = -\eta \frac{\partial E}{\partial o_i} \frac{\partial o_i}{\partial s_i} \frac{\partial s_i}{\partial w_{ij}} \tag{2-9}$$

$$= -\eta \left[-(d_i - o_i) f' \right] \leqslant s_i y_j = \eta (d_i - o_i) o_i (1 - o_i) y_j$$

若令

$$\delta_i^0 = (d_i - o_i)o_i(1 - o_i) \quad (2\text{-}10)$$

对于输出层误差信号为

$$\Delta w_{ij} = -\eta \frac{\partial E}{\partial w_{ij}} = -\eta \frac{\partial E}{\partial s_i} \frac{\partial s_i}{\partial w_{ij}}$$

$$= -\eta \frac{\partial E}{\partial o_i} \frac{\partial o_i}{\partial s_i} \frac{\partial s_i}{\partial w_{ij}} \quad (2\text{-}11)$$

对于输入层到隐含层的权值调整量为

$$\Delta v_{jk} = -\eta \frac{\partial E}{\partial v_{jk}} = -\eta \frac{\partial E}{\partial s_j} \frac{\partial s_j}{\partial v_{jk}}$$

$$= -\eta \frac{\partial E}{\partial y_j} \frac{\partial y_j}{\partial s_j} \frac{\partial s_j}{\partial v_{jk}}$$

$$= \eta \Big[\sum_{i=1}^{no} \delta_i^0 w_{ij} \Big] y_j(1 - y_j)x_k$$

$$(2\text{-}12)$$

若令

$$\delta_j^y = \Big(\sum_{i=1}^{no} \delta_i^0 w_{ij} \Big) y_j(1 - y_j) \quad (2\text{-}13)$$

对于隐含层的误差信号为

$$\Delta v_{jk} = \eta \delta_j^y x_k$$

$$= \eta \Big(\sum_{i=1}^{no} \delta_i^0 w_{ij} \Big) y_j(1 - y_j)x_k$$

$$(2\text{-}14)$$

这样,可以得到各层权值的调整公式

$$w_{ij} = w_{ij} + \Delta w_{ij} \quad (2\text{-}15)$$

$$v_{jk} = v_{jk} + \Delta v_{jk} \quad (2\text{-}16)$$

以上是 BP 神经网络故障样本的学习训练过程,若输入给定的故障信息样本,按照上述学习过程反复进行权值调整,最终使得神经网络的输出接近于期望值。当输出值与期望值之间的误差值满足预先设定的精度和要求时,神经网络的训练就可以结束。图 2-4 是 BP 神经网络学习训练的流程图。

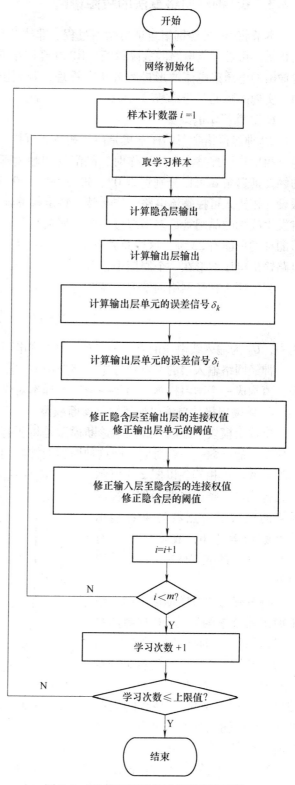

图 2-4　BP 神经网络学习训练的流程图

2.2.3　BP 神经网络算法的故障诊断

本节将 BP 神经网络自适应学习过程、非线性映射关系和分类功能等应用于图 2-3 所示三相桥式可控整流电路的故障诊断。BP 神经网络通过学习训练对三相桥式可控整流电路实时输出的电压或电流波形进行分析、推理，判别出电路发生故障的元器件及相应的故障类型，实现故障的智能诊断。

1. 故障样本的采集

BP 神经网络学习的样本集是由三相桥式可控整流电路的输出电压波形实时采样构成的。当三相桥式可控整流电路工作时，晶闸管的触发延迟角 α 可以在 $0° \sim 120°$ 变化（整流电路的触发延迟角 α 可以分别选取 $0°$、$30°$、$60°$、$90°$ 和 $120°$ 等）。为了便于算法的描述，通常假设三相桥式可控整流电路工作在某一特定触发延迟角时，如果三相桥式可控整流电路中同时发生故障的晶闸管最多不超过两个，那么在每一个特定触发延迟角 α 下，整流电路发生故障的种类可能有 22 种，这样总共有 110 个样本构成。每一个样本集是由三相桥式可控整流电路输出电压波形在一个周期中选取 40 个采样点所构成的。

为了便于神经网络的学习，需要将电压采样值进行归一化处理，即

$$U_d^* = |U_d| / \sqrt{2} U_2$$

式中，U_2 为输入线电压的有效值；U_d^* 为采样电压值 U_d 的归一化值。

神经网络输入层的节点数等于一周期内 U_d 电压采样值的数目，在一个周期内所有电压采样值构成一个学习样本，而每一个学习样本对应一个输出编码。

2. 单输出模块单编码神经网络诊断模型

单输出模块单编码神经网络诊断模型是将所有的学习样本构造成一个样本集，输出编码与故障元器件数一一相对应，即这种模型的神经网络输出节点数与三相桥式可控整流电路中晶闸管的个数相等。以图 2-3 所示三相桥式可控整流电路为例，神经网络的输入层节点数为 40，输出节点数应等于 6，故障样本集有 110 个 40 维的数据样本。故障编码表见表 2-1。

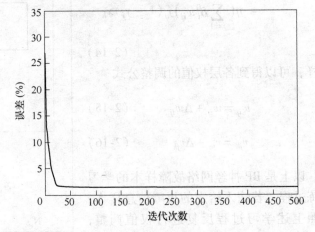

将所有的学习样本逐个输入给单输出模块单编码的 BP 神经网络学习训练后，当神经网络的输出值与期望值的误差满足预先设定的精度和要求（通常误差值取 10^{-4}），即可认为训练结束，则终止迭代。图 2-5 是单输出模块单编码 BP 神经网络经多次学习训练后的误差值曲线。

图 2-5　单输出模块单编码 BP 神经网络经多次
学习训练后的误差值曲线

经学习训练结束的神经网络即可用于三相桥式可控整流电路的故障诊断。表 2-2 是单输出模块单编码 BP 神经网络学习训练结束后部分仿真诊断输出结果。

表 2-2　单输出模块单编码 BP 神经网络学习训练结束后部分仿真诊断输出结果

实际输出值						期望输出值					
o_1	o_2	o_3	o_4	o_5	o_6	d_1	d_2	d_3	d_4	d_5	d_6
0.0094	0.0093	0.0103	0.0124	0.0044	0.0123	0	0	0	0	0	0
0.9999	0.0003	0.0028	0.0088	0.0044	0.0005	1	0	0	0	0	0
0.0007	0.0086	0.0022	0.9999	0.0000	0.0019	0	0	0	1	0	0
0.0043	0.0001	0.0023	0.0099	0.0000	0.9730	0	0	0	0	0	1
0.0044	0.9938	0.0001	0.0002	0.9995	0.0013	0	1	0	0	1	0
0.0000	0.0020	0.9896	0.0001	0.0000	0.9899	0	0	1	0	0	1
0.9940	0.0006	0.9987	0.0001	0.0007	0.0000	1	0	1	0	0	0
0.0000	0.9944	0.0113	0.9974	0.0000	0.0073	0	1	0	1	0	0
0.0098	0.9989	0.0000	0.0072	0.0000	0.9908	0	1	0	0	0	1
0.9854	0.9926	0.0002	0.0013	0.0094	0.0002	1	1	0	0	0	0
0.0110	0.0002	0.9817	0.9804	0.0000	0.0094	0	0	1	1	0	0
0.9986	0.0013	0.0130	0.0025	0.0005	0.9977	1	0	0	0	0	1
0.0002	0.0043	0.0038	0.0000	0.9804	0.9905	0	0	0	0	1	1

　　从表 2-2 中的第一行和第二行分别分析可见：第一行，神经网络的 6 个输出值都接近于 0，它与期望输出值几乎是相同的，所以神经网络输出诊断结果是，电路无故障，这与事先的假设是一致的；第二行，神经网络的第一个输出值接近于 1，其余输出值都接近于 0，这与期望输出值也几乎相同，所以神经网络输出诊断结果是，电路中第一个晶闸管发生故障，这也与事先的假设是一致的。同理也可以看出其他输出值也期望值也是相吻合。

　　表 2-3 是三相桥式可控整流电路在触发延迟角 α 分别为 0°、30° 和 60° 时，应用单输出模块单编码 BP 神经网络故障仿真诊断输出结果。

表 2-3　故障仿真诊断输出结果

α	故障元器件	输 出 值					
		o_1	o_2	o_3	o_4	o_5	o_6
0°	VT3	0.0042	0.0003	0.9999	0.0005	0.0039	0.0006
0°	VT1，VT4	0.9972	0.0002	0.0009	0.9957	0.0002	0.0001
0°	VT2，VT6	0.0205	0.9972	0.0000	0.0074	0.0000	0.9968
30°	VT3	0.0103	0.0002	1.0000	0.0007	0.0020	0.0015
30°	VT1，VT4	0.9944	0.0002	0.0030	0.9974	0.0000	0.0001
30°	VT2，VT6	0.0098	0.9989	0.0000	0.0072	0.0000	0.9908
60°	VT3	0.0119	0.0001	0.9987	0.0001	0.0045	0.0001
60°	VT1，VT4	0.9911	0.0000	0.0022	0.9981	0.0003	0.0002
60°	VT2，VT6	0.0144	0.9991	0.0003	0.0009	0.0001	0.9923

　　根据以上分析，单输出模块单编码 BP 神经网络结构的特点是训练模型简单、直接，但需要训练的样本数量较大。若想对神经网络的学习训练达到理想的收敛精度，最好使用多隐

含层数的神经网络结构。但神经网络的隐含层数增大时会降低神经网络的学习速度和产生较大的收敛误差。

3. 单输出模块多编码神经网络诊断模型

在单输出模块单编码神经网络诊断模型基础上，神经网络的输出节点数与整流电路中晶闸管元器件数和整流电路可能采用的触发延迟角数一一相对应编码，也即在单输出模块神经网络的输出节点处再增加若干个输出节点（除了 $0°$ 触发外，通常还有 $30°$，$60°$，$90°$ 和 $120°$ 等触发延迟角）。它与单输出模块单编码神经网络诊断模型不同的是，输出编码矩阵的维数是 22×11。这种编码方法不但能够诊断出整流电路的故障元器件，同时还能诊断出晶闸管整流电路在某种触发角时的工作情况。

采用单输出模块多编码神经网络诊断模型时，如果三相桥式可控整流电路分别工作在触发延迟角 α 为 $0°$、$30°$、$60°$、$90°$ 和 $120°$ 五种情况下，为了便于说明这种方法的应用，假设整流电路分别在触发延迟角为 $30°$ 工作时，电路中晶闸管 VT2 和 VT5 同时发生开路故障，则对应的输出编码见表 2-4。

表 2-4　触发延迟角为 $30°$ 时 VT2 和 VT5 同时开路的输出编码表

故障元器件	输出编码										
	d_1	d_2	d_3	d_4	d_5	d_6	d_7	d_8	d_9	d_{10}	d_{11}
							$0°$	$30°$	60	$90°$	$120°$
VT2，VT5	0	1	0	0	1	0	0	1	0	0	0
VT2，VT5	0	1	0	0	1	0	0	0	0	1	0

同理，整流电路在不同触发延迟角触发和不同的晶闸管发生故障时的编码方法均与上述方法相同，这里不再赘述。

图 2-6 是采用上述多编码方法时的神经网络学习误差曲线。图中横坐标和纵坐标分别表示迭代次数和迭代误差值。

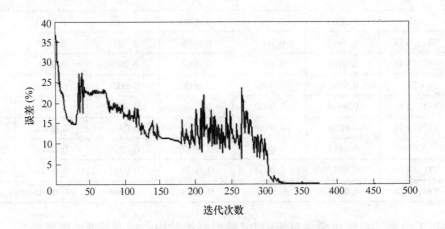

图 2-6　多编码方法的神经网络学习误差曲线

表 2-5 是将已学习训练好的单输出模块多编码神经网络诊断模型应用于三相桥式可控整流电路在触发延迟角分别为 0°、30°和 60°时的故障仿真诊断输出结果。在表 2-5 中神经网络的输出节点 o_7、o_8 和 o_9 分别对应 0°、30°和 60°时的触发延迟角。

表 2-5　故障仿真诊断输出结果

α	故障元器件	多编码输出值								
		o_1	o_2	o_3	o_4	o_5	o_6	o_7	o_8	o_9
0°	VT3	0.0000	0.0001	0.9932	0.0000	0.0118	0.0000	1.0000	0.0000	0.0000
	VT1，VT4	0.9808	0.0001	0.0001	0.9990	0.0000	0.0001	1.0000	0.0000	0.0000
	VT2，VT6	0.0187	1.0000	0.0000	0.0001	0.0003	0.9973	0.9918	0.0025	0.0030
30°	VT3	0.0025	0.0000	1.0000	0.0002	0.0001	0.0000	0.0101	0.9935	0.0001
	VT1，VT4	0.9907	0.0002	0.0002	0.9992	0.0000	0.0002	0.0000	1.0000	0.0000
	VT2，VT6	0.0396	1.0000	0.0000	0.0011	0.0013	0.9699	0.0407	0.9638	0.0302
60°	VT3	0.0009	0.0000	0.9987	0.0001	0.0028	0.0001	0.0000	0.0000	1.0000
	VT1，VT4	0.9911	0.0000	0.0002	0.9981	0.0003	0.0006	0.0001	0.0000	0.9945
	VT2，VT6	0.0244	0.9993	0.0003	0.0007	0.0008	0.9954	0.0000	0.0036	0.9988

由以上分析可见，采用单输出模块多编码神经网络诊断模型的特点是训练模式直观性较好，每一个输出直接对应单一的输入，误差收敛效果较好；但它同样需要庞大的训练样本数量，且神经网络结构较大，在学习过程中会产生较大振荡，学习速度也较为缓慢。

4. 多输出模块的神经网络诊断模型

由于三相桥式可控整流电路在工作时，人们往往会预先设置好整流电路工作时的触发角，因此，可以把整流电路在每一种触发延迟角下工作时的电路设置为一个 BP 神经网络模块，然后分别对每一种模块同时进行训练学习，这就是多输出模块的神经网络诊断模型。这样，每个神经网络模块的训练样本数将会大为减少；同时，由于在相同触发延迟角 α 下，输出电压 U_d 采样值特征较为明显，故在一周期内的电压采样值也可大大

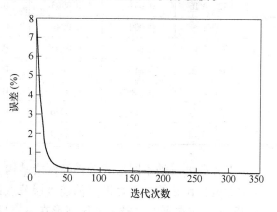

图 2-7　α 为 30°时神经网络学习误差曲线

减少。因此，神经网络的规模也将会大为减小，从而提高了神经网络的学习速度和收敛精度。图 2-7 是采用多输出模块的神经网络诊断模型在触发延迟角 α 为 30°时的学习误差曲线。

表 2-6 是采用多输出模块的神经网络诊断模型在触发延迟角 α 为 30°时对应神经网络模块训练的部分输出结果。

表 2-6　α 为 30°时对应神经网络模块部分输出结果

实际输出值						期望输出值					
o_1	o_2	o_3	o_4	o_5	o_6	d_1	d_2	d_3	d_4	d_5	d_6
0.0078	0.0162	0.0140	0.0140	0.0143	0.0047	0	0	0	0	0	0
0.9994	0.0026	0.0033	0.0074	0.0040	0.0015	1	0	0	0	0	0
0.0094	0.0039	0.9978	0.0085	0.0068	0.0014	0	0	1	0	0	0
0.0072	0.0076	0.0089	0.0003	0.9997	0.0047	0	0	0	0	1	0
0.9885	0.0065	0.0059	0.9919	0.0000	0.0017	1	0	0	1	0	0
0.0002	0.0061	0.9919	0.0054	0.0050	0.9930	0	0	1	0	0	1
0.9921	0.0150	0.9955	0.0023	0.0000	0.0008	1	0	1	0	0	0
0.0017	0.9896	0.0209	0.9943	0.0000	0.0084	0	1	0	1	0	0
0.0000	0.0041	0.0005	0.9980	0.0191	0.9989	0	0	0	1	0	1
0.9796	0.9826	0.0009	0.0022	0.0008	0.0003	1	1	0	0	0	0
0.0076	0.0022	0.0007	0.9796	0.9832	0.0061	0	0	0	1	1	0
0.0000	0.0026	0.0080	0.0003	0.9797	0.9837	0	0	0	0	1	1

　　表 2-7 是将经学习训练好得多输出模块的神经网络诊断模型应用于图 2-3 三相桥式可控整流电路在触发延迟角分别为 0°、30°、60°时，三个输出诊断模块的故障仿真诊断结果。

表 2-7　故障仿真诊断输出结果

α	故障元器件	输　出　值					
		o_1	o_2	o_3	o_4	o_5	o_6
0°	VT3	0.0077	0.0053	0.9979	0.0122	0.0036	0.0004
0°	VT1，VT4	0.9956	0.0124	0.0004	0.9886	0.0009	0.0000
0°	VT2，VT6	0.0342	0.9903	0.0008	0.0145	0.0002	0.9902
30°	VT3	0.0099	0.0049	0.9966	0.0072	0.0024	0.0009
30°	VT1，VT4	0.9873	0.0077	0.0065	0.9903	0.0001	0.0010
30°	VT2，VT6	0.0175	0.9981	0.0000	0.0046	0.0017	0.9920
60°	VT3	0.0060	0.0042	0.9982	0.0033	0.0112	0.0008
60°	VT1，VT4	0.9917	0.0036	0.0043	0.9718	0.0006	0.0002
60°	VT2，VT6	0.0253	0.9988	0.0002	0.0035	0.0026	0.9910

　　以上介绍的三种不同模式的神经网络结构，都是在相同神经网络结构和规模的基础上进行学习和进行比较的：神经网络的输入层节点数应等于一周期内电压采样的个数，即输入节点为 40 个（在本例中，输出电压波形在一周期内取 40 个采样数据点），隐含层的节点数设置为 12 个，学习步长 η 取 0.6～0.7 的数值。根据以上仿真诊断结果可以看出，尽管三种神经网络的结构和输出编码方法不同，但它们都能准确地得到诊断结果。

5. 混合故障多编码神经网络诊断模型

　　同样，对于整流电路中晶闸管直通故障（晶闸管 PN 结短路），也可以采用与上相同的编码方法，通过神经网络的学习训练来实现对晶闸管直通故障的诊断。虽然电路中同时发生晶闸管开路和晶闸管直通的故障现象概率不大，但是依然可以进行故障假设检验。现以

图 2-3 为例，来说明应用单输出模块多编码神经网络诊断模型（神经网络的输出节点除了设置开路故障输出外，还设置了直通故障输出节点，输出共有 12 个节点），对三相桥式可控整流电路进行故障诊断。若整流电路触发延迟角 α 在 30°时，电路中晶闸管同时发生混合故障（晶闸管开路和直通），假设电路中晶闸管同时发生开路故障的个数不超过两个且同时发生直通故障的晶闸管个数不超过一个，那么电路共有 90 种故障类型。如果将每一种故障类型的输出电压波形在一个周期内采样 40 个点，则神经网络的学习样本共有 90 个 40 维的样本数据。图 2-8 是单输出模块多编码神经网络模型的学习误差曲线。

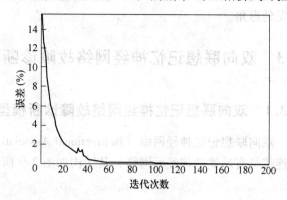

图 2-8　单输出模块多编码神经网络模型的学习误差曲线

表 2-8 所示是部分晶闸管发生混合故障时，单输出模块多编码神经网络模型仿真诊断输出结果（小数点后保存三位有效数字）。表 2-9 是对应表 2-8 的理想输出。

表 2-8　单输出模块多编码神经网络模型仿真诊断输出结果

故障元器件		实际输出值											
开路	直通	晶闸管开路故障						晶闸管直通故障					
		o_1	o_2	o_3	o_4	o_5	o_6	o_1	o_2	o_3	o_4	o_5	o_6
VT1	VT2	0.993	0.007	0.001	0.012	0.008	0.009	0.001	0.978	0.012	0.000	0.003	0.001
VT3	VT4	0.001	0.021	0.981	0.007	0.000	0.015	0.003	0.000	0.014	0.968	0.023	0.021
VT5	VT6	0.017	0.000	0.001	0.003	0.989	0.002	0.002	0.013	0.003	0.016	0.000	0.973
VT1，VT5	VT2	0.997	0.001	0.000	0.011	0.976	0.020	0.004	0.990	0.020	0.000	0.001	0.026
VT1，VT4	VT2	0.979	0.007	0.012	0.976	0.014	0.000	0.005	0.986	0.000	0.002	0.010	0.977
VT6，VT1	VT3	0.982	0.001	0.000	0.000	0.024	0.974	0.004	0.019	0.973	0.010	0.002	0.000
VT3，VT2	VT6	0.021	0.973	0.982	0.013	0.000	0.011	0.011	0.021	0.012	0.028	0.971	0.002

表 2-9　单输出模块多编码神经网络的理想输出结果

故障元器件		理想输出值											
开路	直通	晶闸管开路故障						晶闸管直通故障					
		d_1	d_2	d_3	d_4	d_5	d_6	d_1	d_2	d_3	d_4	d_5	d_6
VT1	VT2	1	0	0	0	0	0	0	1	0	0	0	0
VT3	VT4	0	0	1	0	0	0	0	0	0	1	0	0
VT5	VT6	0	0	0	0	1	0	0	0	0	0	0	1
VT1，VT5	VT2	1	0	0	0	1	0	0	1	0	0	0	0
VT1，VT4	VT2，VT6	1	0	0	1	0	0	0	1	0	0	0	1
VT6，VT1	VT3	1	0	0	0	0	1	0	0	1	0	0	0
VT3，VT2	VT6	0	1	1	0	0	0	0	0	0	0	0	1

从以上故障仿真诊断结果可见，不管整流电路中晶闸管是发生开路故障还是混合性故障，应用 BP 神经网络都能有效、可靠地诊断出故障元器件或诊断出整流电路工作时所处的触发延迟角。

2.3 双向联想记忆神经网络故障诊断法

2.3.1 双向联想记忆神经网络故障诊断模型

双向联想记忆神经网络（Bidirectional Associative Memory Network，BAMN），是一种两层全连接具有反馈的神经元网络，其结构如图 2-9 所示。

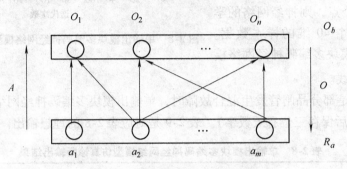

图 2-9 双向联想记忆神经网络结构

假设神经网络的输入层有 m 个神经元，输出层有 n 个神经元。双向联想神经网络就是从一个向量空间向另一个向量空间的变换，即从向量空间 $\boldsymbol{R}^m$ 到向量空间 $\boldsymbol{R}^n$ 空间的变换。如果映射是线性的，那么当输入一个向量（矩阵）$\boldsymbol{A}_i$ 时，经过若干次空间变换后，则稳定输出与之相应的向量（矩阵）$\boldsymbol{O}_i$。

如果双向联想记忆神经网络对每一个故障信息输入样本对都收敛，则联想记忆矩阵 $\boldsymbol{C}$ 就是双向稳定的。双向联想记忆神经网络的所有的故障信息都可以存储在一个 $m \times n$ 维的权值矩阵 $\boldsymbol{C}$ 中。它的联想功能就是通过权值矩阵来实现的。

如果给定 p 个故障样本信息二值矩阵对：$(\boldsymbol{A}_1, \boldsymbol{O}_1)$，$(\boldsymbol{A}_2, \boldsymbol{O}_2)$，$\cdots$，$(\boldsymbol{A}_p, \boldsymbol{O}_p)$，首先将这 p 个故障信息样本二值矩阵对按下列公式转换为双极性矩阵对$(\boldsymbol{X}_i, \boldsymbol{Y}_i)$（$i = 1, 2, \cdots, p$）。亦即将二值矩阵对中的零元素用 -1 来代替，即

$$\boldsymbol{X}_i = 2\boldsymbol{A}_i - \boldsymbol{I} \tag{2-17}$$
$$\boldsymbol{Y}_i = 2\boldsymbol{O}_i - \boldsymbol{I}$$

式（2-17）中 $\boldsymbol{I}$ 是单位矩阵。然后把故障信息样本双极矩阵对$(\boldsymbol{X}_1, \boldsymbol{Y}_1)$，$(\boldsymbol{X}_2, \boldsymbol{Y}_2)$，$\cdots$，$(\boldsymbol{X}_p, \boldsymbol{Y}_p)$存储在神经网络的局部能量最小或接近最小的位置，即把 p 个模式故障信息样本双极矩阵对叠加起来形成一个 $m \times n$ 维的双向联想记忆矩阵 $\boldsymbol{C}$，即

$$\boldsymbol{C} = \sum_{i=1}^{p} \boldsymbol{X}_i^{\mathrm{T}} \boldsymbol{Y}_i = \boldsymbol{X}_1^{\mathrm{T}} \boldsymbol{Y}_1 + \boldsymbol{X}_2^{\mathrm{T}} \boldsymbol{Y}_2 + \boldsymbol{X}_3^{\mathrm{T}} \boldsymbol{Y}_3 + \cdots + \boldsymbol{X}_p^{\mathrm{T}} \boldsymbol{Y}_p \tag{2-18}$$

BAMN 矩阵的转置 $\boldsymbol{C}^{\mathrm{T}}$ 由下式实现

$$\boldsymbol{C}^{\mathrm{T}} = \sum_{i=1}^{p} \boldsymbol{Y}_i^{\mathrm{T}} \boldsymbol{X}_i = \boldsymbol{Y}_1^{\mathrm{T}} \boldsymbol{X}_1 + \boldsymbol{Y}_2^{\mathrm{T}} \boldsymbol{X}_2 + \boldsymbol{Y}_3^{\mathrm{T}} \boldsymbol{X}_3 + \cdots + \boldsymbol{Y}_p^{\mathrm{T}} \boldsymbol{X}_p \tag{2-19}$$

在神经网络的输入层将故障信息样本信号 A_i 输入给 BAMN，则可得到故障信息和噪声的展开式为

$$A_i C = (A_i X_i^{\mathrm{T}}) Y_i + \sum_{j \neq i} (A_i X_j^{\mathrm{T}}) Y_j \tag{2-20}$$

式中，第一项是输入故障信息；第二项是噪声。

如果把 A_i 用双极性向量 X_i 表示，然后代入式（2-20）则有

$$X_i C = (X_i X_i^{\mathrm{T}}) Y_i + \sum_{j \neq i} (X_i X_j^{\mathrm{T}}) Y_j = m Y_i + \sum_{j \neq i} (X_i X_j^{\mathrm{T}}) Y_j = d Y_i \tag{2-21}$$

在式（2-21）中，由于 X_i 是 m 维向量，则 $X_i X_i^{\mathrm{T}} = m$；d 是一个大于零的数，即 $d > 0$。由此可见，Y_i 乘上一个正系数 d，则强化了 Y_i 的双极性。当对输入 $X_i C$ 的总和阈值化时，Y_i 就趋向 O_i，亦即获得 A_i 相应的输出样本矩阵 O_i。O_i 中的元素分量值按下列式子确定

$$o_i = \begin{cases} 1 & X_i C > 0 \\ 0 & X_i C < 0 \end{cases}$$

同理，当对输入 $Y_i C^{\mathrm{T}}$ 的总和阈值化时，X_i 就趋向 A_i，亦即获得 O_i 相应的模式样本矩阵 A_i。A_i 中的元素分量值按下式确定

$$a_i = \begin{cases} 1 & Y_i C^{\mathrm{T}} > 0 \\ 0 & Y_i C^{\mathrm{T}} < 0 \end{cases}$$

双向联想记忆神经网络的故障信息存储能力是由式（2-21）所决定的。如果输入模式对的样本数 p 大于输入故障信息 A_i 的维数 m 时，即 $p > m$，则联想记忆的可靠性就下降。

如果输入的故障信息 A_i 和 A_j 相似，而输出对应的信息 O_i 和 O_j 却不相似或者相反时，则说明 BAMN 神经网络可能产生联想记忆混乱。为了解决这一问题，这里采用 A_i 和 A_j 的贴近度 $\delta_{ij}(A_i, A_j)$ 来识别。

假设 $\delta_{ij}(A_i, A_j)$ 是空间上的一个度量，即

$$\delta_{ij}(A_i, A_j) = \| A_i - A_j \| = \sum_{k=1}^{m} | a_{ik} - a_{jk} | \tag{2-22}$$

式中，a_{ik} 和 a_{jk}（$k = 1, 2, \cdots, m$）分别是输入故障信息 A_i 和 A_j 元素中的第 k 个分量；运算符号"$\| \quad \|$"表示求范数。由式（2-22）可见，贴近度 δ_{ij} 的值越小，说明 A_i 和 A_j 越贴近；δ_{ij} 的值越大，说明 A_i 和 A_j 的差异越大。当 $\delta_{ij} = 0$ 时，则说明 A_i 和 A_j 完全贴近，即 $A_i = A_j$；当 $\delta_{ij} = m$ 时，则说明 A_i 和 A_j 的差异最大。

应用 BAMN 神经网络诊断电力电子电路故障的步骤如下：

1）首先形成故障信息样本对向量 $(A_i, O_i)(i = 1, 2, 3, \cdots, p)$，将 p 个故障信息样本对向量 $(A_i, O_i)(i = 1, 2, 3, \cdots, p)$ 转换为双极性向量对 $(X_i, Y_i)(i = 1, 2, 3, \cdots, p)$。

2）然后对每一个样本对依次进行学习和训练，形成联想记忆矩阵 C_j（$j = 1, 2, \cdots$）。亦即对每次输入的故障信息样本对经过学习之后，随之验证神经网络是否已对 (A_i, O_i) 有正确的记忆能力。亦即判断 $X_i C_j$ 阈值化后是否等于 O_i，同时也判断 $Y_i C_j^{\mathrm{T}}$ 阈值化后是否等于 A_i。如果都相等，则说明神经网络经过学习之后对 (A_i, O_i) 已具有联想记忆能力；如果不相等，则说明神经网络经过学习之后对 (A_i, O_i) 已经产生记忆饱和，则应从 C_j 矩阵中取消 $X_i^{\mathrm{T}} Y_j$。

3）再将故障模式样本对（X_i，Y_i）存储到另一个联想记忆矩阵 C_x 中。重复按照上述方法检验 C_x 矩阵是否对该样本对有正确的记忆能力。

4）重复执步骤 1~3 直至将所有的故障信息样本对经过学习和训练之后都分别存储在一系列的记忆矩阵中。

2.3.2　多级放大电路的 BAMN 故障诊断

图 2-10 所示是一个四级带有负反馈的电力电子放大电路示意图，下面以此电力电子电路为例，对双向联想记忆法进行进一步分析。

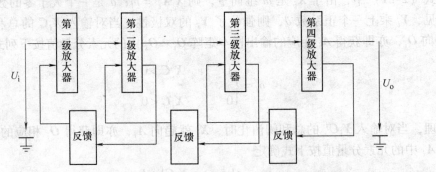

图 2-10　四级带有负反馈的电力电子放大电路示意图

通过实验测试可得如下故障信息：

（1）第一级放大器发生故障　在第一级放大器的输入端加上信号，第二级放大器的输出端断开时，通过检测发现，第一级放大器的输出信号出现异常现象，同时第二级放大器的输出信号也出现异常现象。

（2）第二级放大器发生故障　在第一级放大器的输入端加上信号，第三级放大器的输出端断开时，由示波器观察波形发现，第一级放大器的输出信号出现波形失真（由于第一级和第二级之间存在反馈），同时第三级放大器的输出信号也出现异常。

（3）第三级放大器发生故障　第一级的输出与第二级的输入断开，在第二级放大器的输入端加上信号，第四级放大器的输出端断开。由示波器观察波形发现，第二级放大器的输出信号出现失真（由于第三级和第二级之间存在反馈），同时第四级放大器的输出信号也出现异常。

（4）第四级放大器发生故障　第二级放大器输出与第三级的输入端断开，在第三级放大器的输入端加上信号。由示波器观察波形发现，由于第三级和第四级之间存在反馈，所以第三级放大器的输出信号和第四级放大器的输出信号都同时出现波形失真。

根据以上示波器观察和测试的结果，作如下定义：

定义 1　诊断信息矩阵 A_i 的每一列表示每一级放大器的输出信号的工作状态。如果它的元素值 $a_i = 1$，则表示第 i 级放大器的输出信号异常；如果 $a_i = 0$，则表示放大器的输出正常。

定义 2　故障信息矩阵 O_i 的每一列表示每一级放大器的工作状态。如果它的元素值 $o_i = 1$，则表示第 i 级放大器有故障；如果 $o_i = 0$，则放大器无故障。

根据以上定义，可将上述 4 种故障现象用故障信息矩阵对 A_i 和 O_i 表示，详见表 2-10。

表 2-10　故障信息矩阵对 A_i 和 O_i

A_1	1 1 0 0	O_1	1 0 0 0
A_2	1 0 1 0	O_2	0 1 0 0
A_3	0 1 0 1	O_3	0 0 1 0
A_4	0 0 1 1	O_4	0 0 0 1

把表 2-10 中的故障信息矩阵对 A_i 和 O_i（$i=1$，2，4）按照式（2-17）转化为双极性向量对 X_i 和 Y_i（$i=1$，2，3，4）见表 2-11。

表 2-11　双极性向量对 X_i 和 Y_i

X_1	1 1 -1 -1	Y_1	1 -1 -1 -1
X_2	1 -1 1 -1	Y_2	-1 1 -1 -1
X_3	-1 1 -1 1	Y_3	-1 -1 1 -1
X_4	-1 -1 1 1	Y_4	-1 -1 -1 1

再将 X_i 和 Y_i（$i=1$，2，3，4）依次输入给 BAMN 神经元网络进行学习和训练。即按照式（2-18）或式（2-19）计算权值矩阵 C 的值。即

$$W = \sum_{i=1}^{4} X_i^{\mathrm{T}} Y_i = \left\{ \begin{array}{cccc} 2 & 2 & -2 & -2 \\ 2 & -2 & 2 & -2 \\ -2 & 2 & -2 & 2 \\ -2 & -2 & 2 & 2 \end{array} \right\}$$

由神经网络的能量函数可算出这 4 个故障诊断信息对 (A_1, O_1), (A_2, O_2), (A_3, O_3) 和 (A_4, O_4) 的能量值分别为 -16，-16，-16 和 -16。这说明它们都是向量空间 $\{0, 1\}^4 \times \{0, 1\}^4$ 中的稳定点。所以前向信息流有

$$A_1 C = (8, 0, 0, 8) \text{对应} O_1 = (1, 0, 0, 0)$$
$$A_2 C = (0, 8, -8, 0) \text{对应} O_2 = (0, 1, 0, 0)$$
$$A_3 C = (0, -8, 8, 0) \text{对应} O_3 = (0, 0, 1, 0)$$
$$A_4 C = (-8, 0, 0, 8) \text{对应} O_4 = (0, 0, 0, 1)$$

同样，后向信息流有

$$O_1 C^{\mathrm{T}} = (32, -32, 32, -32) \text{对应} A_1 = (1, 1, 0, 0)$$
$$O_2 C^{\mathrm{T}} = (32, -32, -32, -32) \text{对应} A_2 = (1, 0, 1, 0)$$
$$O_3 C^{\mathrm{T}} = (-32, 32, -32, 32) \text{对应} A_3 = (0, 1, 0, 1)$$
$$O_4 C^{\mathrm{T}} = (-32, -32, 32, 32) \text{对应} A_4 = (0, 0, 1, 1)$$

以上分析说明，存储在神经网络内部的故障诊断信息对 A_i 和 O_i（$i=1$，2，3，4）是一一对应的，当输入一个 AX 与 A_i 中的任意一个相同时，神经网络就很快找到一个相对应的诊断信息 O_i。亦即可获得故障的定位。

当放大器出现故障时，通过观察和测试可获得故障信息 $AX = (1, 0, 0, 0)$ 的逻辑值，若

将 AX 输入给神经网络，神经网络通过分析，就很快找到一个相对应的诊断信息 $OX = (1,$
$1, 0, 0)$。由诊断输出结果表明：故障就发生在第一级和第二级放大器内。这是因为第一
级和第二级之间存在反馈，任何一级放大器发生故障，它们之间都会互相影响，造成每一个
放大器的输出信号出现不正常。由此可见，神经网络的诊断结果和实际情况是相吻合的。

2.3.3　BAMN 算法的故障诊断模型

对任意给定的大规模网络 N，首先根据网络的功能或技术上的要求，将网络 N 划分为若
干个子网络。根据撕裂诊断图的基本定义，画出电路的撕裂诊断图（TG）。从实际工程出
发，预先确定网络中可能发生故障的子网络的集合。

定义 3　网络 N 中可能发生故障的子网络的集合称为故障基集合 £。$p \in$ £，p 是故障基
集合中子网络的个数。

应用子网络级故障交叉撕裂诊断法，在满足 $f \leqslant 2$ 交叉撕裂准则的基础上，确定网络 N
的 k 次撕裂方案。即

$$T_1 = \begin{cases} N_1^1 \\ \hat{N}_1^1 \end{cases}, \quad T_2 = \begin{cases} N_2^2 \\ \hat{N}_2^2 \end{cases} \quad T_3 \begin{cases} N_3^3 \\ \hat{N}_3^3 \end{cases}, \quad \cdots, \quad T_k = \begin{cases} N_k^k \\ \hat{N}_k^k \end{cases}$$

假设当故障基集合 £ 中的任意一个子网络发生故障时，
建立它所对应的故障信息矩阵对 A_i 和 O_i 的元素值。现在以
图 2-11 中的 6 个子网络为例（假设网络 N 中故障基集合
£ $= \{S_1, S_2, S_3, S_4, S_6\}$，即故障子网络个数 $p = 5$），来
研究故障信息矩阵对 A_i 和 O_i 的建立过程。

今假设故障基集合 £ 中的第一个子网络 S_1 发生故障，
如果第一次撕裂 T_1 是在子网络 (S_1, S_4) 和 (S_2, S_3, S_5, S_6)
之间进行，即获得子网络集 $N_1^1 = \{S_1, S_4\}$ 和 $= \hat{N}_1^1 \{S_2, S_3,$
$S_5, S_6\}$。若 N_1^1 被诊断为有故障，而 $\hat{N}_1^1$ 无故障时，则逻辑
诊断值 $\zeta(N_1^1) = 1$，而 $\zeta(\hat{N}_1^1) = 0$；第二次撕裂 T_2 是在子网络
(S_1, S_3) 和 (S_4, S_5, S_6) 之间进行，即获得子网络集 $N_1^2 =$

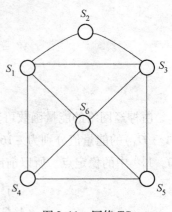

图 2-11　网络 TG

$\{S_1, S_2, S_3\}$ 和 $\hat{N}_1^2 = \{S_4, S_5, S_6\}$。若 N_1^2 被诊断为有故障，而 $\hat{N}_1^2$ 无故障时，则逻辑诊断值
$\zeta(N_1^2) = 1$，而 $\zeta(\hat{N}_1^2) = 0$。

根据第一次和第二次撕裂诊断获得的这些逻辑诊断值构造的子网络 S_1 故障时，对应的
诊断信息矩阵 A_1 的元素值为

$$A_1 = (1, 0, 1, 0, \cdots, \cdots)$$

式中，A_1 的第一列元素值表示第一次撕裂的子网络集 N_1^1 的逻辑诊断值，第二列元素是子网
络集 $\hat{N}_1^1$ 的逻辑诊断值；第三、第四列元素分别表示第二撕裂的子网络集 N_1^2 和 $\hat{N}_1^2$ 的逻辑诊
断值。依次进行撕裂诊断，可获得相应的逻辑诊断值。亦即可获得 A_1 其他列的元素值。显
然，A_1 是一个 $1 \times 2k$ 维的二值矩阵。与此同时，建立与 A_1 相对应的故障信息矩阵 O_1。O_1
的总列数为网络 N 中的子网络个数。如图 2-11 所示，网络 N 可以划分成 6 个子网络，即 O_1

的总列数为 6。假如网络 N 中的第一个子网络 S_1 发生故障，则 O_1 的第一列元素为 1，其余五列元素均为 0。即

$$O_1 = (1,0,0,0,0,0)$$

显然，O_1 是一个 $1 \times n$ 维的二值矩阵（n 表示网络 N 可以划分成 n 个子网络）。如果故障基集合 £ 中的第二个子网络 S_2 发生故障，根据上述方法也可以获得故障信息矩阵对 A_2 和 O_2 的元素值。如此进行，对故障基集合 £ 中的所有子网络都建立它们各自相应的故障信息矩阵对 A_i 和 $O_i(i=1, 2, 3, \cdots, p)$ 的元素值。亦即可获得 p 个故障信息矩阵对 A_i 和 O_i 的逻辑式，即

$$A_i = \left[\zeta_1(N_1^1), \zeta_1(\hat{N}_1^1), \zeta_2(N_1^2), \zeta_2(\hat{N}_1^2), \cdots, \zeta_k(N_1^k), \zeta_k(\hat{N}_1^k) \right] \tag{2-23}$$

$$O_i = (0, \cdots, 0, \cdots, 1, \cdots, 0) \tag{2-24}$$

现在将 p 个故障信息矩阵对按照式（2-17）转化为双极性向量对 X_i 和 $Y_i(i=1, 2, \cdots, p)$。然后，再将它们送给 BAMN 进行学习和训练。亦即按照式（2-19）或式（2-21）计算权值矩阵 C 的值。

当网络 N 发生故障时，要诊断出故障发生在哪一个子网络，首先应用上述确定的交叉撕裂方案，进行 k 次交叉撕裂诊断。从每次诊断获得的逻辑诊断值，构造诊断信息矩阵 AX。然后将 AX 输入给神经网络，神经网络经过分析和推理，亦即经过空间变换，最后稳定输出相对应的故障信息矩阵 OX。若 OX 中的第 k 列元素为 1，其余均为 0，则网络 N 中的第 k 个子网络 S_k 就是发生故障的子网络，即获得故障子网络（$f=1$）的定位。同理，也可以用相同的方法获得双故障子网络（$f=2$）的定位。

2.3.4　子电路级故障的 BAMN 诊断

图 2-12 所示是某网络 N 的 TG。以该网络 N 的 TG 为例，对子网络级故障的 BAMN 诊断进行进一步分析。假设网络是由 6 个子网络级相互连接而成。网络 N 中同时发生故障的子网络数不会超过两个，即 $f \le 2$。在满足交叉撕裂准则 1 和准则 2 的条件下，可得 $k=4$ 的一种撕裂方案

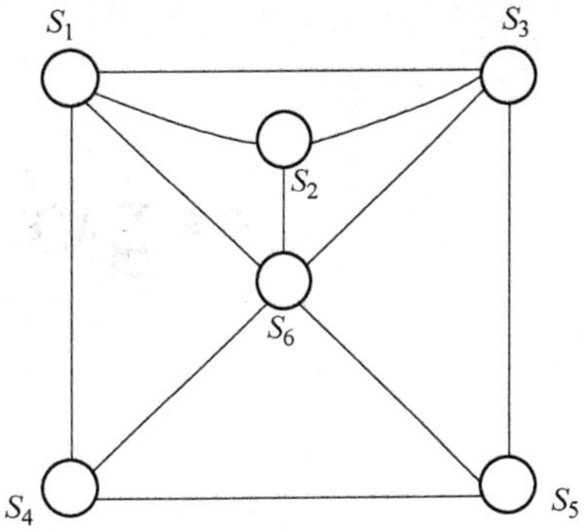

图 2-12　某网络 N 的 TG

$$T_1 : N_1^1 = \{S_1, S_2\} \quad \hat{N}_1^1 = \{S_3, S_4, S_5, S_6\}$$

$$T_2 : N_1^2 = \{S_2, S_3\} \quad \hat{N}_1^2 = \{S_1, S_4, S_5, S_6\}$$

$$T_3 : N_1^3 = \{S_4, S_5\} \quad \hat{N}_1^3 = \{S_1, S_2, S_3, S_6\}$$

$$T_4 : N_1^4 = \{S_5, S_6\} \quad \hat{N}_1^4 = \{S_1, S_2, S_3, S_4\}$$

现假设网络 N 中的故障基集合 £ = $\{S_1, S_2, S_3, S_4, S_6\}$，即 $p=5$。如果故障基集合 £ 中的每一个子网络发生故障，根据上述交叉撕裂方案，对每一次撕裂的子网络集逐个诊断，然后由式（2-23）和式（2-24）可获得诊断信息矩阵 $A_i(i=1, 2, \cdots, 5)$ 和故障信息矩阵 $O_i(i=1, 2, \cdots, 5)$ 的元素值。故障信息矩阵对见表 2-12。

表 2-12　故障信息矩阵对

A_1	1 0 0 1 0 1 0 1	O_1	1 0 0 0 0 0
A_2	1 0 1 0 0 1 0 1	O_2	0 1 0 0 0 0
A_3	0 1 1 0 0 1 0 1	O_3	0 0 1 0 0 0
A_4	0 1 0 1 1 0 0 1	O_4	0 0 0 1 0 0
A_5	0 1 0 1 0 1 1 0	O_5	0 0 0 0 0 1

把表 2-12 中的故障信息矩阵对 A_i 和 $B_i (i = 1, 2, \cdots, 5)$ 按照式（2-17）转化为双极性向量对 X_i 和 $Y_i (i = 1, 2, \cdots, 5)$，见表 2-13。

表 2-13　双极性向量对

X_1	1	-1	-1	1	-1	1	-1	1	Y_1	1	-1	-1	-1	-1	-1
X_2	1	-1	1	-1	-1	1	-1	1	Y_2	-1	1	-1	-1	-1	-1
X_3	-1	1	1	-1	-1	1	-1	1	Y_3	-1	-1	1	-1	-1	-1
X_4	-1	1	-1	1	1	-1	-1	1	Y_4	-1	-1	-1	1	-1	-1
X_5	-1	1	-1	1	-1	1	1	-1	Y_5	-1	-1	-1	-1	-1	1

然后将 X_i 和 $Y_i (i = 1, 2, \cdots, 5)$ 依次输入给 BAMN 进行学习和训练。亦即按照式（2-20）或式（2-21）计算权值矩阵 C 的值。即

$$C = \sum_{i=1}^{5} X_i^T Y_i = \begin{pmatrix} 3 & 3 & -1 & -1 & 1 & -1 \\ -3 & -3 & 1 & 1 & -1 & 1 \\ -1 & 3 & 3 & -1 & 1 & -1 \\ 1 & -3 & -3 & 1 & -1 & 1 \\ 1 & 1 & 1 & 1 & 3 & 1 \\ -1 & -1 & -1 & -5 & -3 & -1 \\ 1 & 1 & 1 & 1 & 3 & 5 \\ -1 & -1 & -1 & -1 & -3 & -5 \end{pmatrix}$$

根据神经网络的能量函数，可算出这 5 个故障诊断信息对应 (A_1, O_1)，(A_2, O_2)，$\cdots$，(A_5, O_5) 的能量值分别为 -56，-48，-56，-40 和 -40。这说明它们都是向量空间 $\{0, 1\}^8 \times \{0, 1\}^6$ 中的稳定点。所以前向信息流有

$$A_1 C = (4, -4, -12, -12, -12, 12) \text{对应} O_1 = (1, 0, 0, 0, 0, 0)$$

$$A_2 C = (0, 8, 0, -16, -8, -16) \text{对应} O_2 = (0, 1, 0, 0, 0, 0)$$

$$A_3 C = (-12, -4, 4, -12, -12, 12) \text{对应} O_3 = (0, 0, 1, 0, 0, 0)$$

$$A_4 C = (-4, -12, -4, 12, -4, -4) \text{对应} O_4 = (0, 0, 0, 1, 0, 0)$$

$$A_5 C = (-4, -12, -4, -4, -4, 12) \text{对应} O_5 = (0, 0, 0, 0, 0, 1)$$

同样，后向信息流有

$$O_1 C^T = (24, -24, -40, 40, -120, 120, -120, 120) 对应 A_1 = (1, 0, 0, 1, 0, 1, 0, 1)$$

$$O_2 C^T = (48, -48, 48, -48, -112, 112, -112, 112) 对应 A_2 = (1, 0, 1, 0, 0, 1, 0, 1)$$

$$O_3 C^T = (-40, 40, 24, -24, -120, 120, -120, 120) 对应 A_3 = (0, 1, 1, 0, 0, 1, 0, 1)$$

$$O_4 C^T = (-56, 56, -56, 56, 24, -24, -40, 40) 对应 A_4 = (0, 1, 0, 1, 1, 0, 0, 1)$$

$$O_5 C^T = (-56, 56, -56, 56, -40, 40, 24, -24) 对应 A_5 = (0, 1, 0, 1, 0, 1, 1, 0)$$

这说明存储在神经网络内部的故障诊断信息对 A_i 和 O_i 是一一对应的，当输入一个 AX 与 A_i 中的任意一个相同时，神经网络就很快找到一个相对应的 O_i，亦即获得故障子网络的定位。

现在假设网络 N 中的第三个子网络 S_3 发生故障，根据上述交叉撕裂方案，从每次诊断信息中获得到诊断矩阵

$$AX = (0, 1, 1, 0, 0, 1, 0, 1)$$

然后经过神经网络分析和推理，在输出层输出故障信息矩阵

$$OX = (0, 0, 1, 0, 0, 0)$$

显然，OX 中的第三列元素为 1，则网络 N 发生单故障，子网络 S_3 就是有故障的子网络。这和原来的假定是相吻合的。

如果网络 N 中的第四个子网络 S_4 和第六个子网络 S_6 同时发生故障，根据上述撕裂方案，从每次诊断信息中获得到诊断矩阵

$$AX = (0, 1, 0, 1, 1, 1, 1, 1)$$

神经网络通过分析和推理后，在输出层输出故障信息矩阵

$$OX = (0, 0, 0, 1, 0, 1)$$

显然，OX 中的第四列和第六列元素均为 1，则电路发生双故障。故 S_4 和 S_6 就是同时发生故障的子网络，诊断结果与假设的情况是相一致的。

2.4　本章小结

基于波形直接分析的故障诊断法，就是应用神经网络的非线性映射特性，首先由 BP 神经网络来学习和存储三相桥式整流电路的波形和故障元器件之间的映射关系，然后将训练好的神经网络应用于三相桥式整流电路的故障诊断。这种诊断法可以直接实现故障元的定位，从而达到智能故障诊断的目的。神经网络的结构和规模取决于故障样本的数目和一个周期内电压采样点数，当故障样本数目和一个周期内电压采样点数增多时，必然会降低神经网络的学习和诊断速度，这是制约神经网络应用的主要因素。

本章还提出了基于双向联想记忆神经网络的大规模电力电子电路的故障诊断法。对任意给定的大规模网络，首先根据网络的功能或技术上的要求，将大规模网络划分为若干个子网络。然后再根据撕裂诊断图的基本定义，画出电力电子电路的 TG。从实际工程出发，预先确定网络中可能发生故障的子网络集合，再结合双向联想记忆神经网络算法，应用子网络级故障交叉撕裂诊断法，实现了大规模电力电子电路的故障诊断。通过仿真诊断，结果与假设的故障是一致的，验证了应用神经网络故障诊断法的正确性。

第 3 章 BP 神经网络混合算法的故障诊断法

3.1 引言

将 BP 神经网络算法应用于电力电子电路故障诊断时，需要为神经网络提供大量的学习样本数据，且 BP 神经网络在学习训练过程中有时会出现饱和、收敛速度缓慢等问题。为了解决这些问题，本章分别介绍了将改进遗传算法、粒子群算法和免疫算法等与 BP 神经网络算法相结合形成新的混合智能诊断法以及实现该算法的步骤和流程图，同时分析这些算法与其他算法在相同输入样本数据的情况下进行比较，具有学习训练时间短和相对误差值小等优点。最后分别将这三种混合智能诊断法应用于电力电子整流电路的故障诊断，取得较为理想的诊断结果。

3.2 基于 GA-BP 混合算法的故障诊断

遗传算法是一种模拟自然界的自然选择、竞争和群体遗传进化机理的全局优化算法，它在工程中已得到了广泛的应用[55,56]。本章首先对传统遗传进化算法的基本方法进行改进，提高了传统遗传算法的收敛速度和全局最优解。然后再将该算法与 BP 神经网络结合起来形成一种改进遗传进化神经网络混合算法，最后将该算法应用于电力电子电路的故障诊断。本章首先论述如何实现改进遗传进化与神经网络混合算法的操作过程和步骤，最后举例说明将这种混合算法应用于三相桥式整流电路故障诊断的优点。

3.2.1 改进 GA 进化与神经网络混合算法

将改进的遗传进化算法与 BP 神经网络结合起来形成一种混合智能算法，即 GA-BP 混合算法。在 GA-BP 混合算法中，首先将神经网络的权向量和阈值编码组成一个字符串，然后构成一个实数数组。由于遗传操作的对象是神经网络的权值和阈值，于是在 $[-1, 1]$ 之间产生的随机数作为遗传算法的初始种群。假设种群的规模为 μ，即共有 μ 条染色体。在遗传操作的每一代中，对每一条染色体进行译码，计算出权向量和阈值，并求出每条染色体相应的实际输出值 $y_k(k=1, 2, \cdots, n$；n 是神经网络输入与输出的样本对数)。假设第 $i(i = 1, 2, \cdots, \mu)$ 条染色体的适应度为

$$f_i = 1/\exp\ (E_i)$$

式中 $E_i = \sum_{k=1}^{n} (y_k - t_k)^2$，$t_k$ 是神经网络的目标输出值。适应度函数采用指数形式将会使得误差平方和大的个体适应度变差。

将改进的遗传算法同 BP 神经网络算法结合起来，把改进遗传算法应用于 BP 神经网络的训练中，形成一种 GA-BP 混合算法，其操作过程按以下步骤实现：

1）根据给定的输入、输出训练样本集，设计 BP 神经网络的输入层、隐含层和输出层的节点数，确定神经网络的拓扑结构。

2）设定遗传算法的群体规模 μ，设置 GA 的交叉概率 P_c、变异概率 P_m 及自适应调整法，随机产生 $[-1, 1]$ 间的 μ 条染色体作为初始种群。

首先计算种群中每一个个体的选择概率 p_i 及累计概率 q_i。然后在 $[0, 1]$ 之间产生随机数 r，若 $r < q_1$ 时，则第一个个体 v_1 被选中，否则另选 v_{i-1} 个体，使之满足 $q_{i-1} < r < q_i$。通过 N 次选择操作后，即可选出 μ 个染色体来。在种群中，父代按下式进行部分算术杂交和整体算术杂交产生两个新的子代解，即 z_i 和 w_i $(i=1, 2, \cdots, m)$ 为[54]

$$z_i = a_i v^{(1)}i + (1-a_i)v_i^{(2)}$$
$$w_i = a_i v^{(2)}i + (1-a_i)v_i^{(1)} \tag{3-1}$$

式中，a_i 是一个动态范围的随机数，其范围可以根据下列的约束条件来确定

$$a_i \in \begin{cases} [\max(\alpha, \beta), \min(\gamma, \delta)] & v_i^{(2)} > v_i^{(1)} \\ [0, 0] & v_i^{(2)} = v_i^{(1)} \\ [\max(\gamma, \delta), \min(\alpha, \beta)] & v_i^{(2)} < v_i^{(1)} \end{cases}$$

式中，α、β、γ 和 δ 分别由下式计算获得

$$\alpha = \frac{l_i^{Sw} - v_i^{(1)}}{v_i^{(2)} - v_i^{(1)}}, \ \beta = \frac{u_i^{Sz} - v_i^{(2)}}{v_i^{(1)} - v_i^{(2)}}, \ \gamma = \frac{l_i^{Sz} - v_i^{(1)}}{v_i^{(1)} - v_i^{(2)}}, \ \delta = \frac{u_i^{Sw} - v_i^{(2)}}{v_i^{(2)} - v_i^{(1)}}$$

3）对种群中的染色体进行译码并计算第 i $(i=1, 2, \cdots, \mu)$ 条染色体的误差平方和 E_i 以及适应度 f_i 的值。

4）计算种群中的 f_{max} 和 f_{avg} 并将适应度为 f_{max} 的染色体对应的 BP 神经网络权值向量和阈值向量记为 $\boldsymbol{B}_1$，判断 f_{max} 是否满足精度要求，若满足时则执行第 8 步，否则执行第 5 步。

5）进行遗传选择操作，并对杂交概率 P_c 和变异概率 P_m 做自适应调整，采用改进的遗传算子进行遗传操作，形成新的一代群体。

6）对 $\boldsymbol{B}_1$ 作反向传播计算，求出各层神经元的误差信号，用 BP 算法的调整公式对 $\boldsymbol{B}_1$ 调整若干次后记为 $\boldsymbol{B}_2$。

7）从父代群体和新一代群体及 $\boldsymbol{B}_2$ 中选出 μ 个较好的染色体形成下一代新的群体，则转向第 3 步。

8）将适应度为 f_{max} 的染色体进行译码，得到神经网络的权值向量和阈值，结束算法。

GA-BP 混合算法流程图如图 3-1 所示。

现以异或作为标准 BP 神经网络和 GA-BP 混合算法的输入样本集，神经网络经过学习训练后，收敛结果见表 3-1。

从表 3-1 中分析可见，对于同一个学习样本集，应用 GA-BP 混合算法训练的时间比标准 BP 神经网络算法的时间短，同时收敛结果的误差精度也相对较高。所以这种混合算法具有快速寻优的特点，它可以用于电力电子电路的故障诊断。

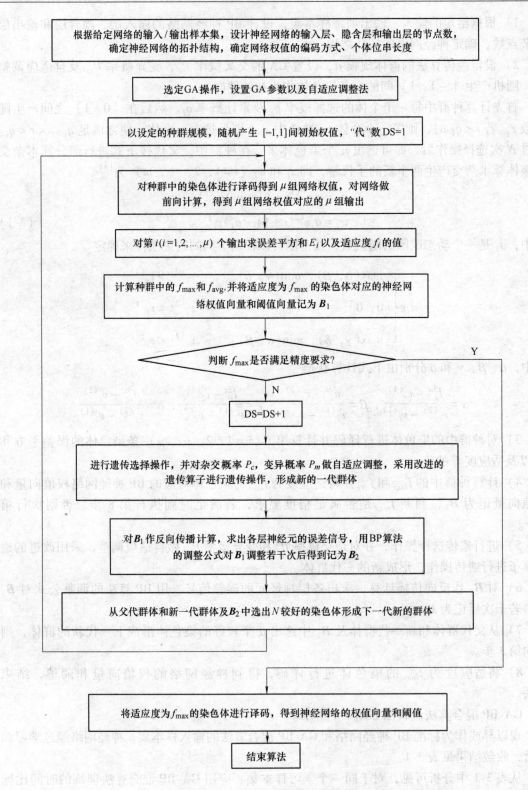

根据给定网络的输入/输出样本集，设计神经网络的输入层、隐含层和输出层的节点数，确定神经网络的拓扑结构，确定网络权值的编码方式、个体位串长度

选定GA操作，设置GA参数以及自适应调整法

以设定的种群规模，随机产生 $[-1,1]$ 间初始权值，"代"数 DS=1

对种群中的染色体进行译码得到 μ 组网络权值，对网络做前向计算，得到 μ 组网络权值对应的 μ 组输出

对第 $i(i=1,2,\cdots,\mu)$ 个输出求误差平方和 E_i 以及适应度 f_i 的值

计算种群中的 f_{max} 和 f_{avg}，并将适应度为 f_{max} 的染色体对应的神经网络权值向量和阈值向量记为 B_1

判断 f_{max} 是否满足精度要求？

DS=DS+1

进行遗传选择操作，并对杂交概率 P_c，变异概率 P_m 做自适应调整，采用改进的遗传算子进行遗传操作，形成新的一代群体

对 B_1 作反向传播计算，求出各层神经元的误差信号，用BP算法的调整公式对 B_1 调整若干次后得到记为 B_2

从父代群体和新一代群体及 B_2 中选出 N 较好的染色体形成下一代新的群体

将适应度为 f_{max} 的染色体进行译码，得到神经网络的权值向量和阈值

结束算法

图 3-1 GA-BP 混合算法流程图

表 3-1　标准 BP 算法与 GA-BP 混合算法收敛结果

输入样本集	算　法	输入层 – 隐含层 – 输出层结构	时间/s	误　差
异　或	标准 BP 算法	2 – 2 – 1	8.95	0.003100
	GA-BP 混合算法	2 – 2 – 1	2.97	0.000016

3.2.2　基于 GA-BP 混合算法的整流电路故障诊断

图 3-2 所示为三相桥式可控整流电路，图中有 6 个晶闸管，当整流电路中任一整流元器件发生故障时，在测试点的电压值以及电压波形都会发生变化。现将 GA-BP 混合算法应用于图 3-2 所示整流电路的故障诊断。

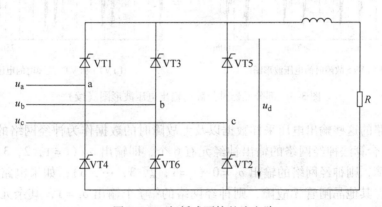

图 3-2　三相桥式可控整流电路

根据 2.2.1 节对三相桥式可控整流电路的故障分类，即电路发生故障共有 21 种类型。若在图 3-2 所示的三相桥式可控整流电路中输入 380V 三相工频交流电压，按照上述分类对各种类型的故障进行模拟仿真，并分别对整流电路输出的电压波形在一个周期内每隔 2ms 进行数据采样。为了获得足够多样本的信息，触发延迟角 α 可在 0° ~ 120° 范围内取值，现列出其中 6 种故障时的电压波形图（其中包括无故障的输出波形图）如图 3-3 所示，图中横坐标表示时间，纵坐标表示电压值。

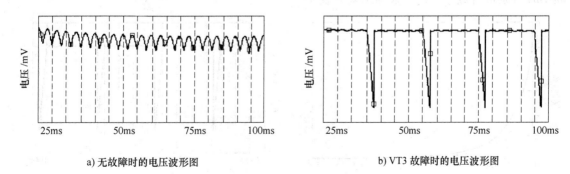

a) 无故障时的电压波形图　　　　　　　　b) VT3 故障时的电压波形图

图 3-3　部分元器件故障的输出电压波形图

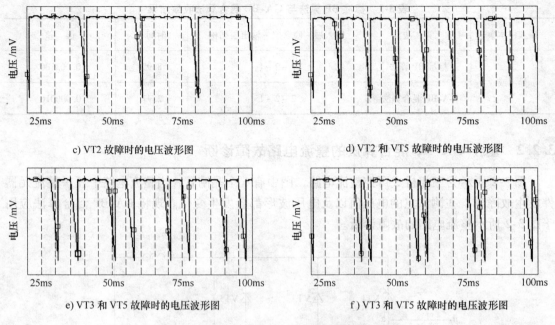

c) VT2 故障时的电压波形图　　　　d) VT2 和 VT5 故障时的电压波形图

e) VT3 和 VT5 故障时的电压波形图　　　　f) VT3 和 VT5 故障时的电压波形图

图 3-3　部分元器件故障的输出电压波形图（续）

　　将整流电路的这些输出电压采样数据以及无故障时的数据作为神经网络的学习样本集。假定 GA-BP 混合算法神经网络的输出神经元有 6 个，即输出 o_i（$i = 1, 2, 3, \cdots, 6$）。若整流电路无故障，则神经网络的输出 $o_i = 0$（$i = 1, 2, 3, \cdots, 6$）；如果电路中的第 j 个晶闸管发生故障，其他晶闸管无故障，则神经网络的第 j 个输出 $o_j = 1$，其余元素均为 "0"；如果电路中的第 p 个和第 q 个晶闸管同时发生故障，则神经网络的第 p 个和第 q 个输出 o_p 和 o_q 同时为 "1"，其余元素均为 "0"。依此类推，作为神经网络的输出期望值。将上述采样数据和输出期望值给神经网络进行学习和训练，最后收敛结果的误差平方和（精度 $\varepsilon \leqslant 10^{-4}$）曲线如图 3-4 所示。

　　现在假设三相桥式可控整流电路中的晶闸管发生故障，即 VT3 发生故障或 VT2 和 VT5 两个晶闸管同时发生故障，在相同触发延迟角 α 下输出电压波形分别如图 3-5 和图 3-6 所示，图中横坐标均表示时间，纵坐标均表示电压值。同时对输出电压波形 u_d 在一周期内每隔 2ms 分别进行数据采样，采样结果见表 3-2。

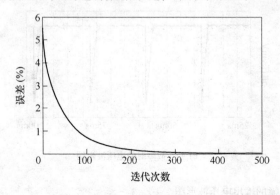

图 3-4　收敛结果的误差平方和曲线

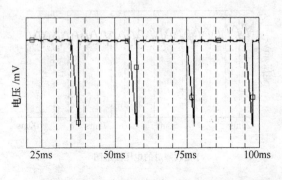

图 3-5　VT3 发生故障的电压波形

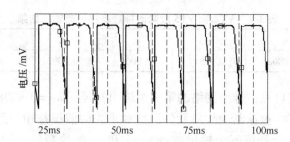

图 3-6　VT2 和 VT5 发生故障的电压波形

表 3-2　输出电压波形采样值

故障元器件	输出电压波形 u_d 的采样值/mV									
VT3	442.607	437.325	441.125	437.053	437.103	442.237	436.996	440.830	308.352	437.419
VT2，VT5	274.745	442.706	437.332	442.443	358.460	67.465	442.626	437.345	442.392	355.397

　　首先将以上输出电压采样数据进行归一化处理，使其符合神经网络输入量的条件，然后分别输入给由已训练好的 GA-BP 混合神经网络进行诊断，最后得出诊断结果。诊断流程图如图 3-7 所示。

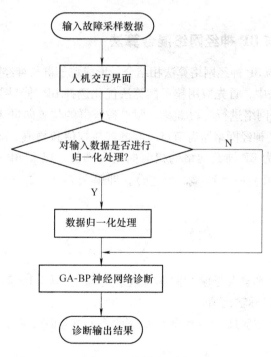

图 3-7　诊断流程图

诊断输出结果见表 3-3 和表 3-4。

表 3-3　VT3 故障时神经网络诊断输出结果

输出神经元	o_1	o_2	o_3	o_4	o_5	o_6
诊断输出结果	0.0141	0.0002	0.9978	0.0104	0.0079	0.0017

表 3-4　VT2 和 VT5 故障时神经网络诊断输出结果

输出神经元	o_1	o_2	o_3	o_4	o_5	o_6
诊断输出结果	0.0002	0.9854	0.0004	0.0002	0.9977	0.0029

由表 3-3 诊断结果可见：神经网络的第三个输出神经元 $o_3 = 0.9978$，其他神经元输出值均接近 0，则晶闸管 VT3 被诊断为故障元件，这和事先的假设是相一致的；同理，由表 3-4 可见：神经网络的第二个和第五个输出神经元 o_2 和 o_5 的诊断值分别为 0.9854 和 0.9977，其他神经元输出值均接近 0，则晶闸管 VT2 和 VT5 被诊断为故障元件，这和原来的假设也是相吻合的。同时，从收敛曲线可以看出，改进的 GA-BP 混合算法收敛曲线平滑，收敛时间缩短，提高了诊断效率。

3.3　基于 PSO-BP 混合算法的故障诊断

粒子群（POS）优化算法是近年新兴的另一种智能算法[54]。粒子群优化算法比遗传算法操作更为简单，它已在工程领域中得到广泛的应用。在本节中提出一种将粒子群优化算法与 BP 神经网络算法相结合形成的 PSO-BP 混合故障诊断法，并将其应用于电力电子电路的故障诊断。

3.3.1　基于粒子群与 BP 神经网络混合算法

将粒子群优化算法与 BP 神经网络算法相结合，形成粒子群与神经网络（PSO-BP）混合算法。在 PSO-BP 混合算法中，首先应用粒子群算法优化选择 BP 神经网络的连接权值向量和阈值，然后依次对 BP 神经网络进行学习训练。假设粒子群的位置向量 $X_i = (x_{i1}, x_{i2}, \cdots, x_{iN})$ 中的任一元素 x_i 代表 BP 神经网络所有节点之间的连接权值和阈值。那么在每一次的学习中，分别求出最优的粒子作为 BP 神经网络的权值向量和阈值，以及 BP 网络在这组权值向量和阈值状况下的实际输出值 $y_k(k = 1, 2, \cdots, n)$，即第 $i(i = 1, 2, \cdots, N)$ 个粒子 x_i 的适应度函数为

$$f_i = \frac{1}{\exp\left(\sum_{i=1}^{n} (y_k - t_k)\right)^2} \tag{3-2}$$

式中，n 是 BP 神经网络的输入与输出样本对数；y_k 和 t_k（$k = 1, 2, \cdots, n$）分别是 BP 神经网络的实际输出值和目标输出值。

由式（3-2）可见，适应度目标函数采用指数形式将会使得误差平方和大的粒子的目标值变差。

将粒子群适应度函数值的大小作为衡量第 i 个粒子 x_i 是否为所要求解的最优解。若把第 i 个粒子对应的速度记为 $V_i = (v_{i1}, v_{i2}, \cdots, v_{iD})$，把第 i 个粒子和整个粒子群迄今为止搜索到的最优位置分别记为：$PB_i = (pb_{i1}, pb_{i2}, \cdots, pb_{iD})$ 和 $GB = (gb_1, gb_2, \cdots, gb_D)$，即通过粒子群寻优算法求出 BP 神经网络的最优权值向量和阈值。粒子群与 BP 神经网络混合寻优算法的具体实现步骤为

1）根据神经网络的输入、输出样本集确定 BP 神经网络的拓扑结构。按式（3-3）和式

（3-4）初始化粒子的初始位置 x_{id}^0 及其速度 v_{id}^0，确定粒子个数 m、惯性因子 ω 的初值、最大允许迭代步数 $T_{\max}$、加速系数 c_1 和 c_2

$$v_{id}^{k+1} = v_{id}^k + c_1 rand_1^k (pb_{id}^k - x_{id}^k) + c_2 rand_2^k (gb_d^k - x_{id}^k) \tag{3-3}$$

$$x_{id}^{k+1} = x_{id}^k + v_{id}^{k+1} \tag{3-4}$$

通过加速系数 c_1 和 c_2 分别调节向全局最好粒子和个体最好粒子方向飞行的最大步长。合适的 c_1，c_2 既可以加快收敛又不易陷入局部最优。式（3-3）中，$rand_1$ 和 $rand_2$ 是介于 [0，1] 之间的随机数；v_{id}^k 是第 i 粒子在第 k 次迭代中第 d 维的速度；x_{id}^k 是粒子 i 在第 k 次迭代中第 d 维的当前位置；pb_{id} 是粒子 i 在第 d 维的个体极值点的位置；gb_d 是整个粒子群在第 d 维的全局极值点的位置。为了防止粒子远离搜索空间，则粒子的每一维速度 v_d 都被钳位在 $[-v_{d\max}，+v_{d\max}]$ 之间。如果 $v_{d\max}$ 取值太大，则粒子将飞离全局最优解，太小则可能会陷入局部最优解。假设将搜索空间的第 d 维定义为区间 $[-v_{d\max}，+v_{d\max}]$，则通常 $v_{d\max} = kx_{d\max}$，$0.1 \leq k \leq 1.0$。

2）根据 BP 算法计算出每个粒子相应的个体适应值（即个体极值点的适应度值），而全局极值就是个体极值中最好的，记录下最好值对应的粒子序号，并将 gb_d 设置为最好粒子的当前位置。

3）评价和计算出每一个粒子的适应度值 f_i，如果好于该粒子当前的个体极值，则将 pb_d 设置为该粒子的位置，且更新个体极值。如果所有粒子的个体极值中最好的且好于当前的全局极值时，则将 gb 设置为该粒子的位置、记录该粒子的序号，并更新全局极值。

4）采用惯性权重法更新每一个粒子的飞行速度和位置。即

$$v_{id}^{k+1} = \omega v_{id}^k + c_1 rand_1^k (pb_{id}^k - x_{id}^k) + c_2 rand_2^k (gb_d^k - x_{id}^k) \tag{3-5}$$

式中，ω 称为惯性因子，是控制粒子飞行速度的权重，$\omega > 0$。实验表明，ω 在（0.85，1.25）之间取值，粒子群算法具有较好的收敛性能。

5）检验当前的迭代次数或预先设定的迭代的误差值是否已满足结束条件或误差要求。如果已到达迭代次数或迭代误差已满足预先设定的要求时，则停止迭代，输出最优解。否则，转到步骤2。

粒子群与 BP 神经网络混合算法流程图如图 3-8 所示。

现以异或分别作为标准 BP 算法、GA-BP

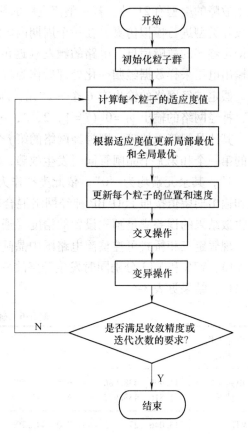

图 3-8　粒子群与 BP 神经网络混合算法流程图

混合算法和粒子群 – 神经网络混合算法的输入样本集，神经网络经过学习训练后，不同算法

的神经网络收敛结果见表 3-5。

表 3-5　不同算法的神经网络收敛结果

输入样本集	算　　法	输入层 – 隐含层 – 输出层结构	计算时间	学习次数	相对误差
	标准 BP 算法	2 – 2 – 1	8.95s	900	7.059×10^{-4}
异　或	GA- BP 混合算法	2 – 2 – 1	2.97s	750	1.600×10^{-4}
	粒子群 – BP 混合算法	2 – 2 – 1	2.60s	700	0.900×10^{-4}

从表 3-5 中可见，对于同一个学习样本集，应用 PSO- BP 混合算法比标准 BP 算法和 GA-BP 混合算法的训练时间相对较少、计算精度高。所以这种 PSO- BP 混合算法具有快速寻优特点，它可以用于电力电子电路的故障诊断。

3.3.2　基于 PSO- BP 混合算法的整流电路故障诊断

现将粒子群与 BP 神经网络混合算法同样应用于图 2-3 所示的三相桥式可控整流电路的故障诊断。根据 2.2.1 节假设，整流电路中同时发生故障的晶闸管最多不超过两个，则电路发生故障的类型有 21 种。若在整流电路的输入端加上工频 380V 的三相交流电压，对上述各种故障类型进行模拟仿真，在一个周期内每隔 0.5ms 时间分别对输出电压值进行采样。为了获得足够多的故障信息，电路的触发延迟角 α 可选择在 0° ~ 120° 范围内取值。然后把电路的输出电压采样数据经归一化处理后作为粒子群 – 神经网络的学习样本集。

假定神经网络的输出有 6 个神经元，即输出 o_i （$i = 1$，2，3，…，6）。当电路无故障时，神经网络的输出 $o_i = 0$ （$i = 1$，2，3，…，6）；如果整流电路中的第 j 个晶闸管发生故障，其他晶闸管无故障，则神经网络的第 j 个输出 $o_j = 1$，其余元素均为 "0" 时；如果电路中的第一个和第 k 个晶闸管同时发生故障，则神经网络的第 1 个和第 k 个输出 o_1 和 o_k 同时为 "1"，其余元素均为 "0"。依此类推作为粒子群神经网络输出的期望值。将上述采样数据和输出期望值按照 PSO-BP 神经网络混合算法 1 ~ 5 的步骤给神经网络进行学习训练，直到收敛结果的误差满足预先设置的精度（通常误差值取 $\varepsilon \leqslant 10^{-4}$）。

现假定三相桥式可控整流电路图中晶闸管 VT2 和 VT5、VT4 和 VT5、VT1 和 VT3、VT4 和 VT3、VT5 和 VT3 分别同时发生开路故障，在 60° 触发延迟角下，每隔 1ms 对输出电压数据采样，结果见表 3-6。

表 3-6　输出电压值采样　　　　　　　　（单位：V）

电路工作情况	一个周期的 u_d 值									
电路正常情况	441.903	438.986	436.685	441.507	440.551	436.688	440.536	441.508	436.634	438.890
	441.816	438.977	436.612	441.475	440.486	436.638	440.475	441.450	436.582	438.840
VT2，VT5 发生故障	213.046	274.745	437.760	442.706	441.641	437.332	441.519	442.443	437.525	358.460
	212.94	67.465	437.831	442.626	441.584	437.345	441.466	442.392	437.480	355.397
VT4，VT5 发生故障	443.000	439.998	437.690	442.482	441.446	437.253	441.341	442.274	437.364	358.591
	212.737	61.011	400.188	261.730	115.786	437.601	441.836	442.744	437.809	440.007

（续）

电路工作情况	一个周期的 u_d 值									
VT1，VT3发生故障	442.955	439.984	400.087	264.940	115.707	437.572	441.783	442.693	437.763	439.963
	442.833	439.838	437.536	442.344	441.316	428.178	308.965	163.964	437.766	439.810
VT4，VT3发生故障	443.204	440.233	437.810	442.655	441.612	437.365	441.507	442.417	437.499	439.713
	442.599	439.710	399.642	261.219	115.306	431.971	309.385	164.362	438.043	440.222
VT5，VT3发生故障	443.110	440.134	437.776	442.579	441.535	437.309	441.425	442.353	437.440	358.730
	212.829	67.062	437.763	442.513	441.521	431.880	309.221	164.210	437.932	440.049

将以上电压采样数据归一化后，分别输入给已训练好的 PSO-BP 神经网络进行诊断，神经网络诊断输出结果见表 3-7。

表 3-7　神经网络诊断输出结果

输出神经元	o_1	o_2	o_3	o_4	o_5	o_6
诊断结果输出 1	0.0000	0.0001	0.0003	0.0015	0.0000	0.0007
诊断结果输出 2	0.0013	0.9918	0.0000	0.0011	0.9952	0.0019
诊断结果输出 3	0.0000	0.0009	0.0062	0.9943	0.9906	0.0011
诊断结果输出 4	0.9899	0.0001	0.9920	0.0040	0.0019	0.0031
诊断结果输出 5	0.0049	0.0000	0.9908	0.9878	0.00010	0.0000
诊断结果输出 6	0.0010	0.0007	0.9977	0.0023	0.9963	0.0000

由上面诊断结果可见，诊断结果输出 1：神经网络的输出均接近 0，即电路无故障；诊断结果输出 2：神经网络的第二和第五个输出值分别为：0.9918 和 0.9952，其他神经元输出值均接近 0，则故障晶闸管是 VT2 和 VT5，这和事先假设的是一致的。同理，由表 3-7 其他诊断结果也可以分别判断出有故障的晶闸管，它也和原来事先假设的故障是相吻合的。

3.4　基于 IM-BP 混合算法的故障诊断

免疫算法是模拟自然免疫系统功能的一种新的智能方法，免疫算法和神经网络都是受生物系统中信息处理方式的启发而建立的，它们在数据处理方式上有很多相同点，从而可以相互结合发挥各自的优点。本节将免疫算法与神经网络算法相结合形成人工智能混合算法，并将其应用于电力电子整流电路的故障诊断。

3.4.1　免疫神经网络混合算法的实现框架

免疫神经网络混合算法的基本思想是根据免疫算法所具有的多样性保持机制和全局收敛特性，首先对神经网络的权值或阈值进行全局优化搜索，然后在全局搜索的基础上，再使用带惯性量的 BP 算法进行局部搜索，并输出满足给定神经网络误差精度的权值或阈值，最后输入检验数据计算神经网络的输出，并根据神经网络的输出结果诊断出电路故障的类型。该混合算法简称为 IM-BP 神经网络算法，其结构如图 3-9 所示。

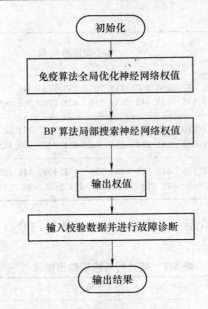

图 3-9　IM-BP 神经网络结构

在图 3-9 中，免疫算法的实现步骤按流程图 3-10 执行。

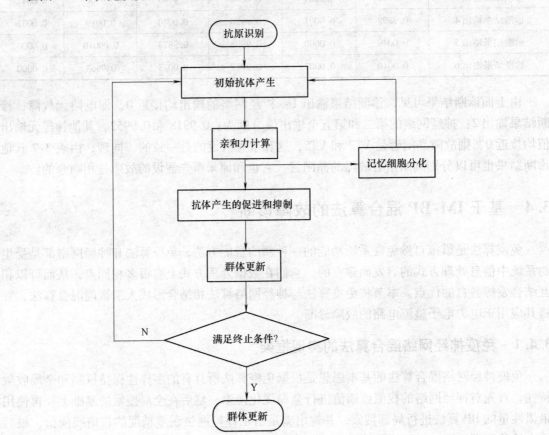

图 3-10　免疫算法流程图

应用免疫算法对三层 BP 神经网络进行设计，将神经网络的目标函数或误差定义为抗原，将神经网络的权值进行编码作为抗体。IM- BP 神经网络混合算法流程图如图 3-11 所示。

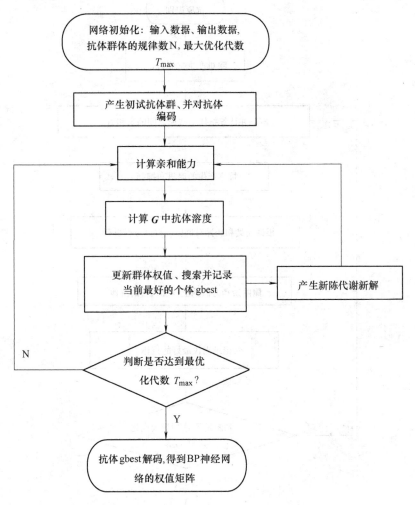

图 3-11　IM- BP 神经网络混合算法流程图

在图 3-11 的流程图中，免疫算法全局优化权值的流程图如图 3-12 所示。

初始抗体的编码方式按以下方法实现：

产生初始抗体群体 $G = \{g_m \mid m = 1, 2, \cdots, N\}$，$N$ 为初始抗体群体的规模。每个抗体代表一种网络结构。本算法采用实数编码方式，每个抗体按如下方式进行编码，见表3-8。

在 BP 神经网络中每一个隐含层节点与输入层相关的权值有 $n_i + 1$ 个，与输出层相关的权值有 n_o 个，隐含层中的阈值与输出层相关的权值也有 n_o 个。这样，每个抗体的长度是 $L = (n_i + 1 + n_o) \, n_l + n_o$。

通过下述方式实现亲和力的计算：

1）对 G 中的抗体 g_m 进行解码得到输入层到隐含层的权值矩阵 H 和隐含层到输出层的

权值矩阵 W，依次输入 p 个训练样本对，计算神经网络隐含层、输出层的各个输出，进一步计算网络输出误差 ep 和网络总误差 $E = E + ep$。

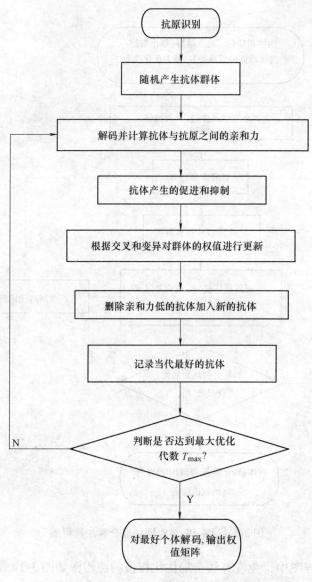

图 3-12 免疫算法全局优化权值的流程图

表 3-8 抗体编码方式

第一个隐节点与输入层相关的权值	第一个隐节点与输出层相关的权值	…	第 n 个隐节点与输入层相关的权值	第 n 个隐节点与输出层相关的权值	隐含层中的阈值与输出层相关的权值

2）计算抗体 g_m 对应的网络误差 $E_m = E/(n_l \cdot n_o)$。每个抗体对应一种网络结构，抗原对应网络的误差，抗体 g_m 与抗原间的亲和力 F_m 定义为网络的误差 E_m 的函数：$F_m = 1/(1 + E_m)$。

3）群体权值的更新由对 G 中的个体进行交叉和变异，得到抗体群体 Gl。子个体的产生按下列公式实现

$$子个体 = 父个体 1 + \alpha（父个体 2 - 父个体 1）$$

上式中，α 是一个比例因子，可由（$-d$，$1+d$）上均匀分布的随机数产生。这里采用中间交叉方式，$d = 0$。子代的每个变量的值按上面的表达式计算，对每个变量要选择一个新的 α 值。

3.4.2　基于 IM-BP 混合算法的整流电路故障诊断

现将免疫神经网络（IM-BP）混合算法也应用于图 2-3 所示的三相桥式可控整流电路的故障诊断。由于整流电路中三个晶闸管同时发生故障的概率很小，所以根据 2.2.1 节整流电路的故障分类，三相桥式可控整流电路发生故障共有 21 种类型。为了便于故障识别，同时把无故障时的输出波形也作为神经网络的学习训练样本。

若在整流电路的输入端接入工频 380V 的三相交流电压，分别在任一触发延迟角 α 下模拟仿真上述 21 种类型的故障，然后在整流电路的输出端，一个周期内每隔 1ms 对输出电压波形进行采样（即一个周期内采样 20 个电压信号值），并把 22×20 个采样数据作为免疫神经网络的学习样本集。

设置三层神经网络的结构为：输入节点数为 20 个、隐含层节点数为 12、输出节点数为 6 个。神经网络的学习率 η 取 0.8，输出误差量度为 $\varepsilon < 10^{-4}$。应用免疫算法优化神经网络权值的最大迭代次数 T_{max} 取值为 500。

现将采样数据经过归一化处理后，作为 IM-BP 神经网络的学习样本。表 3-9 是触发延迟角 α 分别为 30°和 60°情况下的部分学习数据。

表 3-9　触发延迟角 α 分别为 30°和 60°情况下的部分学习数据　　　（单位：V）

类　型	触发延迟角 α	输出电压采样值								
无故障	30°	441.577	439.124	437.410	441.921	439.284	438.208	440.801	441.523	436.609
		439.012	441.228	439.662	439.927	441.205	441.021	437.120	441.028	442.510
		436.881	439.249							
	60°	442.018	439.559	437.847	442.362	439.723	437.771	441.241	441.108	437.445
		438.572	440.786	439.222	438.363	440.763	440.579	436.556	440.586	442.952
		437.317	440.688							
VT3 发生故障	30°	441.164	440.055	436.887	442.587	440.683	437.494	439.611	442.440	436.665
		439.592	441.794	440.811	436.827	442.273	439.389	431.643	306.403	163.544
		437.881	440.027							
	60°	443.049	438.564	437.762	440.702	441.566	439.819	441.494	441.557	437.504
		438.823	442.679	438.932	437.432	440.395	441.271	433.780	308.660	160.407
		439.981	439.511							
VT5 发生故障	30°	441.196	439.867	438.147	441.552	441.776	438.373	441.389	441.936	439.703
		353.328	212.792	66.744	437.623	441.553	441.178	438.410	441.457	442.146
		436.819	440.951							
	60°	442.846	437.988	439.562	440.117	440.123	36.624	440.422	440.005	437.736
		351.881	211.679	65.649	438.296	442.935	440.013	437.355	439.861	440.811
		437.334	439.288							

（续）

类　型	触发延迟 角 α	输出电压采样值								
VT2 和 VT5 发生故障	30°	212.832	274.470	437.322	442.317	441.199	436.891	441.960	442.007	437.087
		358.818	212.727	67.532	437.393	443.068	441.142	436.907	441.024	442.834
		437.042	355.752							
	60°	211.463	273.163	438.362	440.651	439.993	437.262	442.518	441.623	439.006
		359.266	214.078	66.939	438.156	441.570	440.098	437.623	440.743	442.236
		438.984	440.510							
VT3 和 VT5 发生故障	30°	442.557	439.855	437.252	442.924	441.004	437.690	440.891	441.831	437.924
		358.232	212.517	62.072	399.787	261.468	115.901	437.163	441.394	443.186
		437.591	440.374							
	60°	441.623	440.514	438.184	441.591	441.398	437.012	439.267	442.515	439.415
		456.835	211.048	64.928	400.934	262.984	115.670	438.573	441.885	442.298
		438.332	439.702							

图 3-13 所示是经过 IM-BP 神经网络权值优化训练结束后的误差 – 迭代次数的收敛曲线。图 3-14 是采用相同结构、相同学习率的传统 BP 神经网络权值优化训练结束后的误差 – 迭代次数收敛曲线。

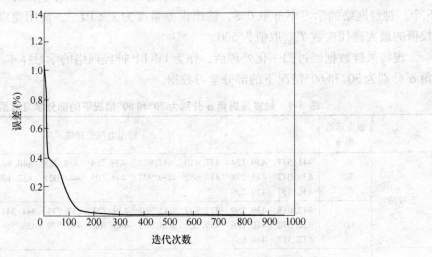

图 3-13　IM-BP 神经网络权值优化训练的误差 – 迭代次数曲线

从图 3-13 和图 3-14 两种方法的误差曲线比较可见，IM-BP 神经网络算法收敛速度较为平缓，迭代进行到 250 次左右时就进入收敛状态，而采用传统 BP 神经网络算法迭代到接近 250 次左右对应的误差值大约在 0.18 时就陷入局部极小值，然后迭代一直持续到 1700 次左右时才跳出局部极小值状态。通过以上分析比较可以看出，IM-BP 神经网络具有较快的全局收敛速度，它改善了传统 BP 算法陷入局部极值的缺点，同时也会提高故障诊断速度。

现在假设图 2-3 中晶闸管 VT1 和 VT3、VT3 和 VT4、VT4 和 VT5 分别同时发生断路故障，在相同的触发延迟角下在输出端对整流输出电压波形进行数据采样，然后采用相对于最大最小值之差的方法进行数据归一化处理，见表 3-10。最后分别把归一化处理的数据输入到已经训练好的 IM-BP 神经网络进行诊断，诊断结果见表 3-11。

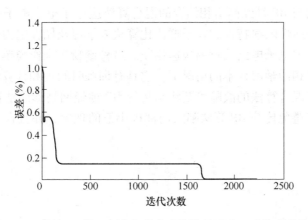

图 3-14　传统 BP 神经网络权值优化训练的误差 – 迭代次数收敛曲线

表 3-10　输出电压采样值（校验数据）　　　　　　　　（单位：mV）

故障元器件	输出电压采样值
VT1，VT3	116.57　115.78　105.29　69.72　30.45　115.15　108.36　116.50　115.20　115.78　116.53 115.75　115.14　116.41　116.14　112.71　81.31　43.15　115.20　115.74
VT3，VT4	116.63　115.85　115.21　116.49　116.21　115.10　116.19　116.43　115.13　115.71　116.47 115.71　105.17　68.74　30.34　113.68　81.42　43.25　115.27　115.85
VT4，VT5	116.58　115.79　115.18　116.44　116.17　115.07　116.14　116.39　115.09　94.37　55.98 16.06　105.31　68.88　30.47　115.16　116.27　116.51　115.21　115.79

表 3-11　IM-BP 神经网络故障诊断结果

输出节点	o_1	o_2	o_3	o_4	o_5	o_6	诊断结果
诊断一	0.9844	0.0059	0.9719	0.0387	0.0257	0.0391	VT1，VT3
诊断二	0.0077	0.0157	0.9768	0.9869	0.0853	0.0210	VT3，VT4
诊断三	0.0650	0.0491	0.0563	0.9849	0.9677	0.0844	VT4，VT5

从表 3-11 中的第 2 行至第 4 行可以看出，在表中的第 2 列和第 4 列、第 4 列和第 5 列、第 5 列和第 6 列的值都接近于 "1"，由此可以诊断出整流电路中晶闸管 VT1 和 VT3、VT3 和 VT4、VT4 和 VT5 分别发生短路故障，这和预先的假设一致。

3.5　本章小结

在本章中提出了三种形式的混合神经网络故障诊断模型：遗传进化神经网混合算法、粒子群神经网络混合算法以及免疫神经网络混合算法，并分别应用于三相桥式可控整流电路的故障诊断。它们与经典的神经网络算法比较，具有较高的学习效率和较快的诊断速度。

改进遗传进化与神经网络混合算法能够快速、有效地用于电力电子电路的故障诊断，其寻优速度比基本神经网络算法有较大的提升。这种诊断法在实际工程中具有一定的应用价值。

将粒子群优化算法与 BP 神经网络相结合的混合算法应用于电力电子整流电路的故障诊断，利用神经网络的非线性映射特性和粒子群优化算法来学习及储存电力电子电路故障的有关信息，从而达到对电力电子电路故障的快速诊断。这种诊断法操作简单、易实现。故障仿真诊断结果证实了，在相同学习样本的情况下，它具有训练时间短和计算精度较高等特点。

基于免疫神经网络混合算法的故障诊断法与传统 BP 神经网络诊断法比较，它具有较快的全局收敛速度，能够避免传统 BP 算法陷入局部极小值的现象，并且在一定程度上加快了算法的运行速度。

第4章 频谱分析和粗糙集理论的故障诊断法

4.1 引言

由于电力电子电路发生故障时，在输出信号中包括有很多冗余的信息，应用神经网络进行故障诊断时，它无法判断出哪些信息是有用的，哪些信息是冗余的。这个矛盾可以通过粗糙集理论得到有效的解决。粗糙集理论是一种处理模糊性和不精确问题的数学工具。它不需要提供求解问题时所需要处理的数据集合之外的任何先验信息，它通过不可分辨关系和等价类能有效地分析和处理不精确、不一致和各种不完备的数据，从中发现隐含的知识，找出该问题的潜在规律。在粗糙集理论中的条件属性和决策属性之间存在相互依赖关系。换句话说，输入空间和输出空间的映射关系是通过对决策表的条件属性约简运算而得到的。通过条件属性的约简运算去掉冗余属性后，可以简化信息知识表达空间的维数，最后形成故障诊断决策规则表。

在本章中，首先应用频谱分析法提取整流电路输出电压波形的特征值[60]，然后形成故障诊断条件属性和决策属性的决策表系统，然后再采用粗糙集属性约简算法删除故障征兆中的多余信息，最后通过知识约简实现简化电力电子电路故障诊断规则。

此外，在本章中还将粗糙集理论与神经网络相结合形成混合诊断法，即将粗糙集作为神经网络的前置系统，构成粗糙集神经网络（Rough Set-neural Network）信息处理系统。应用粗糙集约简运算法对故障征兆进行预处理后，作为神经网络的输入学习样本个数，这样减少了神经网络的输入节点数，优化了神经网络故障诊断模型的结构。

4.2 整流电路输出电压波形的频谱分析

由于电力电子电路发生故障时的输出电压波形呈非正弦连续周期函数，在这种非正弦周期波形中包含有各次谐波分量，这些谐波幅值可作为分析和判断电力电子电路运行情况的重要特征数据。因此，如何正确地分析和提取输出电压波形的各次谐波分量幅值，对故障诊断是至关重要的。

现以图 2-3 所示的三相桥式可控整流电路为例，分析电路 21 种故障情况下，整流电路触发延迟角 α 分别采用 $0°$、$30°$、$60°$ 情况下，电路发生故障时的部分输出电压 u_d 的波形图，如图 4-1 所示，其余电压波形见附录 A。

从图 4-1 中可以看出整流电路输出电压 u_d 的波形具有如下特点：

1）在某一确定的触发延迟角 α 时，不同晶闸管整流元器件发生故障，整流输出电压波形及相位各不相同。如果它们的输出波形相同，但相位则各自不同；反之，相位相同，则波形不相同。

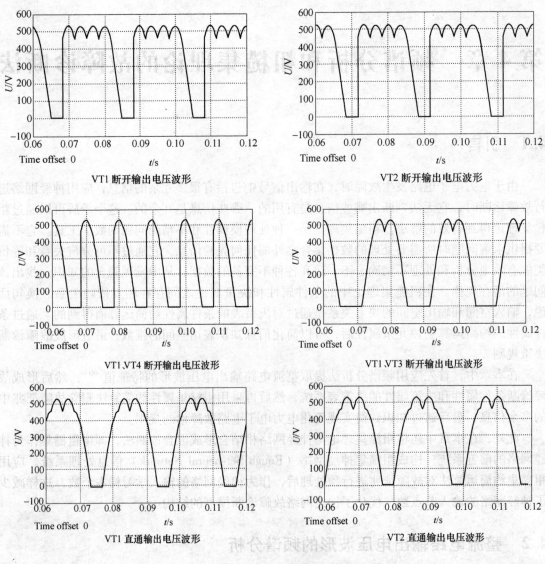

a) 触发延迟角在0°时故障的部分电压波形

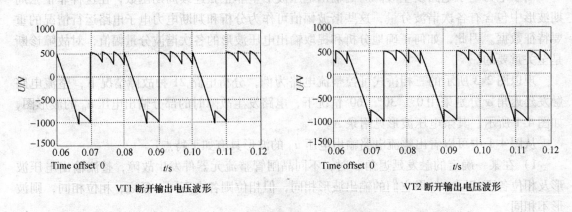

图 4-1　触发角分别在0°、30°、60°时，电路故障的部分输出电压波形

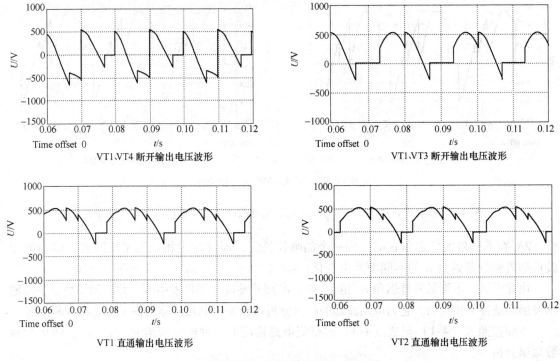

b) 触发延迟角在30°时故障的部分电压波形

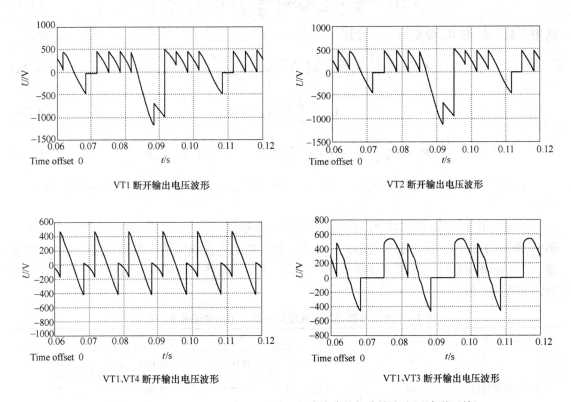

图 4-1　触发角分别在 0°、30°、60°时，电路故障的部分输出电压波形（续）

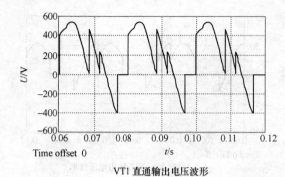

VT1 直通输出电压波形

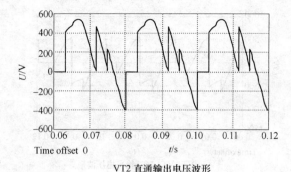

VT2 直通输出电压波形

c) 触发延迟角在60°时故障的部分电压波形

图4-1 触发角分别在0°、30°、60°时，电路故障的部分输出电压波形（续）

2）在不同触发延迟角 α 时，同一个晶闸管整流元器件发生相同类型故障时，输出电压波形随着触发延迟角 α 的不同而发生变化。

由此可见，不管触发延迟角 α 相同与否，晶闸管整流元器件发生哪一种故障类型，整流输出波形都是各不相同的，它为应用波形的频谱分析诊断整流电路故障提供了可靠的判断依据。

下面按照式（4-1）至式（4-3）对整流电路输出的各种电压波形 $u_d(t)$ 进行傅里叶级数频谱分析

$$u_d(t) = \frac{A_0}{2} + \sum_{n=1}^{\infty} A_n \cos\left(\frac{2\pi nt}{T}\right) + B_n \sin\left(\frac{2\pi nt}{T}\right) \tag{4-1}$$

式中，A_0、A_n 和 B_n 分别用下式计算

$$A_n = \frac{2}{T}\int_{-\frac{T}{2}}^{\frac{T}{2}} u_d(t)\cos\left(\frac{2n\pi}{T}t\right)dt \qquad n = 1,2,\cdots,\infty \tag{4-2a}$$

$$A_0 = \frac{2}{T}\int_{-\frac{T}{2}}^{\frac{T}{2}} u_d(t)\,dt \tag{4-2b}$$

$$B_n = \frac{2}{T}\int_{-\frac{T}{2}}^{\frac{T}{2}} u_d(t)\sin\left(\frac{2n\pi}{T}t\right)dt \qquad n = 1,2,\cdots,\infty \tag{4-3}$$

上式中如果 $u_d(t)$ 是偶函数时，则 $B_n = 0$；反之 $u_d(t)$ 是奇函数时，则 A_n 和 A_0 均为零。

应用傅里叶级数对图2-3所示的三相桥式可控整流电路触发延迟角 α 分别在0°、30°、60°、90°和120°时，输出电压波形进行频谱分析，略去高次项谐波，保留直流分量、基波分量、二次谐波分量和三次谐波分量作为特征值。表4-1是各类故障在不同触发延迟角 α 下的频谱分析特征值。

表4-1 各类故障在不同触发延迟角 α 下的频谱分析特征值

故 障 类 型	触发延迟角 α	$A_0{}^*$	$A_1{}^*$	$A_2{}^*$	$A_3{}^*$
	0°	0.995	0.000	0.000	0.000
电路无故障情况	30°	0.830	0.000	0.000	0.000
	60°	0.477	0.000	0.000	0.000

（续）

故障类型	触发延迟角 α	$A_0{}^*$	$A_1{}^*$	$A_2{}^*$	$A_3{}^*$
电路无故障情况	90°	0.000	0.000	0.000	0.000
	120°	-0.477	0.000	0.000	0.000
电路中只有一个晶闸管发生故障	0°	0.721	0.413	0.276	0.123
	30°	0.588	0.476	0.280	0.068
	60°	0.239	0.410	0.266	0.117
	90°	-0.136	0.292	0.269	0.180
	120°	-0.475	0.189	0.277	0.207
不同组但同相的两个晶闸管故障	0°	0.473	0.000	0.550	0.000
	30°	0.279	0.000	0.558	0.000
	60°	0.001	0.000	0.561	0.000
	90°	-2.690	0.000	0.551	0.000
	120°	-0.481	0.000	0.555	0.000
同组不同相的两个晶闸管故障	0°	0.476	0.561	0.000	0.112
	30°	0.423	0.572	0.002	0.217
	60°	0.258	0.579	0.005	0.294
	90°	0.001	0.563	0.006	0.349
	120°	-0.229	0.557	0.004	0.311
不同组不同相的两个晶闸管故障	0°	0.477	0.728	0.000	0.119
	30°	0.280	0.813	0.266	0.007
	60°	0.003	0.726	0.283	0.009
	90°	-0.279	0.494	0.282	0.007
	120°	-0.456	0.336	0.279	0.004

表 4-1 中符号 $A_0{}^*$、$A_1{}^*$、$A_2{}^*$ 和 $A_3{}^*$ 分别表示整流输出电压 u_d 的直流分量、基波分量、二次谐波分量和三次谐波分量系数的归一化值。这里定义 $A_i{}^*$（$i=0，1，2，3$）为

$$A_i{}^* = \frac{A_i}{U_d} \tag{4-4}$$

式中，U_d 是整流输出电压的平均值。

由频谱分析得到的直流分量、基波分量和各次谐波分量的特征值构成用于粗糙集知识表达系统，它代表着不同故障类型的条件属性。

4.3 基于粗糙理论的故障诊断法

4.3.1 故障诊断决策表的形成

经过频谱分析后，提取整流电路故障时输出的电压特征分量，然后利用粗糙集理论建立故障诊断条件属性和决策属性的决策系统表[58,59]。在建立故障诊断决策系统表之前，首先

应定义整流电路故障征兆及其属性值，见表 4-2。

表 4-2　整流电路故障征兆及其属性值

条件属性编号	征兆类型	定义条件属性值
m_1	波形形状	$m_1 = 0$（未畸变），$m_1 = 1$（畸变）
m_2	一周期中波形数目	$m_2 = 0$（6个），$m_2 = 1$（4个），$m_2 = 2$（3个），$m_2 = 3$（2个）
m_3	连续性	$m_3 = 0$（连续），$m_3 = 1$（不连续）
m_4	整流电压平均值 U_d	$m_4 = 0$（正常），$m_4 = 1$（降低）
m_5	基波幅值	$m_5 = 0$（$A_1^* = 0$），$m_5 = 1$（$A_1^* > 0.1$）
m_6	二次谐波幅值	$m_6 = 0$（$A_2^* = 0$），$m_6 = 1$（$0 < A_2^* < 0.02$），$m_6 = 2$（$A_2^* > 0.1$）
m_7	三次谐波幅值	$m_7 = 0$（$A_3^* = 0$），$m_7 = 1$（$A_3^* > 0$）
m_8	整流桥接入线电压	$m_8 = 0$（正常），$m_8 = 0$（非正常）

在表 4-2 中条件属性 m_i（$i = 1$，2，3，…，8）括号中的内容是表示相应的故障征兆属性，A_i^*（$i = 1$，2，3）分别表示输出电压频谱分析的谐波分量幅值。

根据表 4-2 整流电路故障征兆及其属性建立整流电路故障类型与其对应征兆的条件属性表，见表 4-3。

表 4-3　整流电路故障类型于其对应征兆

决策属性	故障类型	对应征兆
d_0	无故障	均正常
d_1	交流变压器一次侧掉线	m_1，m_4
d_2	整流桥进线断开	m_2，m_3，m_4，m_6，m_8
d_3	单个晶闸管断开	m_2，m_4，m_5，m_6，m_7
d_4	同相两个晶闸管断开	m_2，m_3，m_4，m_6
d_5	同组两个晶闸管断开	m_2，m_4，m_5，m_6，m_7
d_6	交叉两个晶闸管断开	m_2，m_4，m_5，m_6，m_7

将表 4-2 定义的条件属性与表 4-3 结合就可以形成故障诊断决策表，即故障属性与决策属性的对应等价关系，见表 4-4。在表 4-4 中 U 表示决策属性编号，m_i（$i = 1$，2，3，…，8）表示条件属性，D 表示决策属性。

表 4-4　对应于表 4-3 的故障诊断决策表

U	m_1	m_2	m_3	m_4	m_5	m_6	m_7	m_8	D
0	0	0	0	0	0	0	0	0	d_0
1	1	0	0	1	0	0	0	0	d_1
2	0	3	1	1	0	2	0	1	d_2
3	0	1	0	1	2	1	0	0	d_3
4	0	3	1	1	0	2	0	0	d_4
5	0	3	0	1	1	1	0	0	d_5
6	0	2	0	1	1	2	1	0	d_6

由故障诊断决策表可以提取出 7 条故障诊断规则：

Rule1：if（$m_1 = 0$ and $m_2 = 0$ and $m_3 = 0$ and $m_4 = 0$ and $m_5 = 0$ and $m_6 = 0$ and $m_7 = 0$ and $m_8 = 0$），Then（$D = d_0$）（注：d_0 表示整流电路无故障）。

Rule2：if（$m_1 = 1$ and $m_4 = 1$ and $m_2 = 0$ and $m_3 = 0$ and $m_5 = 0$ and $m_6 = 0$ and $m_7 = 0$ and $m_8 = 0$），Then（$D = d_1$）（注：d_1 表示交流变压器一次侧掉线）。

⋮

Rule7：if（$m_2 = 2$ and $m_4 = 1$ and $m_5 = 1$ and $m_6 = 2$ and $m_7 = 1$ and $m_1 = 0$ and $m_3 = 0$ and $m_8 = 0$），Then（$D = d_6$）（注：d_6 表示整流电路中有交叉两个晶闸管断开）。

4.3.2　故障诊断决策表的约简

决策表中的一个属性对应一个等价关系，但在决策表中并非所有的条件属性都是必要的，有些是多余的或者不重要的，删除这些多余的条件属性后，它不影响原有的决策效果。决策表的约简就是删除这些多余的条件属性，即删除冗余的条件属性后，它仍然具有约简前的决策功能。

决策表的约简可由故障诊断决策表的条件属性构造一个可辨识矩阵 S_D（i, j）。可辨识矩阵 S_D 中的第 i 行与第 j 列的元素定义为[58]

$$s_D(i,j) = \begin{cases} [a_k \mid a_k \in C \wedge a_k(x_i) \neq a_k(x_j)], & d(x_i) \neq d(x_j) \\ 0, & d(x_i) = d(x_j) \end{cases} \quad (4\text{-}5)$$

式中，a_k 和 d_k 是条件属性 M 和决策属性 D 子集中的元素。由式（4-5）的定义可见：

1）当两种故障类型的诊断决策属性取值相同时，它们所对应的可辨识矩阵元素的值为 0。

2）当两种故障类型的决策属性取值不同时，它们所对应的可辨识矩阵元素的取值为这两种故障类型的诊断决策属性值不相同的条件属性集合。

在可辨识矩阵 S_D 中所有非空集合元素 S_{ij}（$S_{ij} \neq 0$，$S_{ij} \neq \phi$），建立相应的逻辑与表达式 Q_{ij}，即

$$Q_{ij} = \bigcup_{a_i \in c_{ij}} a_i \quad (4\text{-}6)$$

将所有的逻辑与表达式 Q_{ij} 进行逻辑或运算，得到一个逻辑或的范式 δ，即

$$\delta = \bigcap_{c_{ij} \neq 0, c_{ij} \neq \phi} Q_{ij} \quad (4\text{-}7)$$

再将逻辑或的范式 δ 转换为逻辑与范式的形式，即

$$\zeta = \bigcup_i \delta_i \quad (4\text{-}8)$$

式中 ∪ 和 ∩ 符号分别表示逻辑或运算和逻辑与运算。每个逻辑或项包含的属性组合约简后条件属性集合，则可获得故障诊断决策表的核值表和简化后的故障诊断决策规则。

下面以一个简单决策系统来说明决策表的约简过程。假设一个由 11 个对象的简单决策系统，m_1、m_2 和 m_3 分别表示 3 个条件属性，d_i（$i = 0, 1, 2, 3, \cdots, 10$）表示决策属性，见表4-5。

表 4-5 简单决策表

U	m_1	m_2	m_3	D
1	0	0	0	d_0
2	0	1	0	d_1
3	1	1	0	d_2
4	1	0	1	d_3
5	2	0	1	d_4
6	2	0	2	d_5
7	1	0	2	d_6
8	0	0	1	d_7
9	0	2	0	d_8
10	0	2	1	d_9
11	0	2	2	d_{10}

根据决策表 4-5 应用式（4-5）形成可辨识矩阵 S_D，即

$$
S_D = \begin{pmatrix}
0 & m_2 & m_1m_2 & m_1m_3 & m_1m_3 & m_1m_3 & m_1m_3 & m_3 & m_2 & m_2m_3 & m_2m_3 \\
 & 0 & m_1 & m_1m_2m_3 & m_1m_2m_3 & m_1m_2m_3 & m_1m_2m_3 & m_2m_3 & m_2 & m_2m_3 & m_2m_3 \\
 & & 0 & m_2m_3 & m_1m_2m_3 & m_1m_2m_3 & m_2m_3 & m_1m_2m_3 & m_1m_2 & m_1m_2m_3 & m_1m_2m_3 \\
 & & & 0 & m_1 & m_1m_3 & m_3 & m_1 & m_1m_2m_3 & m_1m_2 & m_1m_2m_3 \\
 & & & & 0 & m_3 & m_1m_3 & m_1 & m_1m_2m_3 & m_1m_2 & m_1m_2m_3 \\
 & & & & & 0 & m_1 & m_1m_3 & m_1m_2m_3 & m_1m_2m_3 & m_1m_2 \\
 & & & & & & 0 & m_1m_3 & m_1m_2m_3 & m_1m_2m_3 & m_1m_2 \\
 & & & & & & & 0 & m_2m_3 & m_2 & m_2m_3 \\
 & & & & & & & & 0 & m_3 & m_3 \\
 & & & & & & & & & 0 & m_3 \\
 & & & & & & & & & & 0
\end{pmatrix}
$$

应用式（4-6）～式（4-8）对可辨识矩阵 S_D 中的所有非空集合元素进行逻辑或运算和逻辑与运算消去冗余条件属性后，最终约简后的决策表见表 4-6，表中符号 " * " 表示该属性的取值可以忽略，或者可以任意取值，它不影响分类结果。

表 4-6 约简后的决策表

U	m_1	m_2	m_4	D
1	*	0	0	d_0
2	0	1	*	d_1

（续）

U	m_1	m_2	m_4	D
3	1	*	*	d_2
4	1	*	*	d_3
5	2	*	*	d_4
6	2	*	*	d_5
7	1	*	2	d_6
8	0	0	1	d_7
9	*	2	0	d_8
10	*	2	1	d_9
11	*	*	2	d_{10}

从表 4-6 中可以提取 11 条决策规则：

　　Rule1：if $(m_1 = 0 \text{ and } m_3 = 0)$ Then $(D = d_0)$

　　Rule2：if $(m_1 = 0 \text{ and } m_2 = 0)$ Then $(D = d_1)$

　　Rule3：if $(m_1 = 1)$ Then $(D = d_2)$

　　　　　　⋮

　　Rule9：if $(m_2 = 2 \text{ and } m_3 = 0)$ Then $(D = d_8)$

　　Rule10：if $(m_2 = 2 \text{ and } m_3 = 1)$ Then $(D = d_9)$

　　Rule11：if $(m_3 = 2)$ Then $(D = d_{10})$

应用同样的方法对表 4-4 故障诊断决策表进行约简，最终分别获得 8 个知识约简，即约简决策表，分别为 $\{m_2, m_4, m_7, m_8\}$、$\{m_2, m_4, m_6, m_8\}$、$\{m_2, m_4, m_5, m_8\}$、$\{m_2, m_3, m_4, m_8\}$、$\{m_1, m_2, m_7, m_8\}$、$\{m_1, m_2, m_6, m_8\}$、$\{m_1, m_2, m_5, m_8\}$ 和 $\{m_1, m_2, m_3, m_8\}$。对以上 8 个约简进一步消去每一条决策规则中的冗余属性值，可得到各个知识约简的最小约简。现列出约简决策表 $\{m_1, m_2, m_7, m_8\}$ 相关的故障诊断决策表，见表 4-7 和表 4-8。

表 4-7　约简故障诊断决策表 $\{m_1, m_2, m_7, m_8\}$

U	m_1	m_2	m_7	m_8	D
0	0	0	0	0	d_0
1	1	0	0	0	d_1
2	0	3	0	1	d_2
3	0	1	1	0	d_3
4	0	3	0	0	d_4
5	0	3	1	0	d_5
6	0	2	1	0	d_6

表 4-8　最小约简故障诊断决策表 $\{m_1, m_2, m_7, m_8\}$

U	m_1	m_2	m_7	m_8	D
0	0	0	*	*	d_0
1	1	*	*	*	d_1
2	*	*	*	1	d_2
3	*	1	*	*	d_3
4	*	3	0	0	d_4
5	*	3	1	*	d_5
6	*	2	*	*	d_6

注：表中"＊"表示该项条件属性值可以忽略或者可以任意取值，而不影响故障诊断结果。

由表 4-7 和表 4-8 分析可见：

1）约简后的诊断决策表仍然保持与原决策表相同的故障诊断能力，但所需要的条件却比原来大大减少。

2）从表 4-7 和表 4-8 中分别可以提取出 6 条简化的故障诊断规则，其中如规则 1（Rule1）：if（$m_1 = 1$）Then（$D = d_1$），即诊断结果是：整流电路输入端变压器的一次侧断线；规则 5（Rule5）：if（$m_2 = 3$ and $m_7 = 1$）Then（$D = d_5$），即诊断结果是：在整流电路中同组的两个晶闸管断开。利用这些简化的诊断规则可以简单、方便地对电力电子整流电路进行故障诊断。

4.3.3　三相整流电路故障诊断分析

将经过粗糙集约简的故障诊断决策表 4-8，应用于图 3-2 所示三相桥式可控整流电路的故障诊断。假设整流电路中同组两个晶闸管（VT3，VT5）发生开路故障，输出电压波形 u_d 在一个周期的波形如图 4-2 所示。

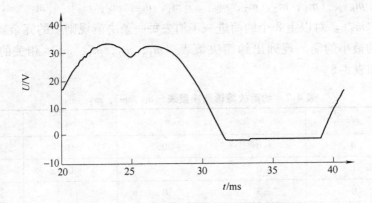

图 4-2　三相桥式可控整流电路输出电压

首先对输出电压波形 u_d 进行分析。输出电压波形未发生畸变且是连续的，一周期内的波形数等于 2；然后对输出电压波形进行频谱分解，可得到其条件属性，见表 4-9。

表 4-9　输出电压频谱分解的条件属性

频谱分解	A_1^*	A_2^*	A_3^*
各次谐波值	$A_1^* > 0.1$	$0 < A_2^* < 0.02$	$A_3^* > 0$
条件属性	$m_5 = 1$	$m_2 = 3$	$m_7 = 1$

根据表 4-8 中的第五条诊断规则：if（$m_2 = 3$ and $m_7 = 1$）Then（$D = d_5$），则可判断出整流电路发生故障的类型为：同组两个晶闸管断开。诊断结果与预先假设的情况是相同的。

同理如果假设整流电路中任一个晶闸管（假设 VT3）发生开路故障，输出电压压 u_d 的波形如图 4-3 所示。

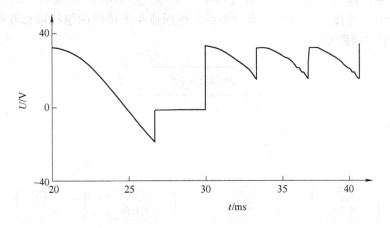

图 4-3　三相桥式可控整流电路输出电压

由输出电压波形分析可知：输出波形未发生畸变且是连续的，在一周期内的波形数等于 4，即 $m_2 = 1$；根据表 4-8 中的第三条诊断规则可见，只要 $m_2 = 1$ 确定后，其他的条件属性值可以忽略。即 if（$m_2 = 1$）Then（$D = d_3$），则可判断出整流电路发生故障的类型为单个晶闸管断开。诊断结果与预先假设情况也是相一致的。

4.4　粗糙集与神经网络相结合的故障诊断法

在 4.3 节中，应用粗糙集理论提出了故障诊断的约简规则，如果将约简功能与神经网络相结合，则可以准确地诊断出电力电子电路的故障元器件和故障类型。在本节中主要阐述基于粗糙集理论与神经网络相结合的故障诊断算法，并将其应用于电力电子整流电路的故障诊断。该方法首先是将粗糙集分析法作为神经网络的前置系统，构成粗糙集 – 神经网络信息处理系统，然后根据电力电子整流电路故障诊断的特点，可采用两种相结合的诊断方式，即分步结合故障诊断法和整体结合故障诊断法。

4.4.1　粗糙集 – 神经网络分步结合故障诊断法

将粗糙集的约简决策规则应用于电力电子整流电路的故障诊断，它能准确地诊断出整流电路发生故障的类型，虽然这种诊断法操作简单方便，但是它无法诊断出发生故障的具体整流元器件。此外，应用神经网络进行故障诊断时主要存在的问题是，当学习样本数量庞大时，网络的学习速度就变缓慢，有时还会出现不收敛等问题。因此，将粗糙集作为神经网络的前置系统，利用粗糙集的决策规则和约简法对神经网络的学习样本进行简化，使得在一个周期内所需采样的数据会大大减少，同时也会相应地简化了神经网络的结构，从而提高了神经网络的学习和收敛速度。粗糙集－神经网络分步结合故障诊断过程可分为以下两步：

1）提取整流电路输出电压波形的故障征兆，并将它作为故障分类的条件属性，构建故障决策属性的知识表达系统。然后应用粗糙集的可辨识矩阵进行约简，最后获得故障分类的判定规则，实现故障类型的诊断。

2）在各种故障类型中确定相对应的故障元器件，建立样本数据与故障元器件编码一致的神经网络学习模式。对神经网络进行学习训练，最后将训练成熟后的权值和阈值应用于故障诊断中。这样，经过粗糙集分类后，便形成4个神经网络故障诊断模块。两步故障诊断结构如图4-4所示。

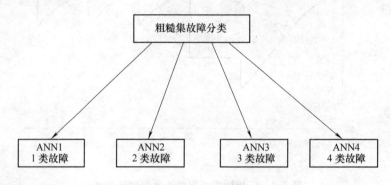

图4-4　两步故障诊断结构

根据表4-1中的第四类故障为例，分析图2-3所示的三相桥式可控整流电路在触发延迟角 α 分别取0°、30°、60°、90°和120°时，在各种故障情况下所有学习样本的训练误差曲线，如图4-5所示。

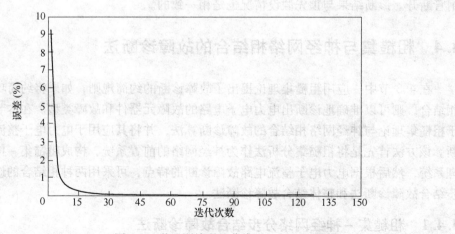

图4-5　学习训练误差曲线

表4-10是经过学习训练成熟后的神经网络，应用于三相桥式可控整流电路触发延迟角

α 分别取 0°、30°、60°时的故障仿真诊断结果。

表 4-10　故障仿真诊断结果

α	故障元器件	输出值					
		o_1	o_2	o_3	o_4	o_5	o_6
0°	VT3，VT2	0.0092	0.9893	0.9871	0.0136	0.0007	0.0003
	VT5，VT6	0.0119	0.0009	0.0002	0.0121	0.9931	0.9867
30°	VT3，VT2	0.0096	0.9873	0.9862	0.0116	0.0005	0.0005
	VT5，VT6	0.0144	0.0011	0.0003	0.0056	0.9900	0.9939
60°	VT3，VT2	0.0081	0.9890	0.9895	0.0132	0.0002	0.0004
	VT5，VT6	0.0076	0.0007	0.0001	0.0044	0.9982	0.9922

将以上神经网络学习训练误差曲线和故障仿真诊断结果，与第 2 章的神经网络诊断法相比较，采用分步结合故障诊断的学习训练收敛速度和故障诊断精度都有较大的提高。

4.4.2　粗糙集－神经网络整体结合故障诊断法

在电力电子电路故障时，只能通过输出电压的波形来判断电路是否发生故障以及诊断出发生故障的元器件，这种故障诊断实质上是一个模式分类的问题。现以电力电子电路输出电压波形采样值或各故障征兆作为故障诊断信息，然后根据故障信息判断出故障类型及其发生故障的位置。从电力电子整流电路模拟故障的采样可知，当整流电路中某一个晶闸管发生故障时，其输出电压波形在一周期的采样值中只有一部分的数值与其他晶闸管发生故障有较大区别，其余的有相当大的一部分数值近似或相等。因此，在神经网络的每一个训练样本中，存在着很多类似或接近相同的个体，这将会影响到神经网络的学习和收敛速度。而粗糙集理论能通过知识的约简，删除多余的或相同的属性。所以把粗糙集作为神经网络的前置系统，利用粗糙集对学习样本中的故障征兆进行数据处理，通过知识约简，删除冗余的征兆属性，将简化后的样本数据作为神经网络的训练样本。粗糙集与神经网络整体结合的故障诊断模型如图 4-6 所示。

粗糙集与神经网络整体结合故障诊断模型的操作过程按以下步骤进行：

（1）生成故障征兆及学习样本集　从收集的原始数据中产生，其中包括在一个周期内每隔 0.1ms 对输出电压波形 u_d 的实时采样值和分析电压波形外部的各种特征，如电压波形在一个周期内的峰值个数、各次谐波的幅值等。

（2）对故障征兆属性赋值进行一化处理　经频谱分析获取的各次谐波幅值按 4.2 节的方法进行归一化处理；对输出电压波形在第 i 时刻的采样值 u'_{di}（$i=1$，2，…，20）按照下式进行归一化，即

$$u_{di}^{'*} = \frac{u'_{di}}{\sqrt{2}\,U_2} \tag{4-9}$$

式中，U_2 是整流电路变压器二次侧的输入电压有效值，经归一化处理后的 $u_{di}^{'*}$ 取值在 0～1 之间。

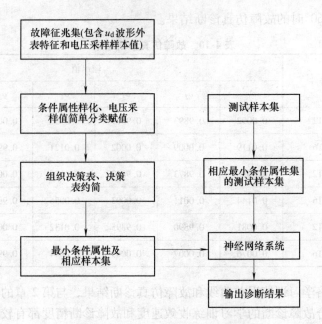

图4-6　粗糙集与神经网络诊断模型

将整流后输出电压的平均值 U_d 同样按下式作归一化处理，即

$$U_d^* = \frac{U_d}{\sqrt{2}\,U_2} \tag{4-10}$$

按照下式对归一化的采样值 u'_{di}（$i=1, 2, \cdots, 20$）进行分类赋值，即

当满足　　　　　　　　$|\,u_d^{'*} - U_d^*\,| \leqslant 0.1 \tag{4-11}$

时，则 $u_{di}^{'*}$ 的逻辑值取 1；

当满足　　　　　　　　$0.1 < |\,u_d^{'*} - U_d^*\,| \leqslant 0.5 \tag{4-12}$

时，则 $u_{di}^{'*}$ 的逻辑值取 2；

当满足　　　　　　　　$0.5 < |\,u_d^{'*} - U_d^*\,| \leqslant 0.9 \tag{4-13}$

时，则 $u_{di}^{'*}$ 的逻辑值取 3；

当满足　　　　　　　　$0.9 < |\,u_d^{'*} - U_d^*\,| \leqslant 1 \tag{4-14}$

时，则 $u_{di}^{'*}$ 的逻辑值取 0。

（3）形成故障诊断决策表　根据 u'_{di} 归一化的逻辑值，形成一张与故障元器件一一对应的二维表分类。表中的每一行对应一个类型的故障对象，每一列描述该对象的一个条件属性。

（4）决策表约简

1）删除相同的规则。

2）删除表中多余的列（条件属性）。逐一除去某一条件属性，检查删除的列（条件属性）会不会影响正确分类，若不影响，则删除。

3）获取各决策规则属性值的最小解，即最小的约简表。

4）将约简后得到的最小条件属性集及相应的原始数据形成神经网络的学习样本集和测试样本集。

（5）输出诊断结果 将约简后形成的最小条件属性分类表作为三层向前 BP 神经网络学习和训练的样本集。最后再将最小条件属性集与其相对应的原始数据作为 BP 神经网络的测试样本集，检验分类结果。

4.4.3 粗糙集 – 神经网络在故障诊断中的应用

将粗糙集神经网络故障诊断法应用于图 2-3 所示的三相桥式可控整流电路的故障诊断，假设整流电路的触发延迟角为 0°，整流电路的故障分类与 2.2.1 节分类相同。对每一种类型的故障，在整流输出电压波形的一个周期内取 20 个电压采样值（隔 1ms 采样一个点）。分别应用归一化公式式（4-9）和式（4-10）以及分类赋值公式式（4-11）~式（4-14）可获得各种故障类型电压采样分类值，见表 4-11。

表 4-11 各种故障类型电压采样分类值

故障元器件	分类数据 u'_{di} $(i=1, 2, \cdots, 20)$																			
VT1	1	1	2	2	3	0	3	2	2	1	1	1	2	1	1	2	1	1	2	1
VT2	1	1	2	1	1	2	2	3	0	3	3	2	2	1	1	2	1	1	2	2
VT3	1	1	2	1	1	2	1	2	2	3	3	0	3	1	2	1	2	2	2	1
VT4	1	1	2	1	1	2	1	1	2	1	1	2	2	3	0	3	2	2	1	1
VT5	3	2	2	1	1	2	1	1	2	1	1	2	1	1	2	1	2	3	0	3
VT6	3	3	0	3	2	2	1	1	2	1	1	2	1	1	2	1	1	2	2	2
VT1，VT4	1	1	2	2	3	0	3	2	2	1	1	1	2	3	0	3	2	2	1	1
VT3，VT6	3	3	0	3	2	2	1	1	2	3	3	0	3	2	1	2	1	1	2	2
VT5，VT2	3	2	2	1	1	2	1	2	3	0	3	3	2	1	1	2	2	3	0	3
VT1，VT3	1	1	2	2	3	0	0	0	2	2	3	0	3	1	2	1	2	2	2	1
VT1，VT5	0	0	0	0	0	0	3	2	2	1	1	1	2	1	1	2	2	3	0	0
VT3，VT5	3	2	1	1	1	2	1	2	2	3	3	0	0	0	0	0	0	0	0	3
VT2，VT4	1	1	2	1	1	2	2	3	0	0	0	0	0	0	0	0	0	3	2	1
VT4，VT6	0	0	0	0	3	2	2	1	1	2	1	1	2	2	3	0	0	0	0	0
VT6，VT2	3	3	0	0	0	0	0	0	0	0	3	3	2	1	1	2	1	1	2	2
VT1，VT2	1	1	2	2	3	0	0	0	2	3	0	0	0	0	0	3	1	1	2	2
VT1，VT6	3	3	0	0	0	0	3	2	2	1	1	1	2	1	1	2	1	1	2	2
VT3，VT2	1	1	2	1	1	2	2	3	0	0	0	0	0	0	3	0	3	2	2	1
VT3，VT4	1	1	1	1	1	2	1	2	2	3	3	0	0	0	0	0	3	2	2	1
VT5，VT4	3	2	2	1	1	2	1	1	2	1	1	2	2	3	0	0	0	0	0	3

应用粗糙集与神经网络整体结合故障诊断模型的操作过程和步骤 3 以及 4.3.2 节的约简法对表 4-11 中的分类赋值表进行约简，通过简化，减少采样点的个数后再将约简后的采样点及所对应归一化采样值给 BP 神经网络学习训练。

为了便于说明以上操作过程，现选取表 4-1 中不同组不同相的两个晶闸管发生故障的分类数据进行知识约简。经过粗糙集的知识约简后，删除了样本中多余的采样点，只需其中 12 个采样点，即约简后的电压采样点为 1、3、4、7、8、10、12、13、15、17、18 和 20。

经过粗糙集约简，减少了采样点数据的同时也减少了神经网络输入节点数，简化了神经网络的结构。表4-12是通过约简后选取的12个采样点，及其各采样点相应的原始数据经归一化后采样值。

表4-12　经约简后的采样点及所对应归一化采样值

故障元器件	采样点值											
	1	3	4	7	8	10	12	13	15	17	18	20
VT1，VT2	0.932	0.745	0.518	0.054	0.0503	0.1570	0.6969	0.8607	0.9221	0.9162	0.9299	0.8821
VT1，VT6	0.435	0.057	0.052	0.270	0.5394	0.8962	0.8892	0.8506	0.9140	0.9120	0.9266	0.6787
VT3，VT2	0.936	0.846	0.927	0.596	0.3440	0.0562	0.0479	0.0562	0.6176	0.9251	0.9373	0.8867
VT3，VT4	0.943	00.83	0.931	0.912	0.9268	0.6801	0.1387	0.0579	0.0493	0.2705	0.5392	0.8942
VT5，VT4	0.455	0.859	0.938	0.9164	0.9305	0.8800	0.8800	0.7419	0.2505	0.0545	0.0505	0.1569
VT5，VT6	0.051	0.056	0.358	0.9252	0.9370	0.8868	0.8831	0.8455	0.9107	0.5962	0.3439	0.0564

　　将表4-12中的样本数据输入给BP神经网络进行学习训练，删除多余数据后的学习误差曲线如图4-7所示。

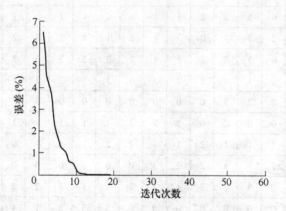

图4-7　删除多余数据后的学习误差曲线

　　现将训练成熟的粗糙集神经网络混合诊断法应用于图2-3所示的三相桥式可控整流电路的故障诊断。表4-13是当VT1，VT6和VT4，VT3分别同时发生故障时的诊断输出结果。

表4-13　故障诊断结果

故障元器件	输出值					
	o_1	o_2	o_3	o_4	o_5	o_6
VT1，VT6	0.9891	0.0113	0.0001	0.0000	0.0104	0.9890
VT4，VT3	0.0002	0.0091	0.9950	0.9947	0.0049	0.0000

　　从以上诊断过程分析可见，应用粗糙集神经网络进行故障诊断时，首先应用粗糙集约简

法对原始数据采样点进行简化，它减少了采样点的个数和采样数据，同时也简化了神经网络结构，提高了 BP 神经网络的学习训练速度，从而达到快速准确的故障诊断。

4.5　本章小结

在本章中，首先研究将频谱分析法应用于整流电路输出电压波形特征值的提取，然后根据粗糙集构造故障诊断决策属性表，再采用粗糙集可辨识矩阵约简算法删除故障征兆中的冗余信息，最后通过知识约简简化电力电子电路故障的诊断规则。此外，本章中还将粗糙集和神经网络结合形成一种新的混合诊断法，并将其应用于电力电子整流电路的故障诊断已取得较好的诊断效果。

本章主要研究内容如下：

1）应用频谱分析方法分析和提取电力电子整流电路发生各种故障时输出波形的各次谐波分量值，从中获取各种故障的征兆。

2）将粗糙集理论决策规则应用于电力电子整流电路的故障诊断。通过可辨识矩阵进行知识约简，获取故障诊断的最小决策表。通过电路故障征兆的分类，结合故障诊断决策规则准确地诊断出电路发生故障的类型。

3）将粗糙集与神经网络相结合形成混合诊断法。这种新的诊断法采用两种方式相结合，即分步结合和整体结合的方式。其基本方法是，将粗糙集约简算法作为神经网络的前置系统，利用粗糙集理论简化采样点的数量或采样数据，减少了神经网络的学习样本，同时也简化了神经网络结构，从而提高神经网络的学习效率和提高神经网络的故障诊断速度。

第5章 ARMA双谱与离散隐马尔可夫的故障诊断法

5.1 引言

当电力电子电路发生故障时，在电路中呈现出的故障信号往往具有非线性等特征。应用二阶统计及功率谱的方法已经不能适用于分析和描述这些信号的故障特性。因此，需要应用更高阶的统计方法作为故障识别的分析工具，如高阶矩、高阶累积量及高阶谱。目前最常用的分析工具是高阶累积量及高阶谱，它们不仅可以抑制非高斯信号的有色噪声，而且还能够反映信号的相位信息。此外，高阶谱除了能检测出信号间的相位耦合关系外，还能够用于非线性信号特征量的提取。

近年来隐马尔可夫模型（Hidden Markov Model，HMM）在实际工程中已经广泛地得到应用[62-66]，如图像的压缩和人脸识别等。本章利用HMM在描述时变观察序列统计特性方面所具有的良好数学结构，应用于描述电力电子电路在各种故障状态下的序列时序结构，建立基于ARMA双谱与离散隐马尔可夫模型（DHMM）的电力电子电路故障诊断系统。

5.2 基于ARMA双谱与DHMM的故障诊断法

5.2.1 ARMA双谱故障特征的提取

自回归滑动平均（Auto-Regressive Moving Average，ARMA）分析法是传统二阶功率谱的一种延伸，相当于频域的歪度。因而，它可以用于描述具有非对称和非线性特性的信号。应用ARMA双谱分析法能够很好地从电力电子电路故障的输出信号中提取出故障特征信息，其提取过程按如下步骤进行[44,46,61]：

首先假设 $x(n)$ 为零均值的 k 阶平稳随机过程，定义 $x(n)$ 的 k 阶累积量为

$$c_{kx}(m_1, m_2, \cdots m_{k-1}) = cum\{x(n), x(n+m_1), x(n+m_2), \cdots, x(n+m_{k-1})\} \quad (5-1)$$

式中，m_1，m_2，$\cdots$，m_{k-1} 分别表示 $x(n)$，$x(n+m_1)$，$x(n+m_2)$，$\cdots$，$x(n+m_{k-1})$ 的 k 阶累积量长度。

然后对式（5-1）中的 c_{kx} 取绝对值并求和，即

$$\sum_{m_1=-\infty}^{\infty} \cdots \sum_{m_{k-1}=-\infty}^{\infty} |c_{kx}(m_1, m_2, \cdots m_{k-1})| < \infty \quad (5-2)$$

则随机过程 $x(n)$ 的 k 阶谱定义为 k 阶累积量的 $k-1$ 维离散傅里叶变换，即

$$S_{kx}(\omega_1,\omega_2,\cdots\omega_{k-1}) = \sum_{m_1=-\infty}^{\infty}\cdots\sum_{m_{k-1}=-\infty}^{\infty}\{c_{kx}(m_1,m_2,\cdots,m_{k-1},)\exp[-j(m_1\omega_1+m_2\omega_2+\cdots+ m_{k-1}\omega_{k-1})]\} \tag{5-3}$$

由式（5-3）可知，$S_{kx}(\omega_1,\omega_2)$ 被称为二阶谱，即为功率谱；当 $k=3$ 时，$S_{kx}(\omega_1,\omega_2)$ 被称为三阶谱或双谱，可记为 $B_x(\omega_1,\omega_2)$；当 $k=4$ 时，$S_{kx}(\omega_1,\omega_2)$ 被称为四阶谱或三谱。当 $k>2$ 时，统称为高阶谱或者多阶谱。因此，应用 ARMA 双谱分析法能够方便地从电路的输出信号中提取出所需要的故障特征信息。

ARMA 双谱估计一般有两种形式：参数化估计和非参数化估计。非参数化估计存在较大的估计方差，需要提供大量的数据样本，而参数化方法具有估计方差小、分辨率高的优点，并且产生的描述目标特征参数较少，可以直接作为目标特征。为此，文中提出将 ARMA 模型分析法应用于电力电子电路故障输出信号的双谱估计。它能在观测数据较短的情况下，提供高分辨率的双谱估计和有效地提取故障信号中的相位信息。

若离散随机过程 $x(n)$ 服从线性差分方程

$$x(n) + \sum_{l=1}^{p}a_lx(n-l) = e(n) + \sum_{l'=1}^{q}b_{l'}e(n-l') \tag{5-4}$$

式中，n 为序列长度；$e(n)$ 为离散白噪声；$x(n)$ 称为 ARMA 过程；系数 a_l 和系数 b_l 分别表示自回归（Auto-regressive，AR）参数以及滑动平均（Moving-average，MA）参数；p 和 q 分别表示 AR 和 MA 阶数。式（5-4）称为 ARMA 模型。

从提取的电路故障信息特征量中，按照以下两个步骤获取 ARMA 双谱：

1）采用剩余时间序列法得到 ARMA 模型的参数 a_l 和 $b_{l'}$（$l=1, 2, \cdots, p$；$l'=1, 2\cdots, q$）。

2）在求得 ARMA 模型参数后，将这些参数代入下式，估计出故障的双谱。

首先根据 ARMA 模型的传递函数

$$H(z) = \frac{\left(1 + \sum\limits_{l'=0}^{q}b_{l'}z^{l'}\right)}{\left(1 + \sum\limits_{l=0}^{p}a_lz^{l}\right)} \tag{5-5}$$

然后构造双谱为

$$B_x(\omega_1,\omega_2) = \hat{r}_{3e}H(\omega_1)H(\omega_2)H^*(\omega_1+\omega_2) \tag{5-6}$$

式中，$H(\omega)$ 为

$$H(\omega) = \frac{1 + \sum\limits_{l'=0}^{q}b_{l'}\exp(-j\omega l')}{1 + \sum\limits_{l=0}^{p}a_l\exp(-j\omega l)} \tag{5-7}$$

且 H^* 与 H 是正交的；$\hat{r}_{3e} = E[e^3(i)]$ 为有限方差，是由非高斯白噪声产生的。

在获得故障双谱后，对矩阵进行变换提取故障信号特征。ARMA 双谱的实现流程如图 5-1 所示。

现以 SS8 机车主变流器电路为例，详细阐述应用 ARMA 双谱模型提取电力电子电路故障信号特征信息的实现过程。在 SS8 主电路中采用不等分三段半控桥相控整流调压，并配以电阻制动低速加反馈的主电路，图 5-2 是 SS8 机车主变流器电路原理图及测试接线框图。根据 SS8 主变流器原理图，应用 MATLAB/Simulink 对电路中各整流器件发生不同组合形式的开路故障进行仿真，得出相应的输出电压波形。由于在电力牵引网中，存在大量的电感、电容和大功率的整流器件以及非线性负载等因素，使得供电网中不可避免地产生电压白噪声和谐波电压。因此在模拟故障仿真时，也需要考虑这些因素对输出电压波形的干扰和影响。图 5-3 是应用 MATLAB 对 SS8 机车主变流器电路加入白噪声后的仿真诊断模型。

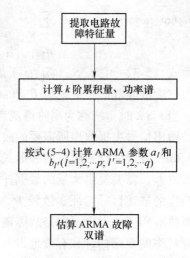

图 5-1　ARMA 双谱实现流程

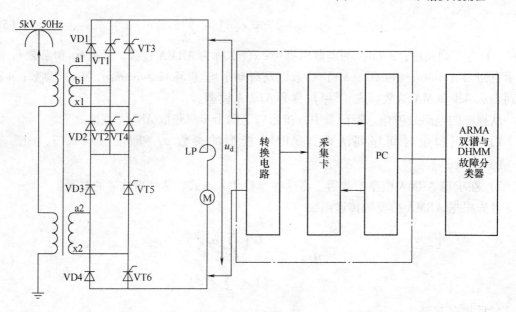

图 5-2　SS8 机车主变流器电路原理图及测试接线框图

假设图 5-2 中，SS8 机车主变流器电路的主要整流元器件（晶闸管和二极管）发生开路故障，且当电路发生故障时，在变流器电路中最多不超过两组桥臂上的电力电子器件同时发生开路。因此，可将电路的状态分成以下 7 种类型：

第一类：SS8 机车主变流器电路正常工作状态。

第二类：SS8 机车主变流器电路中只有一组整流元器件发生故障。

第三类：SS8 机车主变流器电路中同一串联桥臂上的两组整流元器件发生故障。

第四类：SS8 机车主变流器电路中连接 $a_1 b_1 x_1$ 小桥臂输出交叉两组整流元器件发生故障。

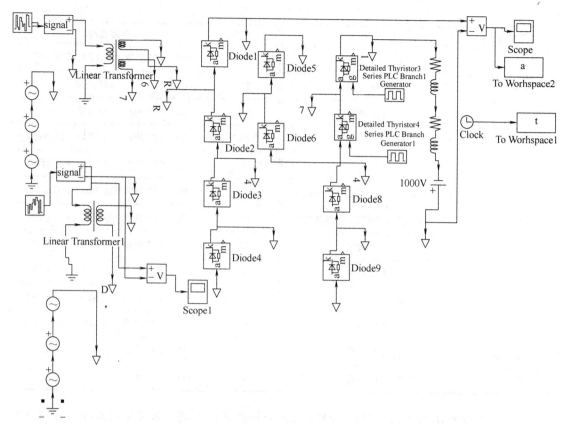

图 5-3　应用 MATLAB SS8 机车主变流器电路加入白噪声后的仿真诊断模型

第五类：SS8 机车主变流器电路中连接 a_2x_2 大桥臂输出交叉两组整流元器件发生故障。

第六类：SS8 机车主变流器电路中 a_2x_2 大桥臂中的一个电力二极管发生故障和连接 $a_1b_1x_1$ 小桥臂输出任一组电子器件故障。

第七类：SS8 机车主变流器电路中 a_2x_2 大桥臂中的一个电力二极管发生故障和连接 $a_1b_1x_1$ 小桥臂输出的任一组电子器件故障。

以上故障分类结果有 38 种情况，见表 5-1。应用 MATLAB/Simulink 建立 SS8 机车主变流器电路的 38 种状态仿真模型，并对变流器电路在各种状态下输出的电压波形进行数据采样。

表 5-1　SS8 机车主变流器电路故障状态分类

故障序号	故障模式	故障序号	故障模式
1	无故障	7	VT4 故障
2	VD1 故障	8	VD3 或 VT6 故障
3	VD2 故障	9	VD4 或 VT5 故障
4	VT1 故障	10	VD1、VD2 故障
5	VT2 故障	11	VD3、VD4 故障（或 VT5、VT6 故障）
6	VT3 故障	12	VT1、VT2 故障

（续）

故障序号	故障模式	故障序号	故障模式
13	VT3、VT4 故障	26	VD3、VT5 故障（或 VD4、VT6 故障）
14	VD1、VT1 故障	27	VD3、VT6 故障
15	VD1、VT2 故障	28	VD4、VT5 故障
16	VD1、VT3 故障（或 VT2、VT3 故障）	29	VD4、VT4 故障（或 VT4、VT5 故障）
17	VD1、VT4 故障	30	VD3、VD1 故障（或 VT6、VD1 故障）
18	VD4、VD2 故障（或 VD2、VT5 故障）	31	VD3、VD2 故障（或 VT6、VD2 故障）
19	VD4、VT2 故障（或 VT2、VT5 故障）	32	VD3、VT1 故障（或 VT1、VT6 故障）
20	VD2、VT1 故障	33	VD3、VT2 故障（或 VT2、VT6 故障）
21	VD2、VT2 故障	34	VD3、VT3 故障（或 VT3、VT6 故障）
22	VD2、VT4 故障（或 VT1、VT4 故障）	35	VD3、VT4 故障（或 VT4、VT6 故障）
23	VD2、VT3 故障	36	VD4、VD1 故障（或 VD1、VT5 故障）
24	VT1、VT3 故障	37	VD4、VT1 故障（或 VT1、VT5 故障）
25	VT2、VT4 故障	38	VD4、VT3 故障（或 VT3、VT5 故障）

在获取输出样本数据后，应用 ARMA 双谱分析法按以下两个步骤进行故障特征信息的提取：

1）对从 SS8 机车主变流器电路输出采集到的每个原始信号样本数据进行零均值预处理。

2）对预处理后的信号按式（5-4）～式（5-6）进行双谱分析，则可获得 SS8 机车主变流器电路各种状态的 ARMA 双谱图。

文中仅给出其中 10 种 SS8 机车主变流器电路故障状态下的 ARMA 双谱图。如图 5-4～图 5-13 所示，其余 28 种状态的 ARMA 双谱图详见附录 B。在图中 x，y 轴分别代表双谱矩阵的行和列，z 轴代表双谱矩阵中对应的数值，坐标轴从左至右依次为 z 轴，y 轴，x 轴。

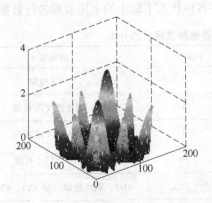
图 5-4　无故障时的 ARMA 双谱图

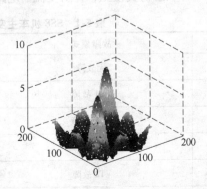
图 5-5　VT1 故障时的 ARMA 双谱图

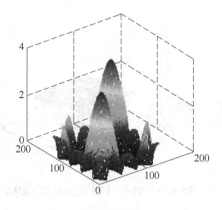

图 5-6　VT2 故障时的 ARMA 双谱图

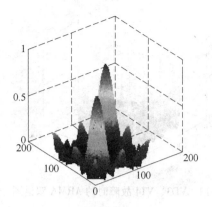

图 5-7　VT3 故障时的 ARMA 双谱图

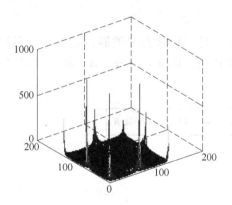

图 5-8　VD4、VT2 故障时的 ARMA 双谱图

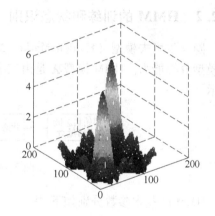

图 5-9　VD2、VT1 故障时的 ARMA 双谱图

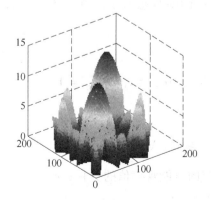

图 5-10　VD3、VT2 故障时的 ARMA 双谱图

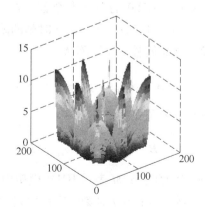

图 5-11　VD3、VT3 故障时的 ARMA 双谱图

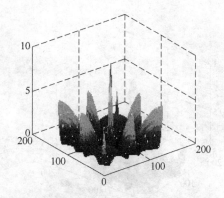

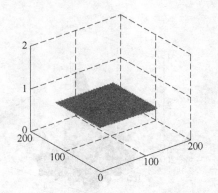

图 5-12 VD3、VT4 故障时的 ARMA 双谱图　　　　图 5-13　VD3、VT5 故障时的 ARMA 双谱图

由以上图形分析可见，每一种电路状态的 ARMA 双谱图都各不相同，它们之间存在非常明显的谱峰差异。如果能提取出各种电路状态下的 ARMA 双谱图的谱峰之间差异，就能有效地区别出 SS8 机车主变流器电路在不同状态下的运行情况。

5.2.2　HMM 的训练和状态识别

隐马尔可夫模型（Hidden Markov Model，HMM）是一种状态分类器，它具有较强的时序模型分类能力。HMM 模型 $\boldsymbol{\lambda}$ 是由三个基本参数组成的，即 $\boldsymbol{\lambda} = (\boldsymbol{\pi}, \boldsymbol{A}, \boldsymbol{B})$，如图 5-14 所示。

图 5-14　HMM 模型结构参数

HMM 的基本参数分别如下[44]：

（1）初始状态概率向量 $\boldsymbol{\pi}$

$$\boldsymbol{\pi} = \{\pi_i = P(q_t = S_i)\}, \sum_{i=1}^{N} \pi_i = 1$$

式中，N 表示 HMM 的隐状态个数；在 t 时刻，Markov 的隐状态为 q_t，即 $q_t(S_1, S_2, \cdots, S_N)$；$S_i(i = 1,2,\cdots,N)$ 为 t 时刻的隐状态数据。

（2）状态转移概率矩阵 $\boldsymbol{A}$

$$\boldsymbol{A} = (a_{ij})_{N \times N}, a_{ij} = P(q_{t+1} = S_j | q_t = S_i) \geqslant 0, \forall i, \sum_{j=1}^{N} a_{ij} = 1$$

（3）观察值概率矩阵 $\boldsymbol{B}$

$$\boldsymbol{B} = (b_{jk})_{N \times M}, b_{ik} = P(O_t = v_k | q_t = S_i) \geqslant 0, \forall i, \sum_{k=1}^{M} b_{ik} = 1$$

式中，v_k 为观测值；M 表示 HMM 模型中每个状态对应的可能观察值的数目；$v_1, \cdots, v_M$ 即输出信号的个数；在 t 时刻的观察值表示为 O_t，即 $O_t(\in v_1, \cdots, v_M)$。

隐马尔可夫模型可以分为马尔可夫（Markov）链和随机过程两部分，Markov 链由 $\boldsymbol{\pi}$、$\boldsymbol{A}$ 来描述，它产生的输出为状态序列；随机过程是由 $\boldsymbol{B}$ 来描述，它产生的输出为观测值序列。

HMM 模型系根据观测值的不同分布形式来确定的，如果观测值是离散的，则可称为离散隐马尔可夫模型（DHMM），反之，连续的则称为连续隐马尔可夫模型（CHMM）。本文根据电力电子电路故障信号采样数据的特点，采用离散隐马尔可夫模型。

　　HMM 的拓扑结构如图 5-15 所示。

　　在 HMM 中，如果 Markov 链的状态是从任意一个状态出发，则可以从下一时刻到达任何一个状态，它所对应的状态转移概率矩阵 **A** 中不出现零元素，则这样的 HMM 称为各态历经型 HMM，如图 5-16 所示。

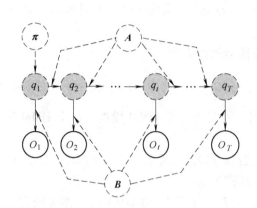

图 5-15　HMM 的拓扑结构

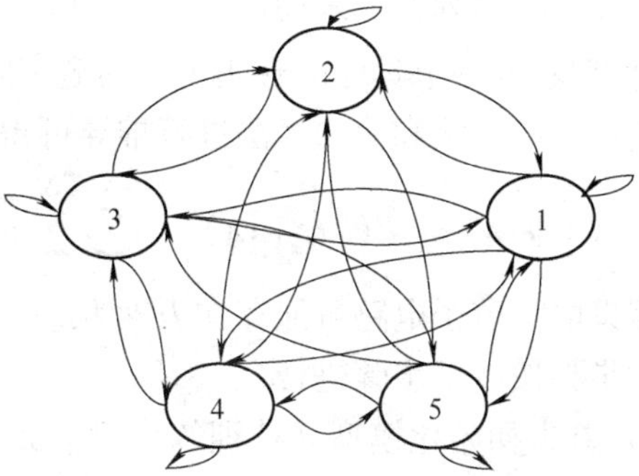

图 5-16　各态历经型 HMM

　　在实际工程应用中，目前还没有统一的准则来确定 HMM 的结构，因此要根据不同的对象进行有针对性的建模。有时也可以采用 HMM 的其他结构来表示，如图 5-17 所示是左右型 HMM。

　　由于 HMM 状态随着时间的推移往序号增大的方向移动，因此 HMM 具有时序的特征。当电力电

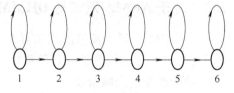

图 5-17　左右型 HMM

子电路中的元器件发生故障时，电路的状态会随着时间的推移而产生变化，所以它也具有明显的时序特征。因此，可以应用左右型 HMM 来作为故障监测模型。

　　HMM 的训练和状态识别按如下过程实现。

1. HMM 的训练

　　若已知观测序列 $\boldsymbol{O} = O_1, O_2, \cdots, O_T$，采用 Baum-Welch 算法调整模型参数，使得观察序列的概率最大，即 $P(\boldsymbol{O}|\boldsymbol{\lambda})$ 为最大（学习问题）。若使用多个观测序列进行 HMM 训练时，则按如下改进的 Baum-Welch 算法进行重估。

$$\overline{\pi_i} = \sum_{l=1}^{L} \alpha_1^{(l)}(i)\beta_1^{(l)}(i)/P(\boldsymbol{O}^{(l)}|\boldsymbol{\lambda}), 1 \leqslant i \leqslant N \tag{5-8}$$

$$\overline{a_{ij}} = \frac{\sum\limits_{l=1}^{L} \left[\dfrac{1}{P_l} \sum\limits_{t=1}^{T_l-1} \alpha_t^{(l)}(i) a_{ij} b_j(o_{t+1}^{(l)}) \beta_{t+1}^{(l)}(i) \right]}{\sum\limits_{l=1}^{L} \left[\dfrac{1}{P_l} \sum\limits_{t=1}^{T_l-1} \alpha_t^{(l)}(i) \beta_t^{(l)}(i) \right]} \quad 1 \leqslant i \leqslant N, 1 \leqslant j \leqslant N \tag{5-9}$$

$$\overline{b_{jk}} = \frac{\sum\limits_{l=1}^{L}\left[\dfrac{1}{P_l}\sum\limits_{t=1,\,o_t=\nu_k}^{T_l}\alpha_t^{(l)}(j)\beta_t^{(l)}(j)\right]}{\sum\limits_{l=1}^{L}\left[\dfrac{1}{P_l}\sum\limits_{t=1}^{T_l}\alpha_t^{(l)}(j)\beta_t^{(l)}(j)\right]} \qquad 1 \leq j \leq N,\ 1 \leq k \leq M \qquad (5\text{-}10)$$

HMM 从初始模型开始，通过极大似然重估和模型参数的逐步更新，观测序列的概率将不断增大，最终收敛到使得 $P(O|\lambda)$ 最大值。

2. HMM 状态识别

已知观测序列 O，采用前向 – 后向算法求解 $P(O|\lambda)$。前向 – 后向算法解决了由一个 HMM 模型获得一个具体的观测序列的概率问题。

利用前向算法和后向算法进行推导可得故障模型的概率为

$$P(O|\lambda) = P(\{O_t\}|\lambda) = \sum_{i=1}^{N}\sum_{j=1}^{N}\alpha_t(i)a_{ij}b_j(O_{t+1})\beta_{t+1}(j)\ ,\ 1 \leq t \leq T-1 \qquad (5\text{-}11)$$

假设电力电子电路可能存在 D 种状态时，则需要训练 D 个 HMM 模型。D 个 HMM 模型的训练步骤按以下步骤进行：

1）首先初始化模型（待训练模型）λ_0，然后基于 λ_0 以及观察值序列 O，采用 Baum-Welch 算法，即应用式（5-8）至式（5-9）训练新模型 λ。

2）如果 $|\lg(P(O|\lambda)) - \lg(P(O|\lambda_0))| \leq D$（通常 $D = 0.001$）时，则说明训练已经达到预期效果，模型训练结束；否则，令 $\lambda_0 = \lambda$，返回继续训练模型。

5.2.3 基于 ARMA 双谱与 DHMM 故障诊断步骤

基于 ARMA 双谱与离散隐马尔可夫（DHMM）模型的电力电子电路故障诊断步骤可以分为两个阶段：诊断模型训练阶段和故障分类测试阶段。

1. 诊断模型的训练阶段

1）对电路的各种状态进行采样，获取相应的故障信息。

2）对采样的数据进行零均值处理。

3）应用式（5-5）和式（5-6）并采用剩余时间序列法得到 ARMA 模型参数后，获得故障的双谱。

4）通过对双谱矩阵进行矩阵对角化变换。获取对角线元素作为故障特征。

5）在获取 ARMA 双谱故障特征后，对故障特征数据进行矢量量化。

6）建立各种状态下电路所对应的 DHMM。

7）根据 5.2.2 节中 HMM 的训练步骤进行训练操作。

2. 故障分类测试阶段

1）输入未知故障样本，按照诊断模型的训练步骤 1~5 进行特征提取，获得观察序列。

2）将获得的观察序列输入每个 HMM，应用式（5-11）计算观察序列在各个模型下的概率输出值。

3）将其中输出最大概率值的模型作为与观察序列最匹配模型，其对应的电路状态即为当前观察序列所属电路状态，亦即应用下式进行故障类型判别

$$F_j = \max(\{|\lg(P_i)|\})\ ,\ N \geq j \geq 1,\ i = 1,\ 2,\ \cdots,\ N \qquad (5\text{-}12)$$

式中，N 为电路的故障状态总数，亦即是 DHMM 的模型个数；F_j 定义为电路故障类型，它是 N 个 DHMM 中第 j 个输出概率对数值为最大者的模型所对应的电路故障类型。

图 5-18 所示是 ARMA 与 DHMM 双谱故障诊断流程图。

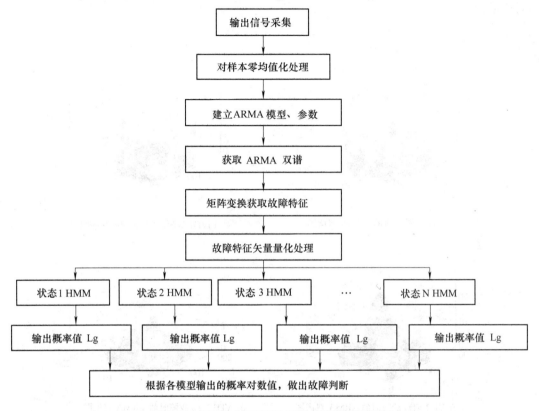

图 5-18   ARMA 与 DHMM 双谱故障诊断流程图

5.3   电力电子电路故障诊断应用

5.3.1   SS8 机车变流器电路故障诊断

图 5-1 是 SS8 机车主变流器测试电路的接线图。根据 SS8 主变流器的结构原理图，利用 Simulink 对其进行仿真实验，其故障分类见表 5-1。应用 MATLAB/Simulink 建立电路的 38 种状态仿真模型，并通过采样电路（由转换电路、采集卡和 PC 等构成）对各种电路状态的输出电压信号进行采集。当输出电压信号不在采集卡的输入电压范围内（PCI6251 采集卡的输入电压值范围为 −10 ~ 10V），则需通过转换电路的分压器，将电压降低后再输入到采集卡。然后通过 PC 与采集卡连接，并在 PC 上采用 MATLAB 软件控制采集卡工作。采集卡的采样频率设置为 200kHz，采集信号方式为差分电压测量。

为了获得足够多的样本，对每一种状态电路的输出电压都采集 70 个周期的样本信息。前 20 个周期的样本信息作为训练样本，后 50 个周期的样本信息作为测试数据。

现将获取的 760 周期（20 周期/1 种状态 ×38 状态）样本数据，应用双谱分析进行故障特征信息的提取（特征信息的提取过程详见 5.2.1 节），则可获得 38 种状态的 ARMA 双谱图，每一种 ARMA 双谱图各不相同，各谱峰之间存在明显的差异。文中只给出 6 种状态的双谱立体图，如图 5-19 所示。图中 x、y 轴分别代表双谱矩阵的行和列，z 轴代表双谱矩阵中对应的数值。

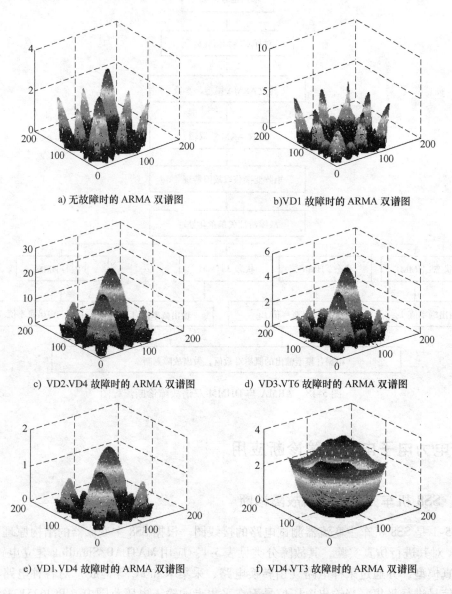

a) 无故障时的 ARMA 双谱图 b)VD1 故障时的 ARMA 双谱图

c) VD2、VD4 故障时的 ARMA 双谱图 d) VD3、VT6 故障时的 ARMA 双谱图

e) VD1、VD4 故障时的 ARMA 双谱图 f) VD4、VT3 故障时的 ARMA 双谱图

图 5-19 6 种状态的双谱立体图

在获取 ARMA 双谱后，为了实现故障元件的识别，还须根据诊断模型训练阶段步骤 4 和 5 对采集到的每个原始信号样本进行零均值预处理，然后再进行双谱矩阵变换获取双谱故障特征并对其进行矢量量化。最后根据诊断模型训练阶段步骤 6 和 7 建立各种电路状态下的 DHMM，并按照 HMM 的训练过程进行操作。由于 SS8 机车主变流器电路有 38 种状态，则需要训练 38 种 DHMM，经过 11 次训练后 38 种状态的 HMM 都已达到收敛。因篇幅限制，

图 5-20 只给出其中 6 种电路状态的 HMM 训练曲线。

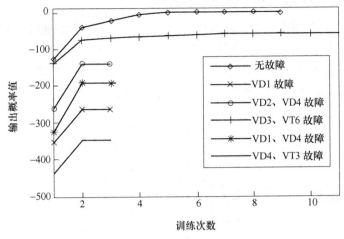

图 5-20　HMM 训练曲线

最后按照故障分类测试阶段步骤 1～3 分别将 1900（50 周期/1 种状态×38 状态）个不同比例噪声的测试样本，输入到 38 个已训练好的 DHMM 中，根据式（5-12）对各模型输出的概率对数值进行比较，并做出故障状态判断。当其中某一模型输出的概率对数值为最大者，则对应的模型为该电路的故障状态，诊断结果见表 5-2。

此外，文中还分别应用 DHMM 分类器和 GA-BP 神经网络诊断法对 SS8 机车主变流器电路进行故障模拟诊断，诊断结果见表 5-2 中的第三行和第四行。

表 5-2　SS8 机车主变流器电路故障模拟诊断结果

不同诊断法比较	样本个数	无噪声		5% 噪声		10% 噪声	
		识别个数	识别率	识别个数	识别率	识别个数	识别率
ARMA 双谱 + DHMM 故障诊断法	1900	1900	100%	1900	100%	1858	97.79%
DHMM 故障诊断法	1900	1900	100%	1849	97.31%	1552	81.68%
GA-BP 故障诊断法	1900	1863	98.05%	1715	90.26%	1406	74.00%

由表 5-2 分析可见，采用 ARMA 双谱与 DHMM 的故障诊断法，在输入样本无噪声情况下正确诊断率为 100%，比 GA-BP 神经网络诊断法高出 1.95%；当输入样本加入 5% 的噪声时，ARMA 双谱与 DHMM 诊断法的正确诊断率为 100%，比 DHMM 诊断法和 GA-BP 神经网络诊断法分别高出 2.69% 和 9.74%；而当加入 10% 的噪声后，它的正确诊断率分别比 DHMM 诊断法和 GA-BP 神经网络诊断法高出 16.11% 和 23.79%。由此可见，ARMA 双谱与 DHMM 诊断法，具有较高的正确故障诊断率和较强的抗噪声能力，在输入信息不完备、有噪声干扰的情况下，同样具有较高的故障诊断能力。

5.3.2　十二脉波可控整流电路的故障诊断

　　如图 5-21 所示是双桥串联十二脉波可控整流电路。整流电路的交流侧接一个三相三绕组变压器，一次绕组接成星形或三角形，二次侧有两个三相副绕组，它们分别接成星形和三角形。整流电路的交流输入由两组线电压相等且相位之间差为 30°的三相电源供电。双桥串联十二脉波可控整流电路的输出电压值 u_o 等于 $u_{d1} + u_{d2}$。

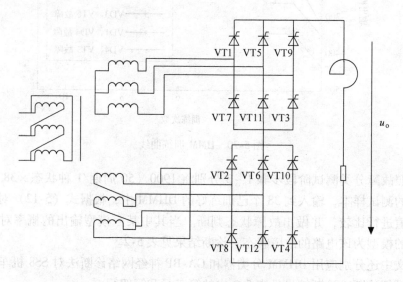

图 5-21　双桥串联十二脉波可控整流电路

　　现以双桥串联十二脉波可控整流电路为例，分析整流电路在不同触发延迟角下的输出电压波形。首先分析两组三相桥式电路的输出电压波形，再利用输出电压瞬时值 u_o 为两组桥输出瞬时值叠加的关系式得出整流电路的输出电压波形。通过分析和计算，可以得出三相整流桥正常运行时的输出电压波形，如图 5-22 所示。图中横坐标表示时间（s），纵坐标表示整流电路的输出电压值（V）。由图 5-22 分析可见，三相整流桥输出电压波形的脉动分量幅值减小了，但脉动频率却增大了一倍。

　　如果三相整流电路发生故障时，整流电路输出电压波形中包含有故障信息。在故障诊断时通常是对整流电路输出的电压波形进行实时采样，获取故障特征信息，并适当地进行变换就可以实现对整流电路的故障诊断。

　　在分析三相整流电路故障时，可将整流电路故障性质定义为：晶闸管器件不导通或晶闸管开路、串接熔断器熔断，触发脉冲丢失等。本文主要研究三相整流电路中晶闸管等整流元器件发生开路故障。现以图 5-21 双桥串联十二脉波可控整流电路为例，由于图中整流元器件多达 12 个，涉及的故障种类繁多，研究时将故障分为 11 种大类、115 种小类：电路正常状态、电路中仅有一只晶闸管发生开路故障、两只晶闸管同时发生开路故障以及部分三只晶闸管桥臂同时发生开路故障（只分析桥内晶体管故障）。故障分类情况详见表 5-3。图 5-23 ~ 图 5-32 分别给出当触发延迟角为 30°时，整流电路发生 10 种典型故障时电路输出电压的波形，图中横坐标表示时间（s），纵坐标表示整流电路的输出电压值（V）。

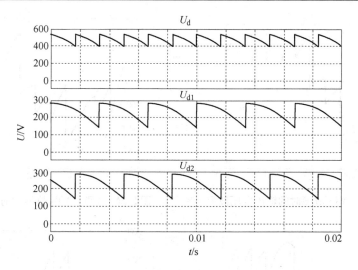

图 5-22　三相整流桥正常运行时的输出电压波形

表 5-3　双桥串联十二脉波可控整流电路故障分类

类别	故障分类及特点	晶闸管的序号
1	整流电路正常运行状态	
2	仅有一只晶闸管故障	$i = 1,\ \cdots,\ 12$
3	序号相邻的两只晶闸管 VTi 和 VTj 同时发生故障	$i = 1,\ \cdots,\ 12;\ j = (i+1)\ \mathrm{mod}12$
4	序号相差 2 的两只晶闸管 VTi 和 VTj 同时发生故障	$i = 1,\ \cdots,\ 12;\ j = (i+2)\ \mathrm{mod}12$
5	序号相差 3 的两只晶闸管 VTi 和 VTj 同时发生故障	$i = 1,\ \cdots,\ 12;\ j = (i+3)\ \mathrm{mod}12$
6	序号相差 4 的晶闸管 VTi 和 VTj 同时发生故障	$i = 1,\ \cdots,\ 12;\ j = (i+4)\ \mathrm{mod}12$
7	同一相电压的两只晶闸管 VTi 和 VTj 同时发生故障	$i = 1,\ \cdots,\ 6;\ j = (i+6)\ \mathrm{mod}12$
8	序号相差 7 的两只晶闸管 VTi 和 VTj 同时发生故障	$i = 1,\ \cdots,\ 12;\ j = (i+7)\ \mathrm{mod}12$
9	VTi、VTj 和 VTk 故障，可分为 12 小类	$i = 1,\ \cdots,\ 12;\ j = (i+4)\ \mathrm{mod}12;\ k = (i+6)\ \mathrm{mod}12$
10	VTi、VTj 和 VTk 故障，可细分为 12 小类	$i = 1,\ \cdots,\ 12;\ j = (i+2)\ \mathrm{mod}12;\ k = (i+4)\ \mathrm{mod}12$
11	VTi、VTj 和 VTk 故障，可细分为 12 小类	$i = 1,\ \cdots,\ 12;\ j = (i+4)\ \mathrm{mod}12;\ k = (i+10)\ \mathrm{mod}12$

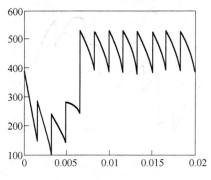

图 5-23　VT1 故障时的输出电压波形

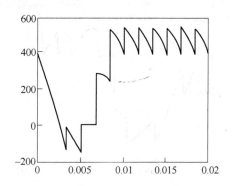

图 5-24　VT1、VT2 故障时的输出电压波形

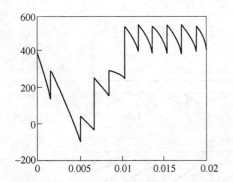

图 5-25　VT1、VT3 故障时的输出电压波形

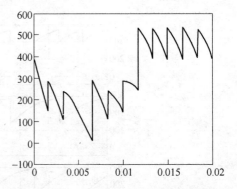

图 5-26　VT1、VT4 故障时的输出电压波形

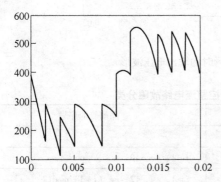

图 5-27　VT1、VT5 故障时的输出电压波形

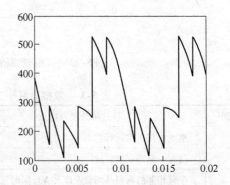

图 5-28　VT1、VT7 故障时的输出电压波形

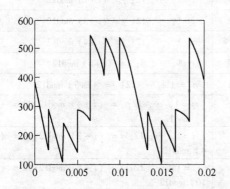

图 5-29　VT1、VT8 故障时的输出电压波形

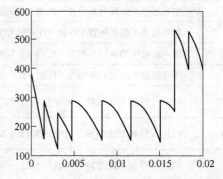

图 5-30　VT1、VT5、VT7 故障时的输出电压波形

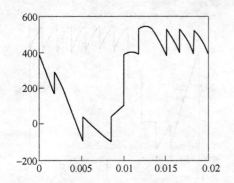

图 5-31　VT1、VT3、VT5 故障时的输出电压

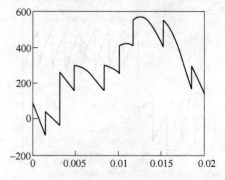

图 5-32　VT1、VT5、VT11 故障时的输出电压

应用 MATLAB/Simulink 建立双桥串联十二脉波可控整流电路的 115 种状态仿真模型，并对各种状态的输出电压波形进行采样。为了获得足够多的样本，对每一种状态电路的输出电压都采样 30 个周期的信息。前 10 个周期的采样信息作为训练样本，后 20 个周期的采样信息作为测试数据。

由图 5-21 可见，当双桥串联十二脉波整流电路发生故障时，整流电路输出电压波形 u_o 是由两组独立的三相桥式整流电路的输出电压波形叠加而成，即 u_{d1} 和 u_{d2} 相加。其中两组独立的三相桥式整流电路的整流电压波形相位相差 30°，输出电压波形 u_o 是由 12 个波前组成的。当电路正常运行时，u_o 的 12 个波前大小和形状相同。当电路发生故障时，则输出电压波形产生畸变。此时输出电压波形由畸变波前和正常波前共同合成。若故障发生的种类不同，则输出电压波形也各有差异。

在第一波前区间内，两组独立的三相桥式整流电路的输出电压值 u_{d1} 和 u_{d2} 的计算公式如下

$$u_{d1} = \sqrt{3}\, u_2 \cos\left(\omega t - \frac{\pi}{6} + \alpha\right),\ 0 \leqslant \omega t \leqslant \frac{\pi}{6} \tag{5-13}$$

$$u_{d2} = \sqrt{3}\, u_2 \cos(\omega t + \alpha),\ 0 \leqslant \omega t \leqslant \frac{\pi}{6} \tag{5-14}$$

在式（5-13）和式（5-14）中 α 是整流电路的触发延迟角，t 为采样点时间。

为简化故障诊断数据，将输出电压的第一个波前的值定义为以下 4 个标准（包括一种正常工作时测量得到的电压值和三种故障情况时测量得到的电压值），即

1）正常工作状态，此时两组整流桥正常工作，根据 $u_o = u_{d1} + u_{d2}$，可将此时测到的电压值用常量 3 替代。

2）故障状态之一，此类故障波形的特点是输出电压保持为零，将此时测到的电压值用常量 1 替代。

3）故障状态之二，此类故障产生时，两组整流桥输出的电压 u_{d1} 和 u_{d2} 中的一个为正常波形，另外一个输出为 0。因此整个输出的电压 $u_o = u_{d1}$ 或 $u_d = u_{d2}$，将此时测到的电压值用常量 2 替代。

4）故障状态之三，当此类故障发生时，测到的电压值不属于以上 3 种情况，此时将测到的电压值用常量 4 替代。

除此之外，在其他波前测量时得到的电压值也只需要换算到第一个波前的区间内，就可按照上述步骤进行简化。假设在 t_1 时刻测到的电压值，此时 ωt_1 不在 $\left[0, \dfrac{\pi}{6}\right]$ 区间内，需要对 t_1 值进行换算。由于电路正常运行时，12 个电压波前都相同，故建立如下换算公式

$$t_1 = \frac{0.02}{12}i + t_2,\ 1 \leqslant i \leqslant 11,\ 0 \leqslant \omega t_2 \leqslant \frac{\pi}{6} \tag{5-15}$$

当整流电路处于正常工作时，输出电压波形为正常状态，在 t_1 和 t_2 时刻测量到的电压值两者相等。

根据上述转换原则，将采样到的实时数据和标准电压值进行比较，则可获得对应的特征值。当处于故障状态之二或故障状态之三时，在某一时刻测到的电压值也有可能等于 0，则有可能被误判为故障状态之一。为了消除这种误判的产生，将每一个波前分为两个区间，在每个区间内都采集多个采样值，根据多数原则将采样值转为特征值。

根据上述分析，整流电压的输出波形就可以用一个 24 维（等于脉波数）的模式向量表示。对于图 5-23 ~ 图 5-32 中 10 种典型故障输出电压的波形图和整流电路在正常工作时的输出电压波形图，可建立如下 11 个 24 维的模式向量 Si（$i=1, 2, \cdots, 11$）为

$$S1 = [3,3,3,3,3,3,3,3,3,3,3,3,3,3,3,3,3,3,3,3,3,3,3,3]$$
$$S2 = [4,4,4,4,2,2,2,2,3,3,3,3,3,3,3,3,3,3,3,3,3,3,3,3]$$
$$S3 = [4,4,4,4,4,4,1,1,2,2,3,3,3,3,3,3,3,3,3,3,3,3,3,3]$$
$$S4 = [4,4,4,4,4,4,4,4,2,2,2,2,3,3,3,3,3,3,3,3,3,3,3,3]$$
$$S5 = [4,4,4,4,2,2,4,4,4,4,2,2,2,2,3,3,3,3,3,3,3,3,3,3]$$
$$S6 = [4,4,4,4,2,2,2,2,2,2,2,2,4,4,4,4,3,3,3,3,3,3,3,3]$$
$$S7 = [4,4,4,4,2,2,3,3,3,3,4,4,4,4,2,2,2,2,3,3,3,3,3,3]$$
$$S8 = [4,4,4,4,2,2,2,2,3,3,3,3,3,4,4,4,4,2,2,2,2,3,3,3]$$
$$S9 = [4,4,4,4,2,2,2,2,2,2,2,2,2,2,2,2,2,2,2,2,3,3,3,3]$$
$$S10 = [4,4,4,4,4,4,4,4,4,4,4,4,4,4,4,4,3,3,3,3,3,3,3,3]$$
$$S11 = [4,4,4,4,2,2,2,2,2,2,2,2,4,4,4,4,3,3,3,3,4,4,4,4]$$

其他类型的故障电压波形也可以根据上述方法和步骤将电压值转换为故障模式向量。由于理论分析和实际采样的电压值可能会存在一定误差，在故障诊断时，可先设确定其误差范围在 −3% ~3% 之间。

当故障模式向量建立后，根据所建立的故障模式向量，然后采用 ARMA 双谱提取故障信息特征量。如图 5-33 ~ 图 5-44 所示，是双桥串联十二脉波可控整流电路 11 类故障中的 12 种故障模式的 ARMA 双谱图。

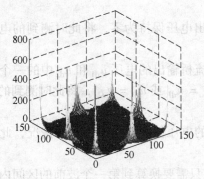

图 5-33　正常运行的 ARMA 双谱图

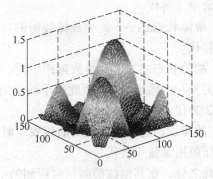

图 5-34　VT1 故障时的 ARMA 双谱图

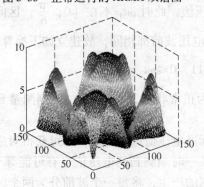

图 5-35　VT1、VT2 故障时的 ARMA 双谱图

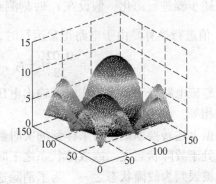

图 5-36　VT1、VT3 故障时的 ARMA 双谱图

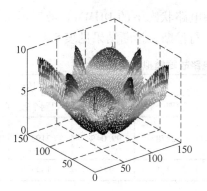

图 5-37　VT1、VT4 故障时的 ARMA 双谱图

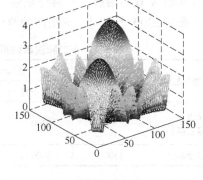

图 5-38　VT1、VT5 故障时的 ARMA 双谱图

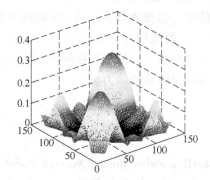

图 5-39　VT1、VT7 故障时的 ARMA 双谱图

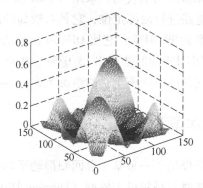

图 5-40　VT1、VT8 故障时的 ARMA 双谱图

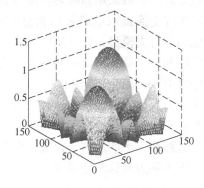

图 5-41　VT1、VT5、VT7 故障时的 ARMA 双谱图

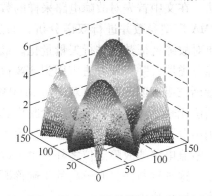

图 5-42　VT1、VT3、VT5 故障时的 ARMA 双谱图

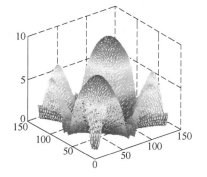

图 5-43　VT1、VT5、VT11 故障时的 ARMA 双谱图

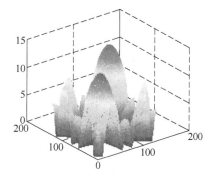

图 5-44　VT2、VT4、VT6 故障时的 ARMA 双谱图

　　在获得 ARMA 双谱图后，然后分别建立 115 种电路状态下的 DHMM。最后再按照故障分类测试步骤对 2300 个不同比例噪声的测试样本进行诊断，诊断结果见表 5-4。

表 5-4　十二脉波串联可控整流电路故障模拟诊断结果

不同诊断法比较	样本个数	无噪声		5% 噪声		10% 噪声	
		识别个数	识别率	识别个数	识别率	识别个数	识别率
ARMA 双谱 + DHMM 故障诊断法	2300	2300	100%	2278	99.04%	2192	95.3%
DHMM 故障诊断法	2300	2300	100%	2331	97%	1845	80.22%

　　故障诊断结果表明，采用 ARMA 双谱与 DHMM 的故障诊断法精确地对十二脉波串联可控整流电路进行故障定位，它具有较高的故障诊断精度。当输入样本加入 5% 的噪声时，正确诊断率为 99.04%，它比 DHMM 诊断法高出 2.04%；而当加入 10% 的噪声后，它正确诊断率比 DHMM 诊断法高出 15.08%。由此可见，这种诊断法具有较强的抗噪声能力，在输入信息不完备或有噪声干扰的情况下，它同样具有较高的故障诊断能力。

5.4　本章小结

　　本章提出了一种基于自回归滑动平均模型（Auto-Regressive Moving Average Model）双谱分析与离散隐马尔可夫模型（Discrete Hidden Markov Model）的电力电子电路故障混合诊断新方法。在文中首先对故障电路采样的数据进行零均值处理，然后采用高阶累积量对数据建立 ARMA 模型参数并进行双谱分析，通过对双谱矩阵进行变换提取电路故障信息特征量，然后再对故障特征数据进行矢量量化。最后应用离散隐马尔可夫模型，设计出电力电子电路的故障分类器，并将该方法应用到 SS8 机车主变流器电路和十二脉波整流电路的故障诊断。

　　诊断结果表明，ARMA 双谱与 DHMM 混合诊断法与 DHMM 故障诊断法和 GA-BP 神经网络诊断法比较，具有较高的正确诊断率和较强的抗噪声能力。它能较准确地从含噪声的信号中识别出电路故障类型。这种诊断法除了可以用于 SS8 机车主变流器电路和双桥串联十二脉波可控整流电路的故障定位之外，也可以用于三相整流电路和二十四脉波可控整流电路的故障诊断。这种诊断法具有较高的正确诊断率和较强的抗噪声能力且诊断结果可靠，在工程中具有实际应用价值。

第 6 章　ARMA 双谱与
FCM-HMM-SVM 故障诊断法

6.1　引言

随着电力电子技术的发展与应用，电力电子电路发生各种故障类型也越来越多，比如在大功率整流系统中晶闸管和电力二极管的数量多达几十乃至上百个，如果电路中有三个整流元器件同时发生故障，那么发生故障的类型将会多达上百种。因此，提出一种准确判断大规模电力电子电路故障的诊断技术是至关重要的。

支持向量机（SVM）在电力电子电路故障中具有较强的故障分类能力，它是一种基于小样本概率的学习方法，它不需要大量的训练样本就可以对数据进行分类，并转化为分类概率输出。支持向量机网络具有支持向量个数少、泛化能力强等特点。应用支持向量机算法可以区别出不同故障类别之间的差异，尤其是在故障类别和结构较为复杂，特征较多的情况下更凸显出它的独特优越性。但是当分类特征较多时，支持向量机算法的运行速度就变得缓慢、占用运行空间也较大。

隐马尔可夫模型（HMM）适合于处理连续、动态变化的信号，且具有区别多种故障类别内相似性的能力。它通过较少的学习样本能够训练出可靠的故障模型，并根据模式匹配的基本方法，在已训练好的模型中寻求与未知故障信息最为相近的模式。由隐马尔可夫故障诊断系统中各个 HMM_i（$i = 1$，2，$\cdots$，C）模型输出的概率大小来最后决定故障诊断结果。但是对于故障模式多的电力电子电路，当输出故障信号受到噪声干扰和污染时，可能会造成多个隐马尔可夫诊断模型输出的概率大小相差无几，因此只凭概率最大的来决定最终故障结果，可能存在故障误判的潜在危险。

应用模糊 C 均值聚类（FCM）算法对电力电子电路故障信息进行预分类可以降低故障模式样本的规模，同时可以缩小训练时间和诊断范围等优点。

因此，分别将模糊 C 均值聚类算法、隐马尔可夫模型和支持向量机这三种算法所具有的独特优点与 ARMA 双谱分析结合起来形成一种基于 ARMA 双谱与 FCM-HMM-SVM 混合结构的故障诊断模型，并将这种诊断法应用于电力电子电路故障诊断，它在工程中具有重要的应用价值。

6.2　ARMA 双谱与 FCM-HMM-SVM 故障诊断法

6.2.1　模糊 C 均值聚类的故障信号分析法

模糊 C 均值聚类（FCM）分析法在工程领域中已得到广泛的应用，比如应用模糊聚类分析法可以对未来天气状况进行预报、对区域地震的可能性进行预测以及进行图像分析处理、故障分类等。在本节中介绍将模糊 C 均值聚类算法应用到电力电子电路故障信号的聚类。

假设 $X = (x_1,\ x_2,\ \cdots,\ x_n)$ 是故障信号样本集向量，X 中的任意一个分量 x_i（$i = 1,\ 2,$ $\cdots,\ n$）称为故障样本。应用模糊聚类法将每一个故障样本分别以一定的概率划分到 C 个类别中。定义第 j 个分量的故障样本 x_j 隶属于第 i 类别的程度为 u_{ij}（$i = 1,\ 2,\ \cdots,\ c; j = 1,\ 2,$ $\cdots,\ n$），其算法如下

$$u_{ij} = \frac{1}{\sum\limits_{k=1}^{c} \left(\dfrac{d_{ij}}{d_{kj}}\right)^{\frac{2}{m-1}}} \tag{6-1}$$

式中，c 是聚类的类别数；m 是大于 1 的常数；d_{ij} 表示第 i 个聚类中心 v_i 与第 j 个故障样本 x_j 之间的欧几里得距离。v_i（$i = 1,\ 2,\ \cdots,\ n$）与 d_{ij} 的计算公式分别为

$$v_i = \frac{\sum\limits_{j=1}^{n} u_{ij}^m x_j}{\sum\limits_{j=1}^{n} u_{ij}^m} \tag{6-2a}$$

$$d_{ij} = \| v_i - v_j \| \tag{6-2b}$$

式中，n 是聚类空间的样本个数。假设模糊 C 均值聚类的目标函数为

$$\min[\boldsymbol{J}(\boldsymbol{U},\boldsymbol{V})] = \sum\limits_{i=1}^{c} \sum\limits_{j=1}^{n} u_{ij}^m d_{ij}^2 \tag{6-3}$$

且需满足约束条件

$$\sum\limits_{i=1}^{c} u_{ij} = 1, \forall j = 1, \cdots n,\ u_{ij} \geqslant 0, 1 \leqslant j \leqslant n, 1 \leqslant i \leqslant c \tag{6-4}$$

式中，$\boldsymbol{U} = \{u_{ij}\}$ 和 $\boldsymbol{V} = \{v_i\}$ 分别是一个 $c \times n$ 和 $1 \times n$ 的矩阵；$\boldsymbol{J}(\boldsymbol{U},\ \boldsymbol{V})$ 表示误差目标函数，它等于类别内误差的平方和。模糊 C 均值聚类通过对式(6-1)~式(6-3)的迭代运算，在满足式（6-4）约束条件时，就可获得故障信息样本的最佳聚类。模糊 C 均值聚类分析过程框图如图 6-1 所示。

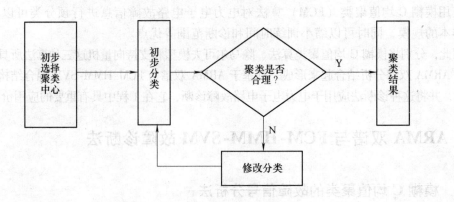

图 6-1   模糊 C 均值聚类分析过程框图

6.2.2　支持向量机故障分类算法

应用支持向量机对电力电子电路故障分类时，首先通过核函数将二维故障信息样本向量映射到另一高维特征空间中，然后在其特征向量空间中构造另一个新的最优分类超平面。通过分类超平面将不同故障状态下电力电子电路输出信息的不同特征区分开，最终获得故障的分类。

假设给定的故障信息样本数据为：(x_1, y_1)，$\cdots$ (x_n, y_n)，$x_i \in R^n$，$y_i \in \{-1, +1\}$ 是类别的符号，其中 x_i 是随机从故障信息样本集中抽取的第 i 个故障本数分量，如果 x_i 属于第一类，则对应的输出类别符号为 $y_i = +1$；若 x_i 属于第二类，则对应的输出类符号为 $y_i = -1$。当故障样本是线性可分的，支持向量机的故障分类法可用二维平面来说明，其最优分类线示意图如图 6-2 所示。

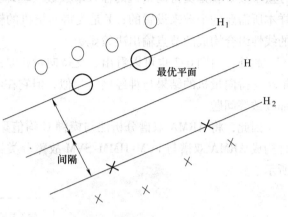

图 6-2　最优分类线示意图

在图 6-2 中，"圆圈"和"打叉"两种符号分别表示两种不同类型的故障样本，H 是两种不同故障类型的样本的分类线，H_1 和 H_2 分别平行于分类线 H 的两条直线，它们分别到分类线 H 之间的距离称为分类间隔（Margin）。最优分类线不仅能够无错误地将两类不同特征的故障信号分离出来（正确分类率高达 100%），而且还能够使两种不同类型的故障信号之间的分类间隔达到最大，这样就可以保证故障分类误判率为最小。

在实际工程中当电路发生故障时，有些故障产生的信号是非线性不可分的，解决这一问题的有效方法是：将支持向量机的二维输入特征向量映射到另一个高维特征向量空间中，然后在这个高维空间中构造一个分类超平面，从而将最优分类线转化为最优分类超平面，非线性不可分的故障信号通过最优分类超平面就能正确地得到分类。

支持向量机的结构形式与神经网络的结构是十分相似的。图 6-3 所示是支持向量机结构示意图。

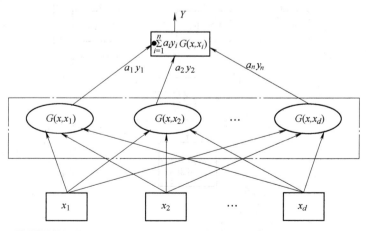

图 6-3　支持向量机结构示意图

在图 6-3 中，n 表示支持向量的维数；a_i 和 $G(x, x_i)$（$i = 1, \cdots, n$）分别表示支持向量机的中间节点与输出节点的连接权值和核函数。支持向量机的每一个输入故障信息样本与相应的核函数内积构成支持向量的中间节点，如果选择不同的核函数就构成不同形式的支持向量机分类器；$X = (x_1, x_2, \cdots, x_d)$ 表示支持向量机的输入样本向量，输入样本向量的分量个数 d 就是支持向量机的输入节点数。也即支持向量机的输入节点是根据输入故障信息样本所需要的个数来设置的；Y 是支持向量机的输出，y_i（$i = 1, 2, 3$）表示各个中间节点的线性组合构成的节点输出决策函数。

此外，由图 6-3 也可以看出，支持向量机是一个只含有一个隐含层结构的故障分类器。虽然支持向量机的结果与神经网络相似，但它在学习过程中不像神经网络算法存在早熟和局部收敛等问题。

因此，将 ARMA 双谱分析法与模糊 C 均值聚类法、隐马尔可夫模型和支持向量机相结合构成 ARMA 双谱与 FCM-HMM-SVM 故障分类器，其混合结构故障诊断模型框图如图 6-4 所示。

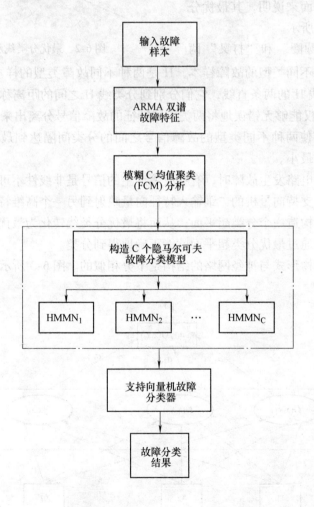

图 6-4 ARMA 双谱与 FCM-HMM-SVM 混合结构故障诊断模型框图

6.2.3　ARMA 双谱与 FCM-HMM-SVM 故障诊断步骤

将 ARMA 双谱与 FCM-HMM-SVM 混合故障诊断法应用于电力电子电路故障诊断，其诊断步骤可分为两个过程：诊断模型训练阶段和故障分类测试。现在分别介绍各个步骤的实现过程。

1. 诊断模型训练阶段

诊断模型训练主要分为以下 4 个步骤：

第一步：对故障训练样本进行 ARMA 双谱分析提取故障特征向量，ARMA 双谱故障特征提取的实现过程详见第 5 章内容，这里不再重复。

第二步：应用与模糊 C 均值聚类（FCM）对提取故障特征向量进行模糊聚类，得到 C 个子样本。FCM 对故障样本的聚类方法按如下操作步骤实现：

（1）确定初始矩阵

设第 x_{ij} 为故障样本矩阵中的第 i 个样本对应第 j 特征的元素，执行下列算法：

1）初始化训练样本矩阵。

$$u_{ij} = \frac{x_{ij} - \min(x_{ij}, i \in [1, n])}{\max(x_{ij}, i \in [1, n]) - \min(x_{ij}, i \in [1, n])} \tag{6-5}$$

式中，u_{ij} 是训练样本初始化矩阵中的第 i 行第 j 列元素。

2）应用最大 - 最小法计算模糊关系矩阵 $\boldsymbol{R} = (r_{ij})$。$r_{ij}$ 是模糊关系矩阵 $\boldsymbol{R}$ 中的元素值，按以下公式计算

$$r_{ij} = \frac{\sum\limits_{k=1}^{n} \min(u_{ik}, u_{jk})}{\sum\limits_{k=1}^{n} \max(u_{ik}, u_{jk})} \tag{6-6}$$

式中，r_{ij} 表示第 i 个样本与第 j 个样本之间的贴近度；u_{ik} 和 u_{jk} 都为样本初始化矩阵中的元素。

3）计算模糊等价关系矩阵 $\widetilde{\boldsymbol{R}}$。逐次求出 $\boldsymbol{R}^2$，$\boldsymbol{R}^4$，$\cdots$，$\boldsymbol{R}^{2^K}$，当满足 $\boldsymbol{R}^{2k} = \boldsymbol{R}^{2k-1}$ 时，则可认为 $\widetilde{\boldsymbol{R}} = \boldsymbol{R}^{2k}$。

4）根据 $\widetilde{\boldsymbol{R}}$ 的隶属度将故障样本分成 C 类别。故障样本聚类初始矩阵的形成步骤如图 6-5 所示。

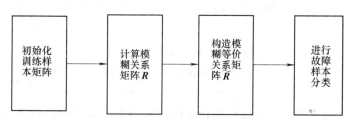

图 6-5　故障样本聚类初始矩阵的形成步骤

（2）精确聚类过程

1）应用样本均值计算各类故障样本的初始聚类中心 $V_1^{(0)}$，$V_2^{(0)}$，$\cdots$，$V_C^{(0)}$。

2）采用最大 - 最小法，即按公式（6-6）求出各类故障样本与初始聚类中心的近似

程度。

3）求解初始隶属矩阵 $U^{(0)}$。

$$U^{(0)} = \{u_{ij}^{(0)}\} \tag{6-7a}$$

$$u_{ij}^{(0)} = \frac{r_{ij}}{\sum_{i=1}^{c} r_{ij}}, \forall i, j \tag{6-7b}$$

4）给定 m（$m > 0$）值，按式（6-1）和式（6-2）迭代求解矩阵 $U^{(l)}$ 和 $V_i^{(0)}$ 的元素，其中 l 是迭代次数。

5）检验迭代是否满足如下条件

$$\| U^{(l+1)} - U^{(l)} \| < \varepsilon \tag{6-8}$$

式中，ε 是预先设定的大于零的小数。如果不满足式（6-8），则返回步骤4，若满足，则进行迭代，最终得到分类矩阵 U 和聚类中心 V。故障聚类数目 C 值大小根据电路的结构以及发生故障的类型来决定。

故障样本精确聚类分析流程图如图 6-6 所示。

按照图 6-6 经过聚类后，故障训练样本集可分为 C 个子样本集，对每个子样本转到第三步执行训练。

第三步：应用隐马尔可夫模型（HMM）对 C 个子样本进行训练。如果电力电子电路的故障样本集有 k 种故障类型，则需要训练 k 个 HMM 模型。HMM 模型的训练步骤按照第 5 章中的 HMM 的具体训练步骤来实现。

第四步：应用"一对一"支持向量机训练 k 个 HMM 故障分类模型。

为了使分类超平面对所有的故障样本 x_i 都能够达到正确的分类，特征空间中的分类超平面必须满足下列条件

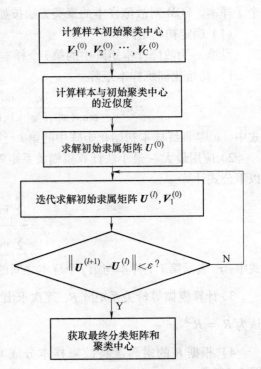

图 6-6　故障样本精确聚类分析流程图

$$(x_i \cdot \Gamma) + b \geq 1 \quad y_i = 1 \tag{6-9a}$$

$$(x_i \cdot \Gamma) + b \leq 1 \quad y_i = -1 \tag{6-9b}$$

$$y_i [(x_i \cdot \Gamma) + b] \geq 1 \tag{6-9c}$$

根据式（6-9）约束条件，可以计算出不同故障类别之间的间隔值 $2/\|\Gamma\|$。若故障分类间隔达到最大时，则使得 $\|\Gamma\|^2$ 为最小。若满足式（6-6），且故障类别的分类间隔达到最小时，该故障分类超平面称为最优分类面。不同类别的故障样本分量都能够被最优分类平面分离出来。

如果故障样本是线性不可分的，则可在式（6-9）中加上一个大于零的参量 ξ_i，如下式

$$y_i [(x_i \cdot \Gamma) + b] - 1 + \xi_i \geq 0, \quad i = 1, \cdots, n \tag{6-10}$$

假如分类目标仅考虑故障样本分类误判率最小和分类间隔最大时，则求解下式的极小值。

$$(\Gamma, \xi) = \frac{1}{2} \parallel \Gamma \parallel + D\left(\sum_{i=1}^{n} \xi_i \right)$$

式中，D 是一个大于零的常数。则将约束条件改为下式

$$0 \leq \alpha_i \leq c, \quad i = 1, \cdots, n \tag{6-11}$$

当映射函数选择适恰当，则空间线性不可分类故障样本就能得到有效地解决。

2. 故障分类测试步骤

对测试的故障样本进行诊断前，首先采用 ARMA 双谱提取其故障样本特征，然后按图 6-7 所示进行故障分类测试。

根据流程图，按以下步骤实现：

1）对待测故障样本进行初步分类。假设 y_B 是第 B 个待测故障样本，V_l 为第 l 类聚类中心，按照下式可判断出 y_B 样本属于何种类型

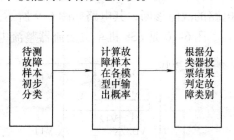

图 6-7　故障分类测试的流程图

$$N(y_B, v_l) = \frac{\sum_{i=1}^{n} \left[\mu_B(y_i) \wedge \mu_{v_l}(y_i) \right]}{\sum_{i=1}^{n} \left[\mu_B(y_i) \vee \mu_{v_l}(y_i) \right]} \tag{6-12}$$

式中，$\mu_{(*)}$ 表示隶属函数。如果 $N(y_B, v_m) = \max\limits_{1 \leq l \leq c} \{ N(y_B, v_l) \}$，则 y_B 是属于第 m 个类型。

2）将初步分类后的待测故障样本输入到子样本集与其对应已经训练好的 HMM 中，计算出待测故障样本在各个模型中的输出概率值。

3）选取隐马尔可夫模型中其中三类概率为最大的输出作为待选故障类集，然后支持向量机分类器根据这三类待选故障类集两两进行排列组合，即可获得 C_3^2 个分类器。最后按照投票得票数的多少进行决策，由得票最多最终来决定故障类别。

基于 ARMA 双谱与 FCM-HMM-SVM 故障诊断流程图如图 6-8 所示。

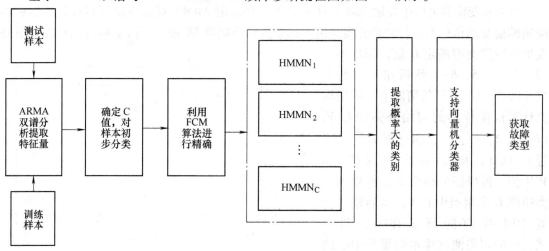

图 6-8　基于 ARMA 双谱与 FCM-HMM-SVM 故障诊断流程图

6.3 电力电子电路故障诊断分析

6.3.1 机车变流器电路故障诊断

将本章提出的 ARMA 双谱与 FCM-HMM-SVM 混合诊断法应用于 SS8 机车主变流器整流电路的故障诊断,其电路如图 6-9 所示。

图 6-10 是 SS8 机车主变流器整流电路 MATLAB 模块编程模拟仿真诊断图。

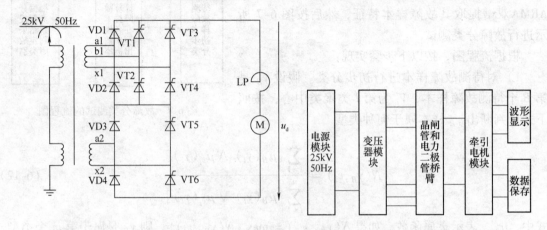

图 6-9 SS8 机车主变流器整流电路   图 6-10   SS8 机车主变流器整流电路
                                         MATLAB 模块编程模拟仿真诊断图

假设图 6-9 中变流器整流电路的开关元器件(晶闸管和电力二极管)发生开路故障,且电路中最多只有两组桥臂上的电子器件同时发生开路故障,其故障分类见表 5-1。应用 MATLAB/Simulink 建立 SS8 机车主变流器电路的 38 种状态仿真模型,并对变流器电路在各种工作状态下输出的电压波形进行实时采样。

首先从变流器电路中获取 760 个样本数据,并应用 ARMA 双谱提取其特征量,然后再应用模糊 C 均值聚类进行初步分类。由于机车故障类别有 38 种,根据电路的结构以及电路发生故障的类型确定 C 值,即取 $C = \{2, 3, 4, 5, 6\}$。然后在不同的 c_i ($i = 1, 2, \cdots, 5$) 值情况下,利用均值计算故障样本的初始聚类中心 V_i ($i = 1, 2, \cdots, c$),和计算 $U^{(0)}$。通过式 (6-1) 和式 (6-2) 计算 $U^{(l)}$ 和 $V_i^{(l)}$ 值,再根据模糊聚类步骤得到分类矩阵 U 和聚类中心 V,然后输入含有 10% 噪声的测试样本,利用式 (6-6) 可得测试样本和聚类中心的贴近度。图 6-11 所示为不同聚类数目

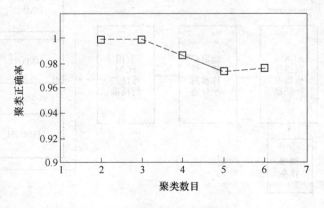

图 6-11   不同聚类数目时的聚类正确率

时的聚类正确率，当 C 选择 2 或 3 时，聚类为最优。由于聚类数越大，则后期的训练次数和诊断工作量也就越少。

因此选取 C = 3，此时 SS8 机车主变流器电路的 38 类故障被聚成三种型类。它们分别是：故障为 |1，2，3，5，6，9，10，11，12，15，16，18，19，21，25，26，27，28，29，31，32，34，35，36，37，38| 聚成为一类；故障为 |4，7，8，14，17，20，22，24，30，33| 聚成为另一类；最后一类故障是 |13，23|。

经过初步分类后，按照 HMM 和 SVM 的训练步骤分别对子样本进行训练。HMM 的训练过程是先对模型进行初始化，然后对训练样本与模型进行匹配和状态标注，而后估算出一组新的模型 ψ_0，最后再用 ψ_0 对故障训练样本重新匹配计算和状态标注以及再次更新模型，依次重复进行操作直到满足收敛条件

$$|P(O \mid \psi_0) - P(O \mid \psi)| \leqslant 0.001$$

时为止。即经过 30 次左右反复循环训练后，模型已达到收敛。此时 $P(O \mid \psi)$ 值为最大，即获得最优模型。SVM 的核函数选用径向基核函数，它的宽度 σ 取值为 2，惩罚参数取值为 1。

最后按照故障分类测试步骤 2 和 3 分别将 1900[（50 个周期/1 种状态）×38 状态] 个不同比例噪声的测试样本进行诊断，并将输入到已训练好的混合模型中，经过诊断分析最后输出结果见表 6-1。此外，还应用 DHMM 分类器对 SS8 机车主变流器电路进行模拟故障诊断，并和 ARMA 双谱与 FCM-HMM-SVM 混合算法进行比较，诊断结果见表 6-1。

表 6-1　SS8 机车主变流器电路故障模拟诊断结果

不同故障诊断法比较	样本个数	无噪声		5% 噪声		10% 噪声	
		识别个数	识别率	识别个数	识别率	识别个数	识别率
ARMA 双谱与 FCM-HMM-SVM 故障诊断法	1900	1900	100%	1900	100%	1863	98.05%
DHMM 故障诊断法	1900	1900	100%	1849	97.31%	1552	81.68%

由表 6-1 分析可知，采用 ARMA 双谱与 FCM-HMM-SVM 故障诊断法，在输入样本无噪声情况下正确诊断率为 100%；当输入样本加入 5% 的噪声时，正确诊断率为 100%，比 DHMM 故障诊断法高出 2.69%；而当加入 10% 的噪声后，正确诊断率比 DHMM 故障诊断法高出 16.37%。由此可见，ARMA 双谱与 FCM-HMM-SVM 故障诊断法，具有较高的正确故障诊断率和较强的抗噪声能力，在输入信息不完备（有噪声干扰）的情况下，同样具有较高的故障诊断能力。

应用 FCM 算法对样本训练数据进行预分类时可以降低样本集故障模式的规模，缩小样本训练时间和故障诊断范围；HMM 算法易于处理类别内的相似性和识别动态变化的周期信号；SVM 算法具有较强的分类能力和易于识别不同类别之间的差异性。因此本章选取这三种算法的优点，提出一种基于 FCM-HMM-SVM 混合算法的电力电子故障诊断模型，并将其应用于电力电子电路故障的诊断。仿真诊断结果表明，提出的这种诊断法对电力电子电路故障定位和故障诊断具有较高的识别能力，它在实际工程中具有重要应用和参考价值。

6.3.2　十二脉波可控整流电路故障诊断

采用图 5-21 所示双桥串联十二脉波可控整流电路对本章的方法进行诊断效果验证，故障类型设置见表 5-3，共 115 种故障模式。用同样的手段获取训练样本 1150 个与测试样本 2300 个。现将获取的训练样本数据，应用模糊 C 均值聚类进行初步分类。由于故障类别有 115 个，根据电路的结构以及电路发生故障的类型确定 C 值，即 C = {2, 3, 4, 5, 6, 7, 8, 9, 10, 11}。在用不同的 c_i（$i = 1, 2, \cdots, 10$）值的情况下，分别对故障样本进行模糊聚类，然后输入含有 10% 噪声的测试样本，利用式（6-6）可得测试样本和聚类中心的贴近度。由于样本经过逻辑预处理，C 取 2 ~ 11 时，聚类准确率都是 100%，但是 C 取 6 ~ 11 时，测试样本经过模糊聚类聚成的类数却小于 C。同时，聚类数越大，后期的诊断的工作也越少。因此聚类数 C 取 5。

通过初步分类后，对子样本根据 6.5.1 节相同步骤进行 HMM 和 SVM 训练。最后按照故障分类测试步骤对 2300 个不同比例噪声的测试样本进行诊断。十二脉波可控整流电路故障模拟诊断结果见表 6-2。

表 6-2　十二脉波可控整流电路故障模拟诊断结果

不同故障诊断法比较	样本个数	无噪声		5% 噪声		10% 噪声	
		识别个数	识别率	识别个数	识别率	识别个数	识别率
ARMA 双谱与 FCM-HMM-SVM 故障诊断法	2300	2300	100%	2283	99.26%	2209	96.04%
DHMM 故障诊断法	2300	2300	100%	2231	97%	1845	80.22%

由表 6-2 分析可以清楚看到，在故障信号有噪声干扰的情况下，应用 ARMA 双谱与 FCM-HMM-SVM 故障诊断法对十二脉波可控整流电路故障识别率比其他诊断法高，它具有较好的抗干扰能力。

6.4　本章小结

本章详细介绍了基于 ARMA 双谱与 FCM-HMM-SVM 混合诊断模型的电力电子电路故障诊断法。这种混合故障分类器首先对故障样本进行 ARMA 双谱分析并提取故障特征向量，然后应用 FCM 对故障特征向量进行初步分类，它不仅降低了故障训练样本集的规模，还缩小了训练和诊断的范围，然后再计算各种类型的 HMM 模型与故障训练样本之间的匹配程度，提取概率大的类别，再利用 SVM 算法进一步做出故障诊断决策，最后得到诊断结果。

文中还将这种该混合故障诊断法应用到 SS8 机车主变流器电路和十二脉波可控整流电路的故障诊断。仿真诊断结果表明，它对电力电子电路故障诊断和识别具有较高的正确故障诊断率和较强的抗噪声能力，尤其在输入信息不完备（有噪声干扰）的情况下，它同样具有较高的抗干扰能力和故障识别率。

第7章　小波分析与随机森林算法的故障分类

7.1　引言

在电力电子电路故障诊断法中，其中有一部分是基于人工神经网络算法和支持向量机及其混合算法的应用，这些诊断法在实际应用中已取得了一定的成效。基于人工神经网络分析法在学习训练过程中需要足够多的训练样本数，且有时易于陷入局部最优解；基于支持向量机（SVM）分析法，其基本分类方法是采用非线性变换将一个输入空间变换到另外一个高维空间，然后在这个高维的空间中求出最优的线性分类界面。SVM 这种方法可以产生较为复杂的分界面，在特征多、类别结构复杂时仍有较高的分类精度。但是当分类特征量较多的情况下，故障识别的速度变得较为缓慢，尤其是在网格搜索参数的过程中需要花费大量的时间、占用较多的资源。因此，这种算法不利于在线实现故障诊断。

随机森林算法（Random Forests Algorithm，RFA）可以用于处理多分类问题，且该算法不容易发生过拟合等优点；小波分析变换法具有较好的时频特性，它能有效地分析和处理信号中的各种成分，提取信号中的奇点、突变点等信息。因此本章将随机森林算法和小波分析法相结合，首先采用 db6 小波函数分析法用于提取电路故障信息特征量，然后应用随机森林算法生成决策树，最后通过投票表决法来确定电力电子电路故障类型。

7.2　基于小波分析与随机森林混合故障诊断法

7.2.1　电力电子电路故障信号奇异性的小波检测法

1. 故障信号特征值的小波提取法

当电力电子电路发生故障时，电路输出的波形是由各个不同频率的波形叠加的，各个波形之间的幅值大小各不相同，有些频率成分的波形幅值被放大了，而另外一些频率成分的波形则受到抑制。在相同频带范围内信号的能量有很大的差别，有些信号的能量增大了，而另一些信号的能量则减少。因此，在各频带内的信号能量中隐含着大量、丰富的故障特征信息，而小波分析可以提取电力电子电路输出波形中的各个频带的信号能量特征，因此利用这一特性可以建立电力电子电路故障类型与各频带内信号能量之间的映射关系。

小波分解法的基本思路是采用一族基函数来逼近故障信号，称这族基函数为小波基 $\psi_{a,b}(t)$。它是由小波函数 $\psi(t)$ 通过平移 b 和伸缩 a 后而得到的，其定义如下：

假设小波函数 $\psi(t) \in L^2(R)$，如果积分 $\int_{-\infty}^{+\infty} \frac{1}{|\omega|} \left| \hat{\varphi}(\omega) \right| d\omega < +\infty$，其中 $\hat{\varphi}(\omega)$ 为 $\psi(t)$ 的傅里叶变换，则称 $\psi(t)$ 是一个小波母函数。

令 $\psi_{a,b}(t) = \dfrac{1}{\sqrt{|a|}}\psi\left(\dfrac{t-b}{a}\right)$，则称 $\psi_{a,b}(t)$ 为由母函数 $\psi(t)$ 生成的连续小波。其中 a，b 是常数，且 $a \neq 0$，a 为尺度因子，b 为平移因子。同样记 $\psi_{m,n}(t) = 2^{-\frac{m}{2}}\psi(2^{-m}t^{-n})$，$m$，$n \in Z$，称 $\psi_{m,n}(t)$ 为二进制离散小波。

假设 $f(t) \in L^2$，记 $w_f(a,b) = \displaystyle\int_{-\infty}^{+\infty}\overline{\psi}_{a,b}(t)\mathrm{d}t$，称其为 $f(t)$ 的连续小波变换，同样令

$$c_f(m,n) = \int_{-\infty}^{+\infty}f(t)\overline{\psi}_{m,n}(t)\mathrm{d}t$$

上式为 $f(t)$ 的二进制离散小波变换。

分析连续小波变换时，必须对尺度因子 a 和平移因子 b 进行离散化处理，即可得到离散小波变换。如果 a 和 b 离散的间隔较小，则会造成数据量和计算量都会大大增加。所以应用离散小波变换时，通常对 a 和 b 以幂级数的形式进行离散，也即获得二进制离散小波变换。故障信号奇异性特征向量提取流程按图 7-1 所示实现。

2. 故障信号的小波奇异性特征提取

在这一节中应用 db6 小波函数对电路故障信号进行特征量提取，将获取的故障信号能量特征向量作为决策树故障分类器的输入。

其信号奇异性检测的特征量提取过程按以下步骤进行：

1）采用 db6 小波对信号进行 6 层小波分解，实现对信号的奇异性检测；电力电子电路故障信号小波变换的奇异性检测方法为：当连续函数在某一点处存在间断点或者该连续函数在某高阶导数不连续时，则连续函数在该点处具有奇异性，即称该点为信号的奇异点。借助李氏指数（Lipschitz）可以描述函数的奇异性。

设 n 为非负整数，且 $n < \alpha \leq n$，如果存在两个常数 M 和 h_0（$M > 0$，$h_0 > 0$）及 n 次多项式 $g_n(h)$，使得对 $h < h_0$ 存在

$$|f(x_0 + h) - g_n(h)| \leq M|h|^{\alpha} \tag{7-1}$$

称式（7-1）为 $f(x)$ 在点 x_0 处为李氏指数的 α 类。

如果在式（7-1）中，信号函数 $f(x)$ 满足在 x_0 点处李氏指数的所有 α 的上界，则称信号函数 $f(x)$ 在 x_0 点处的正则度。

假设实函数 $g(x)$ 满足下式

$$\int_{-\infty}^{+\infty}g(x)\mathrm{d}x = 1，\text{且} g(x) = o(1/(1+x^2))$$

则称它为光滑函数。如果将光滑函数的一阶导数选择作为小波函数 $\psi(t)$，即

$$\psi(x) = \mathrm{d}g(x)/\mathrm{d}x \tag{7-2}$$

同时 $g(x)$ 也满足小波的允许条件，则记为

$$g_s(x) = \frac{1}{s}g\left(\frac{x}{s}\right)$$

这时，小波变换为

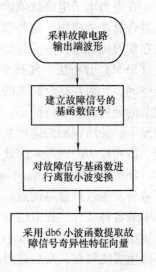

图 7-1 故障信号奇异性特征向量提取流程

$$W^1 f(s,x) = f(x)\psi_s^1(x) = f(x)\left(s\frac{\mathrm{d}g_s}{\mathrm{d}x}\right)(x) = s\frac{\mathrm{d}}{\mathrm{d}x}[f(x)g_s(x)] \tag{7-3}$$

$$W^2 f(s,x) = f(x)\psi_s^2(x) = f(x)\left(s^2\frac{\mathrm{d}^2 g_s}{\mathrm{d}x^2}\right)(x) = s^2\frac{\mathrm{d}^2}{\mathrm{d}x^2}[f(x)g_s(x)] \tag{7-4}$$

若选取信号函数 $f(x)$ 的突变点与小波变换 $Wf(s,x)$ 的极值点之间的关系为

$$g_s(x) = \frac{1}{s}g\left(\frac{x}{s}\right)$$

作为小波探测故障信号，其对应的固定尺度为 s，那么 $|W^1 f(s,x)|$ 的局部极大值对应于 $f(x)$ 的突变点，即 $W^2 f(s,x)$ 的零交叉点对应于 $f(x)g_s(x)$ 的拐点。

因此，选择小波为光滑函数的一阶导数，通过应用小波变换的模极大值点就可以监测到信号 $f(x)$ 的突变点。这就是小波变换用于检测信号突变的基本原理。

由于小波基函数是不规则的，不同小波基函数的波形形状都有很大的差别。选择不同的小波基波分析同一个故障信号时，会产生不同的分析结果，将会影响最终的诊断结果。因此如何选取合适的小波基函数来分析故障信号是至关重要的。

具体选择哪一种小波基函数，目前还没有固定的方法可参考。通常是根据被检测信号的奇异性特征以及对分析信号的具体要求，并参照小波基函数的属性来确定。在应用小波变换时，如果被分析信号所包含的波形与选择的小波基函数形状相近时，则与小波基函数波形相近的信号特征量将会被放大，反之不同形状的信号及其特征量将会被抑止。表 7-1 列出部分小波基函数的相似性系数表。

表 7-1 部分小波基函数的相似性系数表

小波基函数	morlet	coif	syms	meyer	db	mexican hat
相似性系数	7. 215	6. 329	6. 363	6. 608	7. 497	0. 971

从表 7-1 可见，db 小波基函数的相似性系数最大，且 db 小波是一种正交小波。从信号滤波分析的角度来看，应用正交小波将待分解的信号通过一个高通滤波器和一个低通滤波器分别进行滤波，即可获得一组高频信号和另一组低频信号，由此还可以对低频信号依次进行分解直至第若干层为止。经过每次分解获得的高频信号和低频信号，它们的长度之和与原信号的长度相等。由此可见，信号经过分解后其结果不损失原信号。因此，可以采用 db 小波对电力电子电路故障信号进行奇异性检测，则可获取电路发生故障的信号特征值。

2）如上所述，对电力电子电路发生故障时的输出电压波形进行采样，应用 db6 小波包分解法，分别提取电压波形中的一个低频带和 6 个高频带范围的信号。即 S_0 到 S_6 等 7 个频带的重构信号，其表达式为

$$S = (S_0, S_1, S_2, S_3, S_4, S_5, S_6) \tag{7-5}$$

3）根据重构信号矩阵 S 中的各个分量 S_i 在时刻 t_i（$i=0,1,\cdots,6$）时的幅值，计算各频带信号的总能量。假设 S_i（$i=0,1\cdots,6$）对应的能量为 E_i（$i=0,1,\cdots,6$），则有

$$E_i = \int |S_i(t)|^2 \mathrm{d}t = \sum_{k=1}^{n} |x_{ik}|^2 \tag{7-6}$$

式中，x_{ik}（$i=0,1,\cdots,6$；$k=0,1,\cdots,n$）表示重构信号 S_i 的幅值。

4）将提取的各频带总能量以及该频带信号幅值点对应的时间 t_i（$i=0,1,\cdots,6$），构

造各频带的能量特征向量 T，即

$$T = [E_0(t_0), E_1(t_1), E_2(t_2), E_3(t_3), E_4(t_4), E_5(t_5), E_6(t_6)] \quad (7\text{-}7)$$

将能量特征向量 T 作为决策树分类器的输入元素，通过故障分类器对电力电子电路的故障进行分类诊断。

电力电子电路故障信号奇异性检测的故障分类流程图如图 7-2 所示。

3. 应用 db6 小波能量特征提取实例分析

应用本节提出的 db6 小波分析法对图 5-2 所示的 SS8 机车主变流器电路进行故障分析。假设 SS8 机车主变流器电路的故障类型共有 38 种模式，见表 5-1。按照 5.3.1 节数据采样法获取 760 个样本数据，然后分别应用式（7-5）、式（7-6）和式（7-7）按照下列操作步骤提取 SS8 机车主变流电路故障信号小波基的特征值。

1）首先应用 db6 小波基对 SS8 机车主变流电路输出信号进行 6 层小波分解，从故障信号中获取一个低频系数和 6 个高频系数，并提取该频带内在时间 t_i（$i = 0, 1, \cdots, 6$）点处的幅值和对应的能量值 E_i；

2）然后按照公式（7-7）得到故障的特征向量 T。如

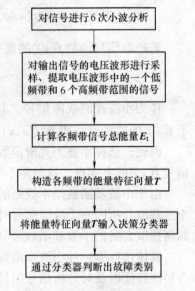

图 7-2 信号奇异性检测的
故障分类流程图

图 7-3 ~ 图 7-12 分别列出其中 10 种小波分解图，图中横坐标表示时间 t（s），纵坐标表示电压 U（V）。

从图中可见，各种故障模式下的小波分解图它们之间各不相同。由此可知，采用本节提出的 db6 小波分析法获取的特征量能有效地区别出 SS8 机车主变流电路发生故障的各种类型。因本节篇幅限制，SS8 机车主变流器电路其余故障模式的小波分解图详见附录 C。

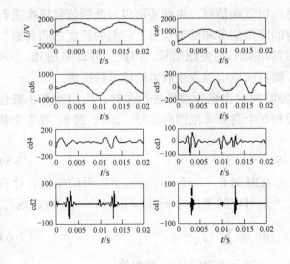

图 7-3 无故障时的小波分解图

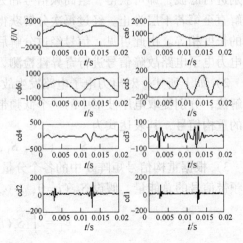

图 7-4 VD1 故障时的小波分解图

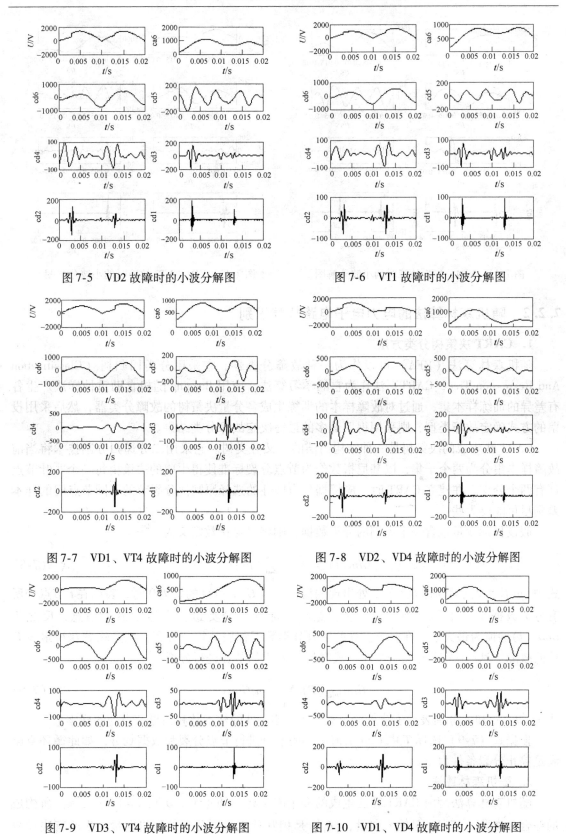

图 7-5　VD2 故障时的小波分解图　　　　　图 7-6　VT1 故障时的小波分解图

图 7-7　VD1、VT4 故障时的小波分解图　　　　　图 7-8　VD2、VD4 故障时的小波分解图

图 7-9　VD3、VT4 故障时的小波分解图　　　　　图 7-10　VD1、VD4 故障时的小波分解图

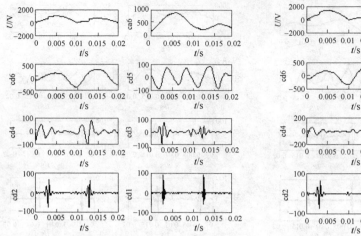 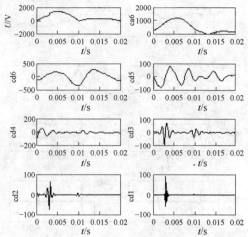

图 7-11 VD4、VT1 故障时的小波分解图   图 7-12 VD4、VT3 故障时的小波分解图

7.2.2 随机森林算法的电力电子电路故障识别

1. CART 决策树分类方法

随机森林算法（RFA）可以作为一种故障分类器。它采用分类回归树（Classification And Regression Tree，CART）法作为它的学习算法，应用 Bagging 随机自助重抽样法产生各有差异的训练样本集，通过对故障样本的训练生成各分量决策树的故障分类器，然后采用投票的方式确定故障类型，则采用得票最多的最终决定故障分类结果。

CART 法生成的决策树是一种结构简洁的二叉分类树。它采用二分递归分割技术将当前故障样本集分为两个子集，以基尼指数作为节点分裂标准使得生成的决策树每一个非叶节点都有两个分支。在建立 CART 时，应根据分裂属性的选择原则使分裂节的不同节点间的样本差别尽可能要大些。

假设目标变量包含一个类别的分类数据，则将基尼指数定义为

$$Gini(t) = 1 - \sum_{j=1}^{l} \left[p(j|t) \right]^2 \tag{7-8}$$

式中，$p[j|t]$ 表示类别 j 在 t 节点处出现的概率。当 $Gini$ (t) 的值为 0 时，表明在 t 节点处所有分类数据都属于同一种类别，这就意味着能获得分类最大有用的故障信息；反之当 $Gini$ (t) 的值为最大时，在此节点处的所有分类数据都服从均匀分布，则意味着获得最少有用的故障信息。CART 分类法按照下式对集合 T 中的节点进行分裂。

$$Gini_{split}(T) \sum_{i=1}^{k} \frac{1}{n} n_i Gini(i) \tag{7-9}$$

式中，k、n_i 和 n 分别表示子节点的个数、子节点 i 处的样本数和在母节点处的样本数。

根据式（7-9）选择 T 中 $Gini_{split}$ 值最小的节点进行节点分裂和数据划分，如此循环直至满足停止分裂条件为止。

2. 随机森林算法

随机森林算法是由 CART 算法生成的多个决策树 $\{ h (x , \theta_i), i = 1, \cdots, k \}$ 所构成的综合分类器，其中 x 是输入向量，$\{\theta_i\}$ 是相互独立且同分布的随机向量，由所有决策树

综合决定输入向量 X 的最终类标签。单棵决策树的生成依赖于一个独立同分布的随机向量；整体的泛化误差取决于森林中单棵决策树的分类效能和各分类树之间的相关程度。随机森林算法主要由两个部分组成：决策树的生长和投票过程。

（1）决策树的生成步骤　随机森林决策树的生成过程按照如下步骤实现：

1）从容量为 N 的故障训练样本数据中采取 Bagging 随机自助重抽样的方法随机抽取自助样本集，重复 k（树的数目 ntree 值为 k）次形成一个新的训练集 N，以此生成一棵分类决策树。

Bagging 随机自助重抽样过程是从容量为 N 的故障初始样本集 S 中采用随机、有放回的抽取部分数据，并生成各分量之间有差异的分类器的一种方法。按照这种经过若干次抽样然后，生成新的训练样本集 T_set，且样本集 T_set 的个数与初始样本集 S 的个数相同。在随机自助重抽样过程中，初始样本集 S 中的样本在新的训练集中可能会多次重复出现也可能不出现。这将意味着应用随机自助重抽样法，能提高训练样本集 T_set 的多样性和提高组合分类器的泛化能力。

2）每个自助样本集生长为单棵分类树，该自助样本集是单棵分类树的全部训练数据。分类决策树为了获得最低的偏差—集较高的差异，必须让其要充分地生长。为了使每一个节点不纯度能达到最小，一般不需要进行所谓的剪枝操作。

图 7-13 所示为决策树组成的根源、分裂和终端节点。从根节点起表示的分类，分裂节点将数据分为不同的两个集群。终端节点给出最后结果数据分类。图中 t_i（$i = 0, 1, \cdots$）表示为分裂节点，N_t 表示终端节点。

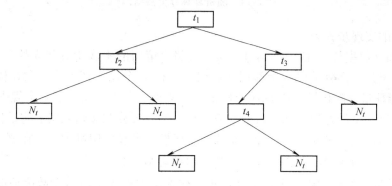

图 7-13　决策树组成的根源、分裂和终端节点

（2）投票过程　根据生成的随机森林分类器，应用投票方式对输入的采样数据进行故障分类和识别。最终分类结果是按照票数的大小来决定，亦即对测试样例 X，预测类标签 C，测试样本的最终类标签就是得票数最多的那些类。

3. 随机森林算法的故障诊断步骤

在获取电路故障信息数据后，采用式（7-5）~式（7-7）的小波特征提取法进行特征提取。首先应用 db6 小波基对电路的输出信号进行小波分解，从故障信号中获取一个低频系数和 6 个高频系数，然后再按照能量的计算式求出各频带系数的能量值，最后按频率系数的顺序排成列向量。该列向量则对应电路中某一故障的特征量。

在提取数据特征后，还需要对数据进行标签。若诊断样本格式为 $(x_i, y_i)_{N \times M}$，其中 x_i 是第 i 个样本，y_i 是 x_i 对应的类别的类标，N 代表所有诊断样本数目，M 为特征量的个数。

其次，按照图 7-14 所示的流程图构建随机森林分类器。随机森林分类可分为两个阶段：训练阶段和故障分类阶段。

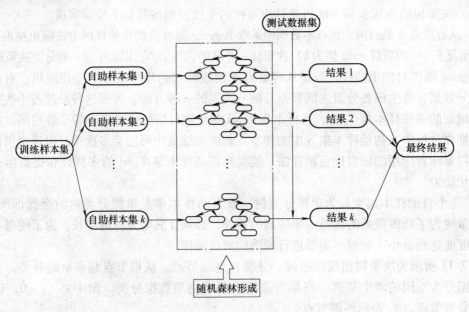

图 7-14 随机森林分类器结构

训练阶段的实现步骤为

1）根据训练数据样本集 $(x_i, y_i)_{N \times M}$，按照决策树的生成步骤建立故障诊断决策树。每个自助样本集是每棵分类树的全部训练数据。设有 M 个输入特征量，则在树的每个节点处，从 M 个特征量中随机挑选出 $mtry$ 个特征值，根据节点不纯度生长基本规则，从 $mtry$ 个特征值中优选出一个最好的特征进行分支或生长，然后再分别递归调用上述过程构造出各个分枝，直到这棵树能准确地分类出训练集或所有属性都已被使用过为止。在整个决策树的生长过程中，$mtry$ 的值将保持恒定。$mtry$ 的值一般设置为 $\sqrt{M}$ 。

2）对原始训练数据生成 k 个自助样本集，建立电力电子整流装置故障诊断的随机森林分类器。

在随机森林中的每一棵分类树简称为二叉树，它的生成过程按照 $Gini_{split}$ 的分裂规则和数据的划分方法，从根节点处开始对故障训练样本集依次进行划分，即所有的故障数据都包含在二叉树的根节点里。按照节点不纯度的生长规则，二叉树在生长过程中可以分裂出左右两个子节点，并以此不断地向下进行分裂，直至满足节点分支停止规则，二叉树则停止再生长。假设 $D(n)$ 表示节点 n 的不纯度，其计算式为

$$D(n) = \sum_{i=j} p(\omega_i)p(\omega_j) = 1 - \sum_j p^2(\omega_j) \qquad (7\text{-}10)$$

在上式中，$p(\omega_j)$ 表示节点 n 处隶属于 ω_j 类训练样本的个数占总训练样本数的频率。如果 n 节点的不纯度值为零，此时 $Gini(t)$ 的值也为 0，则表明该节点的分类数据获得有用故障信息；反之，不纯度值为最大，$Gini(t)$ 值也最大，则该节点的分类数据获得最少有用故障信息。由此可见，根据 $Gini(t)$ 和 $D(n)$ 值的大小可以有效地获取电力电子电路有

用的故障信息，它对电力电子电路的故障诊断具有一定的应用价值。

故障分类决策阶段的实现步骤为

1）装入随机森林学习阶段的有关数据。

2）输入未知故障样本，由各个决策树分别判别这个未知故障数据所属的类标，其投票过程按如下公式

$$c_p = \arg\max_c \left[\frac{1}{ntree} \sum_{i=1}^{ntree} I\left(\frac{n_{h_{i,c}}}{n_{h_0}} \right) \right] \tag{7-11}$$

式中，$ntree$ 是森林中决策树的数目；$I\ (\ ^* \ )$ 是示性函数；$n_{h_{i,c}}$ 是树 h_i 对类 C 的分类结果；n_{h_i} 是树 h_i 的叶子结点数。

3）采用多数投票法，即由式（7-11）决定输入未知故障样本的所属故障类型。经投票后，可生成混淆表 CM，它是一个（$n_c \times n_c$）表。表中的元素 $cm\ (i,j)$（$i \neq j$）表示类型 i 被分类为类型 j 的次数。当且仅当 $i=j$ 时的元素，即 $cm\ (i,i)$ 表示类型 i 被分类正确的个数。

随机森林分类正确率 $CORRE$ 为：

$$CORRE = \frac{\displaystyle\sum_{i=1}^{n_c} CM(i,i)}{\displaystyle\sum_{i,j=1}^{n_c} CM(i,j)} \tag{7-12}$$

式中，n_c 是故障类别的总个数。

7.3　电力电子整流电路故障识别

7.3.1　机车变流器电路故障诊断

将随机森林算法应用于图 5-2 所示 SS8 机车主变流器电路的故障诊断。SS8 机车主变流器电路的故障模式分类见表 5-1，可分为 38 种类型。

首先按照 5.3.1 节数据采样的方法，获取 SS8 机车主变流器电路 38 种故障类型的 760 个训练样本和 1900 个测试样本。在获取故障诊断数据后，应用本章 7.2.1 节提出的小波特征量提取法进行诊断数据特征量提取，并对数据进行标签。由于主变流器电路的故障类型有 38 种，故相应的类标也有 38 种。

然后根据本章 7.2.2 节中提出的随机森林算法的训练方法和测试步骤对诊断样本进行训练和测试。为了使随机森林算法能准确识别电力电子电路故障，需要对随机森林算法中的参数进行最佳设置。

由于随机森林算法是基于集成学习的，所以需要适当数量的树数目。$ntree$ 是随机森林算法模型中树的数目，只有当 $ntree$ 足够大时，才能确保模型误识别率接近最小。通过模拟测试 $ntree$ 与随机森林算法误识别率之间的关系来确定 $ntree$ 的最佳值。当 $mtry$ 取值不变时，调整 $ntree$ 的值，观察整体分类误识别率与随机森林算法决策树数目的相互关系。当误识别率趋于最小时，对应的 $ntree$ 即为最佳值。为了获得 $ntree$ 的最佳值，分别在测试的样本中加入 10% 的训练数据和测试数据，即保持 $mtry$ 为 4（M 值为 14），变换树的数量为 1 ~ 500。

训练结果如图 7-15 所示，图中纵坐标表示误识别率，横坐标表示 *ntree* 值。当 *ntree* 值变化时，随机森林算法的误识别率也随之发生变化。从图 7-15 中可见，若 *ntree* 的取值在 480 到 500 之间，则算法的误识别率趋近于最小且训练时间较短，故选择 *ntree* 值为 480。

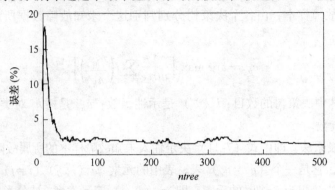

图 7-15　训练结果

在选取最佳参数后，采用 Bagging 方法生成 480 个独立决策树，当所有的树生长完毕后，就可以采用式（7-11）投票表决法来确定测试样本的所属类别。再按照本章 7.2.2 节中故障分类测试步骤对 1900 个不同比例噪声的测试样本进行诊断。诊断结果见表 7-2。

表 7-2　SS8 机车主变流器电路故障诊断结果

不同故障诊断法比较	样本个数	无噪声		5% 噪声		10% 噪声	
		识别个数	识别率	识别个数	识别率	识别个数	识别率
小波分析与 RFA 故障诊断法	1900	1900	100%	1900	100%	1876	98.74%
DHMM 故障诊断法	1900	1900	100%	1849	97.31%	1552	81.68%

诊断结果表明，应用随机森林算法能准确有效地识别出 SS8 机车主变流器电路故障的类型。尤其是在输入样本不完备或受到外界干扰时，采用这种方法进行故障诊断，比其他诊断法具有更高的正确识别率。

7.3.2　十二脉波可控整流电路故障诊断

应用随机森林算法对图 5-21 所示双桥串联十二脉波可控整流电路故障分类。假设可控整流电路发生故障主要是晶闸管开路造成的，由于可控整流电路中有 12 个晶闸管，则电路的故障模式可以分为 11 类、115 种故障模式。各种故障类型详见表 5-3。

首先应用 MATLAB/Simulink 建立如图 7-16 所示的双桥串联十二脉波可控整流仿真电路，然后对每一种状态的输出电压波形采样 30 个周期的信息，前 10 个周期作为训练样本数据，后 20 个周期作为测试数据，共可获得 1150 个训练样本和 2300 个测试样本。

再将获取的 1150（10 周期/1 种状态 × 115 状态）个训练样本，应用小波分析式（7-5）、式（7-6）进行故障特征量的提取。提取一个低频系数和 6 个高频系数，然后计算各频带信号的总能量。再应用式（7-7）构造各频带的能量特征向量 *T*，并标上相应故障类别的标签。由于本节受篇幅限制，文中只给出 12 类故障电路的小波分解图，如图 7-17 ~ 图 7-28 所示。

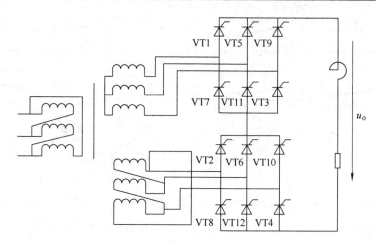

图 7-16　双桥串联十二脉波可控整流仿真电路

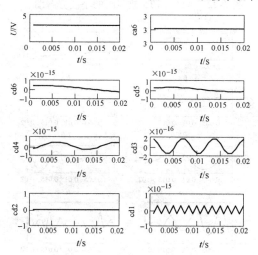

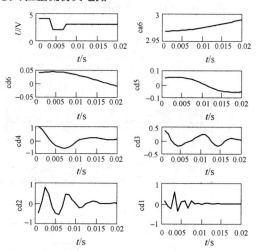

图 7-17　无故障时的小波分解图　　　　图 7-18　VT1 故障时的小波分解图

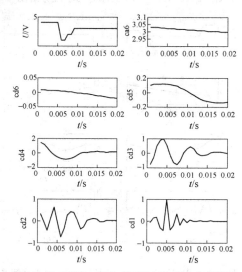

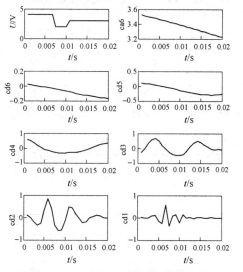

图 7-19　VT1、VT2 故障时的小波分解图　　　　图 7-20　VT1、VT3 故障时的小波分解图

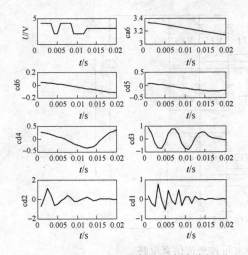

图 7-21　VT1、VT4 故障时的小波分解图

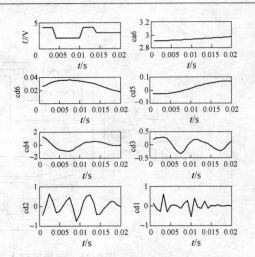

图 7-22　VT1、VT5 故障时的小波分解图

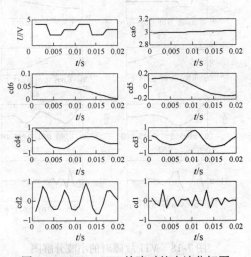

图 7-23　VT1、VT7 故障时的小波分解图

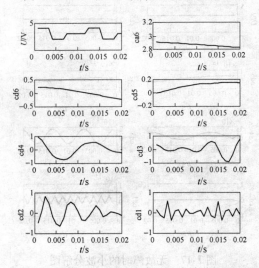

图 7-24　VT1、VT8 故障时的小波分解图

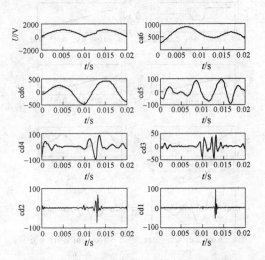

图 7-25　VT2、VT4 故障时的小波分解图

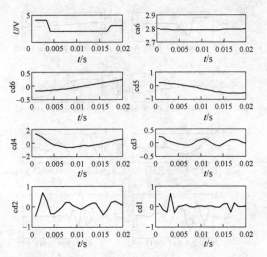

图 7-26　VT1、VT5、VT7 故障时的小波分解图

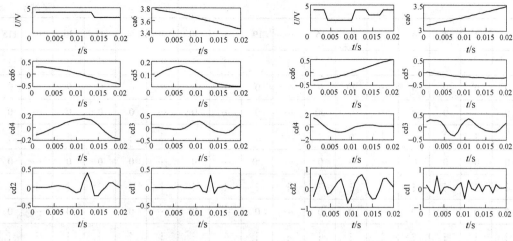

图7-27　VT1、VT3、VT5 故障时的小波分解图　　图 7-28　VT1、VT5、VT11 故障时的小波分解图

为了确保模型误识别率最小，同样需要确定 *ntree* 的最佳参数值。根据诊断误识率最低原则，经过模拟仿真分析后选择 *ntree* 最佳值为 460，如图 7-29 所示。图中横坐标表示 *ntree* 的取值，纵坐标表示误识别率。

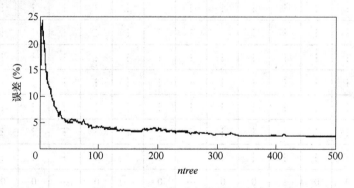

图 7-29　*ntree* 值对应的误识别率

在确定 *ntree* 的最佳参数值后，按照图 7-13 构建随机森林算法的决策树。而即按照随机森林算法决策树的生长步骤 1 ~ 3 构建随机森林分类决策树。然后按照故障分类决策步骤1 ~ 3 将 2300 个（20 周期/1 种状态×115 状态）在 10% 噪声干扰情况下测试的样本输入到随机森林分类器的决策树中，根据式（7-11）进行投票表决，最后做出故障状态的判断。经过投票表决，得到在 10% 噪声情况下的分类混淆表 CM，见表 7-3。

表 7-3　在 10% 噪声情况下的分类混淆表 CM

分类标签	1	2	3	4	…	14	15	…	19	…	30	…	34	35	36	…	115
1	20	0	0	0	…	0	0	…	0	…	0	…	0	0	0	…	0
2	0	20	0	0	…	0	0	…	0	…	0	…	0	0	0	…	0
3	0	1	19	0	…	0	0	…	0	…	0	…	0	0	0	…	0
4	0	0	0	20	…	0	0	…	0	…	0	…	0	0	0	…	0

（续）

分类标签	1	2	3	4	...	14	15	...	19	...	30	...	34	35	36	...	115
⋮	⋮	⋮	⋮	⋮		⋮	⋮		⋮		⋮		⋮	⋮	⋮		⋮
14	0	0	0	0	...	20	0	...	0	...	0	...	0	0	0	...	0
15	0	0	0	0	...	0	20	...	0	...	0	...	0	0	0	...	0
⋮	⋮	⋮	⋮	⋮		0											
19	0	0	0	0	...	0	0	...	20	...	0	...	0	0	0	...	0
⋮	⋮	⋮	⋮	⋮		⋮	⋮		⋮		⋮		⋮	⋮	⋮		⋮
30	0	0	0	0	...	0	0	...	0	...	20	...	0	0	0	...	0
⋮	⋮	⋮	⋮	⋮		⋮	⋮		⋮		⋮		⋮	⋮	⋮		⋮
34	0	0	0	0	...	0	0	...	0	...	0	...	18	2	0	...	0
35	0	0	0	0	...	0	0	...	0	...	0	...	0	20	0	...	0
36	0	0	0	0	...	0	0	...	0	...	0	...	0	0	20	...	0
⋮	⋮	⋮	⋮	⋮		⋮	⋮		⋮		⋮		⋮	⋮	⋮		⋮
60																	
62																	
⋮	⋮	⋮	⋮	⋮		⋮	⋮		⋮		⋮		⋮	⋮	⋮		⋮
81																	
82																	
⋮	⋮	⋮	⋮	⋮		⋮	⋮		⋮		⋮		⋮	⋮	⋮		⋮
115	0	0	0	0	...	0	0	...	0	...	0	...	0	0	0	...	20

　　如果在无噪声的诊断样本中分别加入5%或10%的噪声后，再分别输入到随机森林分类器的决策树中，经过投票表决最后进行故障类型判别，其十二脉波可控整流电路故障诊断结果见表7-4。

表7-4　十二脉波可控整流电路故障诊断结果

故障诊断法比较	样本个数	无噪声		5%噪声		10%噪声	
		识别个数	识别率	识别个数	识别率	识别个数	识别率
随机森林故障诊断法	2300	2300	100%	2297	99.87%	2246	97.65%
DHMM故障诊断法	2300	2300	100%	2231	97%	1845	80.22%

　　由表7-4分析比较可知，采用随机森林故障诊断法，在输入样本无噪声情况下正确诊断率为100%；当输入样本加入5%的噪声时，正确诊断率为99.87%，它的正确诊断率比DHMM故障诊断法高出2.87%；而当加入10%的噪声后，正确诊断率比DHMM故障诊断法高出17.43%。由此可见，随机森林故障诊断法，具有较高的正确故障诊断率和较强的抗噪

声能力，在输入信息有噪声干扰的情况下，仍然具有较强的故障识别能力。

7.4　本章小结

本章介绍了一种基于 db6 小波函数分析法与和随机森林算法相结合的电力电子故障诊断新方法。首先介绍了应用 db6 小波进行信号分解和提取故障信号中的特征量的方法与操作步骤，然后详细阐述了随机森林算法决策树的生长和投票过程，最后应用随机森林算法设计出故障分类器，并将其应用于 SS8 机车主变流器电路和双桥串联十二脉波可控整流电路的故障识别。故障诊断结果表明，这种诊断法具有较高的正确诊断率和较强的抗噪声能力。在输入样本受到外界噪声干扰的情况下，它仍然具有较高的故障分类能力。

第8章 子网络级电路故障可诊断性和交叉撕裂逻辑诊断

8.1 引言

随着电力电子电路规模的日益扩大，子网络级电路故障诊断理论和方法越来越受到人们的重视[91,92]。尤其在电路集成化程度高、功能模块多的电力电子电路中，应用子网络级电路故障诊断更能快速而有效地发挥它的诊断效果。然而，遗憾的是这些诊断法都局限在撕裂端点（子网络级电路间的关联节点）必须全部可测的条件下进行研究，同时也局限于用计算值和测量值是否相等的自校验（STC）和互校验（MTC）方法来判断故障子网络。显然，这些约束条件都较为苛刻，束缚了子网络级电路故障诊断理论的发展和应用。特别在实际应用中，对测量手段要求较高，且可诊断的子网络级电路数量有限。本章从理论上深入探讨了什么是子网络级电路故障可诊断的拓扑条件，以及当撕裂端点全部可测的限制条件被解除后，应用节点电压计算值和测量值来判断子网络级电路故障是否存在诊断误区等问题。

当大规模的电力电子电路中任意一个子网络级电路或元器件发生故障都有可能造成整个电路不能正常工作。如果直接从大规模的电力电子电路中一一诊断出有故障的子网络级电路或元器件势必将大大增加故障诊断的工作量。此外，从另一方面来说，在电力电子电路高度集成化、模块化和功能化的今天，应用电路分级分块进行故障诊断更显得实际而迫切。因此，近几年来，功能级电路故障诊断理论和方法受到人们的重视。但是迄今为止，尚缺乏一种能够快速而方便地从大规模的电力电子电路中搜索出有故障的功能级子电路的有效方法。因此，本章提出了两种大规模电力电子电路快速撕裂搜索逻辑诊断法。这两种逻辑诊断法相比于其他方法，具有更高的诊断效率和更广泛的应用场合。比如对某些典型的电力电子电路，如 Chebyshev 滤波器电路、链形电路和葡萄串电路等，在故障子电路数 $f = 2$ 的情况下，其他方法无法诊断，而文中提出的方法则可以诊断，而且诊断次数少、计算量小。特别是对高度集成化、模块化和功能化的电力电子电路，这种诊断法更能显示出其优点。

8.2 子网络级电路故障可诊断条件

应用节点撕裂概念，在 m_2 个节点处将大规模电路撕裂成 N_1 和 N_2 两部分，如图 8-1 所示。现将子网络级电路 N_1 单独分开，如图 8-2 所示。N_1 子网络被撕裂的节点（与 N_2 关联的节点）有两个集合组成：可测点集 MT（$mt \in MT$）和不可测点集 TT（$tt \in TT$）。N_1 子网络未被撕裂的可测点集合为 GM（$gm \in GM$）。显然，$gm + mt = m$，$mt + tt = m_2$。m 和 m_2 分别表示 N_1 的可测点数和撕裂的节点数。N_1 子网络内部节点集合为 II（$ii \in II$）。区域接地网 N_1 的节点电压方程式为

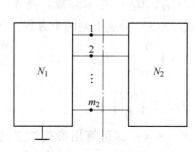

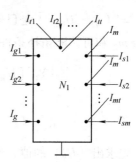

图 8-1　大规模电路　　　　　　　　图 8-2　子网络 N_1

$$[Y_{1n}][U_{1n}] = [I_m] + \begin{bmatrix} I_{ts} \\ 0 \end{bmatrix} \tag{8-1}$$

式中，$[U_{1n}] = [U_{TT}U_{MT}U_{CM}U_{II}]^{\mathrm{T}}$；$[I_m] = [0 \ \ I_{MT} \ \ I_{GM} \ \ 0]^{\mathrm{T}}$；$[I_{ts}] = [I_{TT} \ \ I_{SM}]^{\mathrm{T}}$，$[I_{SM}]$ 为被撕裂的测及点的未知电流列向量。由式（8-1）消去内节点电压向量 $[U_{II}]$，经整理后得间接可测端点方程：

$$[A][X] = [B] \tag{8-2}$$

式中，$[X] = [U_{TT}I_{TT}I_{SM}]^{\mathrm{T}}$；$[A]$ 是一个 $c \times d$ 阶的混合系数矩阵，$c = m + tt$，$d = m_2 + tt$。$[B]$ 为已知列向量。可以证明[86,93]，当 $m \geqslant m_2$ 且 Rank $[A]$ = Rank $[AB]$ = q 时，式（8-2）有唯一解，亦即撕裂端点的电压、电流是间接可以测量的，也就是 N_1 的间接可测端点存在。这意味着，虽然直接测量是在 N_1 的可测点上进行，但是通过方程式（8-2）的解犹如将电压、电流表插入电路内部撕裂端点去测量。

对于图 8-2 子网络 N_1，根据黄东泉教授提出的网络间接可测端点可信性拓扑条件，可以证明有以下定理成立：

定理 1　线性电路 N 的连通子网络级电路 N_1，当其撕裂端点存在 tt 条从被撕裂的不可测节点通向未被撕裂的可测端点相异的独立通路时，N_1 的间接可测端点存在，亦即 N_1 有解。

定理 2　线性电路 N 的连通子网络级电路 N_1，当满足下列条件时，其故障是可诊断的：

1）在子网络 N_1 的图中，存在 tt 条从被撕裂的不可测节点通向未被撕裂的可测端点相异的独立通路。

2）在子网络级电路 N_1 的拓扑图中，每一个不含参考点的 n 端子网络要满足 $t_n < n + m_i$；其中 t_n 为 n 端子网络中被撕裂的端点数（包括 n 端点上），m_i 为 n 端子网络内部（不包括 n 端点上）的可及点数。

3）在子网络级电路 N_1 的参考点与图中从被撕裂的不可测节点和内部不可测节点都有关联。

根据以上定理可以保证，应用子网络级电路故障诊断法来判断 N_1 是否有故障，其诊断结果是正确且可信的。

根据电网络理论，可得子网络级电路 N_1 的节点电压方程为

$$\begin{bmatrix} Y_1 & Y_2 \\ Y_3 & Y_4 \end{bmatrix} \begin{bmatrix} U_M \\ U_k \end{bmatrix} = [I_m] + \begin{bmatrix} I_{ts} \\ 0 \end{bmatrix} \tag{8-3}$$

式中，$[U_M] = [U_{MT} \quad U_{GM}]^{\mathrm{T}}$ 是已知量；$[U_k] = [U_{TT}, \; U_{II}]^{\mathrm{T}}$ 是未知量。当 N_1 中选择的可及点满足 $m \geqslant m_2$ 和可诊断拓扑条件时[93]，可将式（8-3）分成下列两个方程。即

$$[Y_1][U_M] + [Y_2][U_k] = \begin{bmatrix} 0 \\ I_{MT} \end{bmatrix} + [I_{ts}] \tag{8-4}$$

$$[Y_3][U_M] + [Y_4][U_k] = \begin{bmatrix} I_{GM} \\ 0 \end{bmatrix} \tag{8-5}$$

由式（8-5）先求出 $[U_k]$ 的值，然后将它代入式（8-4）即可算出撕裂端点的电流 $[I_{ts}]$ 值。判断子网络 N_1 有无故障的依据是：N_1 的撕裂端口应用 KCL，则对 $[I_{ts}]$ 的各元素求和来判断。即

$$D = \sum_{j=1}^{m_2} I_{ts_j} \tag{8-6}$$

在满足定理 1 和 2 的条件下，应用式（8-6）可以判断 N_1 子网络是否发生故障。如果 D 值为零，则 N_1 无故障；反之，N_1 发生故障。其诊断结果是可信的。

8.3　子网络级电路故障诊断的误区分析

研究模拟电路子网络级故障诊断时，当解除撕裂端点必须全部可测的条件限制之后，自验证（STC）和互验证（MTC）的诊断法还适用吗？应用节点电压计算值和测量值是否相等的自验证法是否还适用？是否存在诊断误区？可及点分布位置和误区间的关系如何？可测点的分布应遵循什么规律？为此，本节将在可解性和可诊断性定理的基础上给出定理来回答这些问题。同时也证明了当撕裂端点全部可测时，仅是研究无误区的一个特例而已。

设图 8-3 为线性、时不变、集总互易网络中的第 i 个连通子网络级电路 N_i。不失一般性，设 N_i 的撕裂端点（即 N_i 的外节点）由两个子集合 MT 和 TT 组成；N_i 的未被撕裂节点也由两个子集合 GM 和 II 组成（集合 MT、TT、GM、II 的定义详见第 8.2 节）。假设 m 和 m_2 分别为 N_i 中的可测点数和被撕裂节点数。当 N_i 与其他子网络级电路无耦合时，其节点电压方程为

$$[Y_n][U_n] = [I_m] + \begin{bmatrix} I_{ts} \\ 0 \end{bmatrix} \tag{8-7}$$

式中，电压和电流向量 $[U_n]$、$[I_m]$、$[I_{ts}]$ 的表示法详见第 8.2 节。

定义 1　在 N_i 的拓扑图中，一个 n 端子网络若不满足不等式 $t_n < n + m_i$，则称为特有 n 端子网络。这里 t_n 为该 n 端子网络中被撕裂的节点数（包括 n 端点上），m_i 为它内部的可及点数（不包括 n 端点上）。

定理 3　线性互易连通子网络级电路 N_i 的图中，被撕裂的不可测节点集和未被撕裂的可测节点集之间存在 tt 条端点相异独立通路。若故障发生在 N_i 中某个特有 n 端子网络内部，则除了其内部电流、电压计算值（不包括 n 端点上的电压）与实际值不相等外，其余部分的电流、电压计算值与实际值均相等，则产生误区。除此之外，无误区存在。若故

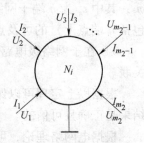

图 8-3　子网络级电路 N_i

障被多个特有 n 端子网络所包容，则应认为最小的特有 n 端子网络发生了故障。

证明：定理的前段叙述是 N_i 有解的条件，这是前提（证明详见第 8.2 节）。下面研究误区问题。

必要性：现将式（8-7）中的已知量 $[U_{GM}]$、$[I_{GM}]$、$[U_{MT}]$ 和 $[I_{MT}]$ 代入式（8-7），经整理后得

$$\begin{bmatrix} Y_1 \\ Y_2 \end{bmatrix} [U_{TI}] = \begin{bmatrix} B_1 \\ B_2 \end{bmatrix} + \begin{bmatrix} I_{ts} \\ 0 \end{bmatrix} \tag{8-8}$$

式中，未知量为 $[I_{ts}]$ 和 $[U_{TI}] = [U_{TT}, U_{II}]^T$。已知量 $[Y_1]$ 和 $[B_1]$ 的行对应于 $TT + MT$，$[Y_2]$ 和 $[B_2]$ 的行对应于 $GM + II$。

现假设 N_i 中只有一个特有 n 端子网络，而且故障发生在它的内部。当将它的内部未知节点电压（不包括 n 端点上）和未知电流分别记为 $[U_{TIf}]$（$q \times 1$）和 $[I_{tn}]$（$t_n \times 1$），而其余部分的未知节点电压和未知电流分别记为 $[U_{TI0}]$ 和 $[I_{ts0}]$，并将 $[Y_1]$ $[B_1]$ 和 $[Y_2][B_2]$ 的行也分别作相应的调整，则可得下式（"$\times$"表示非零块）

$$\begin{bmatrix} \times & \times \\ 0 & \times \\ \times & \times \\ 0 & \times \end{bmatrix} \begin{bmatrix} U_{TIf} \\ U_{TI0} \end{bmatrix} = \begin{bmatrix} \times \\ \times \\ \times \\ \times \end{bmatrix} + \begin{bmatrix} I_{tn} \\ I_{ts0} \\ 0 \\ 0 \end{bmatrix} + \begin{bmatrix} \Delta I_{ft} \\ 0 \\ \Delta I_f \\ 0 \end{bmatrix} \tag{8-9}$$

式中最右项 $[\Delta I_f]$ 和 $[\Delta I_{ft}]$ 是表征故障参数增减值的附加电流源。由于不知道故障是否发生，所以在计算时仍用下式

$$\begin{bmatrix} \times & \times \\ 0 & \times \\ \times & \times \\ 0 & \times \end{bmatrix} \begin{bmatrix} U_{TIf}^* \\ U_{TI0} \end{bmatrix} = \begin{bmatrix} \times \\ \times \\ \times \\ \times \end{bmatrix} + \begin{bmatrix} I_{tn}^* \\ I_{ts0} \\ 0 \\ 0 \end{bmatrix} \tag{8-10}$$

应该注意是，由于这特有 n 端子网络 $t_n = n + m_i$（在 N_i 有解时，不可能有 $t_n > n + m_i$，详见文献 [30] 中的证明）。因此式（8-10）的第三式行数为 q，所以 $[U_{TI0}]$ 和 $[I_{ts0}]$ 可用式（8-10）的第四式和第二式算出，而这两式与 $[\Delta I_f]$ 和 $[\Delta I_{ft}]$ 无关，故其解既为计算值也是实际值，这就是定理中的误区；而 $[U_{TIf}^*]$ 和 $[I_{tn}^*]$ 均为略去 $[\Delta I_f]$ 和 $[\Delta I_{ft}]$ 情况下算得的计算值，它与实际值不相等，故用 "$*$" 表示。

若故障支路被多个特有 n 端子网络所包容，则对应于最小特有 n 端子网络的 $[U_{TIf}]$ 和 $[I_{tn}]$ 进行分块，则式（8-9）和式（8-10）的形式、性质均不变。因此，这时不被最小特有 n 端子网络所包含的各节点电压和电流仍是误区。

充分性：假设故障发生在特有 n 端子网络电路的外面，这时式（8-9）除了 $[\Delta I_{ft}]$ 和 $[\Delta I_f]$ 应分别写在第二式和第四式外，其他不变。因此，这时应用式（8-10）来计算 $[U_{TI0}]$，$[U_{TIf}]$，$[I_{tn}]$ 和 $[I_{ts0}]$ 都是在略去 $[\Delta I_{ft}]$ 和 $[\Delta I_f]$ 情况下算得，都不是实际值，都应带上 "$*$"，所以这时无误区存在。

现在假设 N_i 中无特有 n 端子网络存在。这时计算 N_i 中各节点电压和电流，应用式（8-8），它不能像式（8-9）那样分块，产生 $[U_{TI0}]$ 对 $[U_{TIf}^*]$ 是线性无关解。因为不论故障发生在何处，其计算值均在略去故障附加电流源情况下算得，所以无误区，这几乎对

所有支路导纳均成立。证毕。

必须指出：若 N_i 的外节点（撕裂端节点）均为可及，则图中每一个 n 端子网络均满足 $t_n < n + m_i$，亦即无特有 n 端子网络存在，显然这仅是定理 3 所研究的无误区时可及点分布规律的一个特例而已。因而，这时自验证（STC）和互验证（MTC）当然有效。

应用 8.2 节的方法，可得定理 3 的推论：

推论 线性连通子网络级电路 N_i 的试验图中，存在 t 条从被撕裂的不可测节点通向未被撕裂的可测端点相异独立通路。若故障发生在图中某最小特有 n 端子网络内部，则除了其内部电流、电压计算值（不包括 n 端点上的电压）与实际值不相等外，其余部分的电流电压计算值与实际值均相等，产生误区；否则，无诊断误区。

8.4 仿真示例分析

电网络 N 拓扑图如图 8-4 所示。将图 8-4a 的网络 N 在节点 1、2、3 处撕裂，得子网络 N_i 如图 8-4b 所示。表 8-1 为各节点电压值，表 8-2 为撕裂端点电流值。设图 8-4a 网络 N 发生故障时的参数为：各支路电阻均为 1Ω，电流源为 1A，这时 N_i 的各节点电压和电流的实际值见表 8-1 的第 2 行、第 7 行和表 8-2 的第 2 列。当选择节点 6、12、13 为可及点时，无故障时 N_i 的参数分别按下列三种情况取值：

表 8-1 各节点电压值

节点号		1	2	3	4	5	6	7	8
实际值		1.2024	1.0337	0.9247	1.0354	0.9980	1.4789	1.1078	0.9076
计算值	1	1.2024	1.0096	0.9247	1.0354	1.0220		1.1078	0.9076
	2	1.2024	26.3451	0.9247	13.6911	13.6536		1.1078	0.9076
	3	1.2024	0.6430	1.0550	0.9052	0.8677		1.1078	0.9076
节点号		9	10	11	12	13	14	15	16
实际值		0.7760	1.1267	0.9368	0.7111	0.4957	0.9642	0.8018	0.5043
计算值	1	0.7760	1.1267	0.9368			0.9642	0.8018	0.5043
	2	0.7760	1.1267	0.9368			0.9642	0.8018	0.5043
	3	0.7760	1.1267	0.9368			0.9642	0.8018	0.5043

表 8-2 撕裂端点电流值

	实 际 值	计 算 值		
		1	2	3
I_{t1}	−0.1096	−0.1096	−12.7653	0.0207
I_{t2}	0.0341	−0.0382	25.3454	−0.4869
I_{t3}	0.0755	0.1478	−12.5802	0.4663

1）支路 1 为 100Ω，其他支路均为 1Ω。

2）支路 2 为 100Ω，其他支路均为 1Ω。

3）支路 3 为 100Ω，其他支路均为 1Ω。

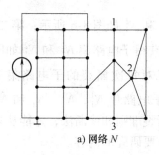
　a) 网络 N

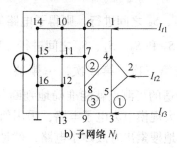
　b) 子网络 N_i

图 8-4　电网络 N 拓扑图

这三种情况分别按式（8-8）算出的电压结果见表 8-1 的第 3、4、5 行，单位为 V；算出的电流结果见表 8-2 的第 3、4、5 列，单位为 A。

以上列举这三种情况的误区分布与上述定理 3 的论断完全一致。因为当选节点 6、12、13 为可及点时，从图 8-4 中可看出：

1）支路 1 故障发生在由端点 3、4 组成的最小特有二端子网络内，所以除节点 2、5 和 I_{t2}、I_{t3} 外，其他均为误区。

2）支路 2 故障发生在由端点 1、8、3 组成的最小特有三端子网络内，所以除节点 2、4、5 和 I_{t1}、I_{t2}、I_{t3} 外，其他均为误区。

3）支路 3 故障发生在由端点 1、8、9 组成的最小特有三端子网络内，所以除节点 2、3、4、5 和 I_{t1}、I_{t2}、I_{t3} 外，其他均为误区。

8.5　大规模电路交叉撕裂逻辑诊断法

8.5.1　交叉撕裂诊断图和撕裂准则

对于大规模电力电子电路 N，首先根据电路的功能或结构把电路划分成若干个功能模块或子电路。如图 8-5a 所示，假设电路 N 可以划分成 8 个子电路。如果把每一个子电路用一个点来表示，子电路与子电路之间的关联关系用一条线段来表示，则这种用点和线来表征子电路之间的关联图称为撕裂诊断图（TG），如图 8-5b 所示。

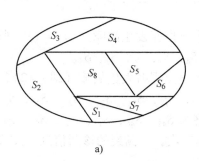
a)

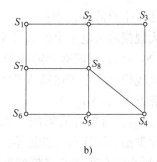
b)

图 8-5　网络 N 的 TG

在撕裂诊断图（TG）中，首先探讨交叉撕裂准则。假定第一次撕裂 T_1 是在子电路 S_1、

S_2、S_3 和 S_4、S_7、S_8 之间进行，则得子电路集 N_1^1 和 $\hat{N}_1^1$ 如图 8-6 所示；第二次撕裂 T_2 是在子电路 S_1、S_5、S_7 和 S_2、S_4、S_8 之间进行，则可获得子电路集 N_1^2 和 $\hat{N}_1^2$ 如图 8-7 所示。依次进行，可以有第三次，第四次，⋯撕裂。如果对每次撕裂的子电路集 N_1^1，$\hat{N}_1^1$，N_1^2 和 $\hat{N}_1^2$，⋯，选择合适的可测点就能准确地判断与出子电路集 N_1^1，$\hat{N}_1^1$，N_1^2 和 $\hat{N}_1^2$，⋯是否有故障。然而，对于大规模电力电子电路，采用何种撕裂准则和诊断法，才能从多次交叉撕裂诊断中快速而有效地搜索出有故障子电路，就是本节要研究的内容。

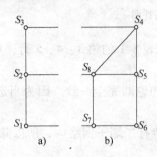

图 8-6　第一次撕裂 T_1

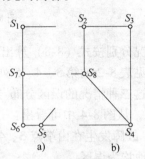

图 8-7　第二次撕裂 T_2

定义 2　假设电力电子电路 N 可以划分为 S_i（$i=1$，2，⋯）个子电路，任意两个子电路可以组成"二拟子电路" S_{ij}（i，$j=1$，2，⋯；$i \neq j$），任意三个子电路也可以组成"三拟子电路" S_{ijk}（i，j，$k=1$，2，⋯；$i \neq j \neq k$）。

定义 3　如果子电路集 N_1^i 或 $\hat{N}_1^i$ 被判断为有故障时，则令其逻辑诊断值 $H(N_1^i)$ 或 $H(\hat{N}_1^i)$ 为 "1"；无故障则为 "0"。

在实际工程中，任何一个大规模电力电子电路都是由若干个子电路（功能模块）相互连接构成的。一般而言，当电力电子电路发生故障时，通常是一个或两个元器件发生故障。因此，有理由相信电力电子电路内部同时发生故障的子电路数最多不超过三个，亦即 $f \leq 3$。所以在 $f \leq 3$ 的情况下来研究大规模电力电子电路的交叉撕裂准则。

现在以图 8-5 中的 8 个子电路为例，来探讨每次被撕裂的子电路集 N_1^i 和 $\hat{N}_1^i$（$i=1$，2，⋯）的诊断信息。假设第一次撕裂 T_1，得子电路集 N_1^1 和 $\hat{N}_1^1$ 如图 8-6 所示。如果 N_1^1 被诊断为无故障，而 $\hat{N}_1^1$ 有故障，则：

1）如果大规模电力电子电路 N 中只有一个子电路发生故障（即 $f=1$），那么无故障的子电路为 S_1，S_2，S_3；可能有故障的子电路为 S_4，S_5，S_6，S_7，S_8。

2）如果大规模电力电子电路 N 中有两个子电路同时发生故障（即 $f=2$），那么无故障的二拟子电路为 S_{12}，S_{13}，S_{14}，S_{15}，S_{16}，S_{17}，S_{18}，S_{23}，S_{24}，S_{25}，S_{26}，S_{27}，S_{28}，S_{34}，S_{35}，S_{36}，S_{37}，S_{38}；可能有故障的二拟子电路为 S_{45}，S_{46}，S_{47}，S_{48}，S_{56}，S_{57}，S_{58}，S_{67}，S_{68}，S_{78}。依此类推，同样可以获得第二次，第三次，⋯撕裂的诊断信息。按照上述逻辑推理可以获得诊断 $f \leq 3$ 的四条交叉撕裂准则：

准则 1　大规模电力电子电路 N 中的任意两个子电路 S_i 和 S_j 在 k 次交叉撕裂中，至少有一次在撕裂的 N_1^i 或 $\hat{N}_1^i$（$i=1$，2，⋯，k）中包含有二者中的一个子电路 S_i（S_j），而不包含另一个子电路 S_j（S_i）。

准则 2　大规模电力电子电路 N 中的任意两个二拟子电路 S_{ij} 和 S_{pt}，在 k 次交叉撕裂中，至少有一次在撕裂的 N_1^i 或 $\hat{N}_1^i$（$i = 1, 2, \cdots, k$）中包含有二者中的一个二拟子电路 S_{ij}（S_{pt}），而不包含另一个二拟子电路 S_{pt}（S_{ij}）。

准则 3　大规模电力电子电路 N 中的任意两个三拟子电路 S_{ijk} 和 S_{pqr}，在 k 次交叉撕裂中，至少有一次在撕裂的 N_1^i 或 $\hat{N}_1^i$（$i = 1, 2, \cdots, k$）中包含有二者中的一个三拟子电路 S_{ijk}（S_{pqr}），而不包含另一个三拟子电路 S_{pqr}（S_{ijk}）。

准则 4　大规模电力电子电路 N 中的任意三个子电路 S_i、S_j、S_k 在 k 次交叉撕裂中，至少有三次撕裂使得它们分别单独属于 N_1^i 或 $\hat{N}_1^i$ 中。

显然，当交叉撕裂满足准则 1 和准则 2 时，则能对 $f \leqslant 2$ 的故障子电路进行准确而有效定位。特别指出的是，若要诊断故障子电路数 $f = 1$，则只需要满足准则 1；若要诊断故障子电路数 $f = 3$ 时，除满足准则 1 和 2 之外，还应满足准则 3 和准则 4。

8.5.2　逻辑诊断矩阵和诊断函数

当满足上述交叉撕裂准则，经过 k 次交叉撕裂后，对每次撕裂的子电路集 N_1^i 和 $\hat{N}_1^i$（$i = 1, 2, \cdots, k$）进行诊断，确定 N_1^i 和 $\hat{N}_1^i$ 的逻辑诊断值 $H(N_1^i)$ 和 $H(\hat{N}_1^i)$。然后按上述逻辑推理构造逻辑诊断矩阵 $\boldsymbol{D}_{fj}$（$j = 1, 2, 3$）。$\boldsymbol{D}_{fj}$ 的行对应于撕裂次数 T_i（$i = 1, 2, \cdots, k$），它的列对应于子电路或拟子电路。它的元素为 "1" 或 "0"。如果第 j 个子电路 S_j（或二、三拟子电路）在第 i 次撕裂时，被判为无故障，则 $\boldsymbol{D}_{fj}$ 的第 i 行第 j 列的元素为 0；若可能有故障则为 1。

现以图 8-8 为例，假设第一次撕裂 T_1 是在子电路 S_1、S_4 和 S_2、S_3、S_5、S_6 之间进行，即获得子电路集 $N_1^1 = \{S_1, S_4\}$ 和 $\hat{N}_1^1 = \{S_2, S_3, S_5, S_6\}$。如果 N_1^1 被诊断为无故障，而 $\hat{N}_1^1$ 有故障。则其逻辑诊断值 $H(N_1^1) = 0$，而 $H(\hat{N}_1^1) = 1$。按上述逻辑推理构造 $f = 1$ 和 $f = 2$ 的逻辑诊断矩阵 $\boldsymbol{D}_{f1}$ 和 $\boldsymbol{D}_{f2}$ 的第一行元素为

$$
D_{f1} = \begin{bmatrix} S_1 & S_2 & S_3 & S_4 & S_5 & S_6 \\ 0 & 1 & 1 & 0 & 1 & 1 \\ & & \vdots & & & \\ \times & \times & \times & \times & \times & \times \end{bmatrix}
$$

$$
D_{f2} = \begin{bmatrix} S_{12} & S_{13} & S_{14} & S_{15} & S_{16} & S_{23} & S_{24} & S_{25} & S_{26} & S_{34} & S_{35} & S_{36} & S_{45} & S_{46} & S_{56} \\ 0 & 0 & 0 & 0 & 0 & 1 & 0 & 1 & 1 & 0 & 1 & 1 & 0 & 0 & 1 \\ & & & & & & \vdots & & & & & & & & \end{bmatrix}
$$

依次经过第二次，第三次，…撕裂诊断，同样可以获得逻辑诊断矩阵 $\boldsymbol{D}_{f1}$ 和 $\boldsymbol{D}_{f2}$ 其他行的元素值，上式矩阵中的元素 "×" 表示逻辑诊断值可取 "1" 或 "0"。当且仅当逻辑诊断矩阵 $\boldsymbol{D}_{fj}$（$j = 1, 2, 3$）中的某一矩阵中某一列元素值全为 1，而其他列元素值含有 0 时，矩阵 $\boldsymbol{D}_{fj}$ 所对应的 j 即为同时发生故障的子电路数；而这列所对应的子电路、二拟子电路或三拟子电路就是发生故障的子电路，即获得故障子电路的定位。

除了应用上述逻辑诊断矩阵进行有效的故障定位之外，同样也可以用逻辑诊断函数 Q_f 来判断故障子电路。首先从每次撕裂的子电路集 N_1^i 和 $\hat{N}_1^i$（$i = 1, 2, \cdots, k$）中获得相应的

逻辑诊断值 $H(N_1^i)$ 和 $H(\hat{N}_1^i)$，然后建立逻辑诊断函数 Q_f $(f=1,2,3)$，即

$$Q_f = (\bigcap_{i=1}^{k} T_f^i) \cap (\bigcap_{i=1}^{k} \hat{T}_f^i) \qquad (8\text{-}11)$$

式中，T_f^i 和 $\hat{T}_f^i$ $(i=1,2,\cdots,k; f=1,2)$ 分别表示：

1）若 m 个子电路或拟子电路在第 i 次撕裂时被判为无故障，则用逻辑乘 T_f^i 表示为

$$T_f^i = S_{j1} \cap S_{j2} \cap \cdots \cap S_{jm} \qquad (8\text{-}12)$$

2）若 m 个子电路或拟子电路在第 i 次撕裂中被判为可能有故障，则用逻辑和 $\hat{T}_f^i$ 表示

$$\hat{T}_f^i = \hat{S}_{j1} \cup \hat{S}_{j2} \cup \cdots \cup \hat{S}_{jm} \qquad (8\text{-}13)$$

式（8-12）和式（8-13）中 $j_1, j_2, \cdots, j_m$ 分别表示子电路（$f=1$）或"二、三拟子电路"（$f=2,3$）的代号。

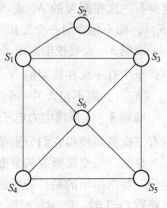

图 8-8　网络 TG

经过逻辑运算后，若式（8-11）中包含所有的子电路（$f=1$）或所有的"二、三拟子电路"（$f=2$、3），且其中只有一个非项为 $\hat{S}_{ji}$，则说明 $\hat{S}_{ji}$ 就是发生故障的子电路，即获得故障定位。

8.5.3　子电路级故障的逻辑定位

图 8-9 是某大规模电力电子电路 N 的 TG。假设电路是由 6 个子电路相互连接而成。若电路发生故障的子电路数不超过两个，即 $f \leqslant 2$。在满足交叉撕裂准则 1 和 2 的条件下，可得 $k=4$ 的一种撕裂方案：

$T_1: N_1^1 = \{S_1, S_2\}, \hat{N}_1^1 = \{S_3, S_4, S_5, S_6\}$　　$T_2: N_1^2 = \{S_2, S_3\}, \hat{N}_1^2 = \{S_1, S_4, S_5, S_6\}$

$T_3: N_1^3 = \{S_4, S_5\}, \hat{N}_1^3 = \{S_1, S_2, S_3, S_6\}$　　$T_4: N_1^4 = \{S_5, S_6\}, \hat{N}_1^4 = \{S_1, S_2, S_3, S_4\}$

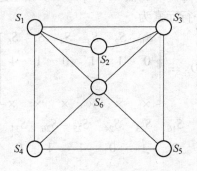

图 8-9　电力电子电路 N 的 TG

今假设子电路 S_1 和 S_3 同时发生故障，则通过四次交叉撕裂诊断，即可获得相应的逻辑诊断值：

$T_1: H(N_1^1)=1, H(\hat{N}_1^1)=1$　　$T_2: H(N_1^2)=1, H(\hat{N}_1^2)=1$

$T_3: H(N_1^3)=0, H(\hat{N}_1^3)=1$　　$T_4: H(N_1^4)=0, H(\hat{N}_1^4)=1$

根据以上逻辑诊断值，按照上述方法构造逻辑诊断矩阵 D_{f1} 和 D_{f2} 为

$$\boldsymbol{D}_{f1} = \begin{pmatrix} S_1 & S_2 & S_3 & S_4 & S_5 & S_6 \\ 1 & 1 & 1 & 1 & 1 & 1 \\ 1 & 1 & 1 & 1 & 1 & 1 \\ 1 & 1 & 1 & 0 & 0 & 1 \\ 1 & 1 & 1 & 1 & 0 & 0 \end{pmatrix}$$

$$\boldsymbol{D}_{f2} = \begin{pmatrix} S_{12} & S_{13} & S_{14} & S_{15} & S_{16} & S_{23} & S_{24} & S_{25} & S_{26} & S_{34} & S_{35} & S_{36} & S_{45} & S_{46} & S_{56} \\ 0 & 1 & 1 & 1 & 1 & 1 & 1 & 1 & 1 & 0 & 0 & 0 & 0 & 0 & 0 \\ 1 & 1 & 0 & 0 & 0 & 0 & 1 & 1 & 1 & 1 & 1 & 1 & 0 & 0 & 0 \\ 1 & 1 & 0 & 0 & 1 & 0 & 1 & 0 & 0 & 1 & 0 & 1 & 0 & 0 & 0 \\ 1 & 1 & 1 & 0 & 0 & 0 & 1 & 0 & 0 & 1 & 0 & 0 & 0 & 0 & 0 \end{pmatrix}$$

从逻辑诊断矩阵 $\boldsymbol{D}_{f1}$ 和 $\boldsymbol{D}_{f2}$ 可见，$\boldsymbol{D}_{f2}$ 中 S_{13} 对应的列元素全为 1，则可判断出子电路 S_1 和 S_3 发生故障。这和原先的假设是一致的。除了用逻辑诊断矩阵判别故障子电路之外，也可以用式（8-11）～式（8-13）的逻辑诊断函数 Q_f（$f=1$，2）来诊断故障子电路。即 Q_1 和 Q_2 为

$$Q_1 = (\hat{S}_1 \cup \hat{S}_2 \cup \hat{S}_3 \cup \hat{S}_4 \cup \hat{S}_5 \cup \hat{S}_6) \cap (\hat{S}_1 \cup \hat{S}_2 \cup \hat{S}_3 \cup \hat{S}_4 \cup \hat{S}_5 \cup \hat{S}_6) \cap (\hat{S}_1 \cup \hat{S}_2 \cup \hat{S}_3 \cup \hat{S}_6) \cap$$
$$(\hat{S}_1 \cup \hat{S}_2 \cup \hat{S}_3 \cup \hat{S}_4) \cap (\hat{S}_4 \cap \hat{S}_5) \cap (\hat{S}_5 \cap \hat{S}_6) = (\hat{S}_1 \cup \hat{S}_2 \cup \hat{S}_3) \cap (\hat{S}_4 \cap \hat{S}_5 \cap \hat{S}_6)$$

$$Q_2 = (S_{12} \cap S_{34} \cap S_{35} \cap S_{36} \cap S_{45} \cap S_{46} \cap S_{56}) \cap (S_{14} \cap S_{15} \cap S_{16} \cap S_{23} \cap S_{45} \cap S_{46} \cap S_{56}) \cap (S_{14} \cap$$
$$S_{15} \cap S_{16} \cap S_{25} \cap S_{34} \cap S_{35} \cap S_{45} \cap S_{46} \cap S_{56}) \cap (S_{15} \cap S_{16} \cap S_{25} \cap S_{26} \cap S_{35} \cap S_{36} \cap S_{45} \cap S_{46}$$
$$\cap S_{56}) \cap (\hat{S}_{13} \cup \hat{S}_{14} \cup \hat{S}_{15} \cup \hat{S}_{16} \cup \hat{S}_{23} \cup \hat{S}_{24} \cup \hat{S}_{25} \cup \hat{S}_{26}) \cap (\hat{S}_{12} \cup \hat{S}_{13} \cup \hat{S}_{24} \cup \hat{S}_{25} \cup \hat{S}_{26} \cup \hat{S}_{34}$$
$$\cup \hat{S}_{35} \cup \hat{S}_{36}) \cap (\hat{S}_{12} \cup \hat{S}_{13} \cup \hat{S}_{16} \cup \hat{S}_{23} \cup \hat{S}_{26} \cup \hat{S}_{36}) \cap (\hat{S}_{12} \cup \hat{S}_{13} \cup \hat{S}_{14} \cup \hat{S}_{23} \cup \hat{S}_{24} \cup \hat{S}_{34})$$
$$= S_{12} \cap \hat{S}_{13} \cap S_{14} \cap S_{15} \cap S_{16} \cap S_{23} \cap S_{24} \cap S_{25} \cap S_{26} \cap S_{34} \cap S_{35} \cap S_{36} \cap S_{45} \cap S_{46} \cap S_{56}$$

从逻辑诊断函数 Q_1 和 Q_2 可见，只有 Q_2 中存在一个非项 $\hat{S}_{13}$，则可判断出子电路 S_1 和 S_3 同时发生故障。这和逻辑诊断矩阵 $\boldsymbol{D}_{f2}$ 的诊断结果是相吻合的。

8.6　逐级撕裂搜索与诊断效率

假设大规模电力电子电路 N 可划分成 m 个最小子电路如图 8-10a 所示（$m=9$）。第一级被撕裂成三个子电路：S_{123}，S_{456} 和 S_{789}；第二级被撕裂成 S_1，S_2，$\cdots$，S_9。它们之间的隶属关系如图 8-10b 所示。

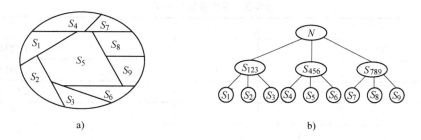

a)　　　　　　　　　　　　　　　b)

图 8-10　电力电子电路 N 逐级撕裂图

这种逐级撕裂图（PG）一般表示法，如图8-11所示。如果对图8-10中的每一级子电路选择合适的可测试点，那么每一级中的各个子电路都能准确地被判断出有无故障。现在假设在第j级的某一个子电路被判为无故障，则该子电路所属下面的各级子电路均为无故障。根据这种逻辑推理，可作如下研究。

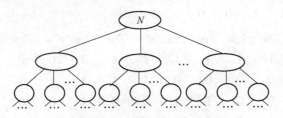

图8-11　逐级撕裂图一般表示法

设大规模电力电子电路N被逐级撕裂成t级，b是第一级的子电路数，m是最后一级的最小电路数，f是m个电路中有故障的最小子电路数。如果从第二级开始，各级子电路被撕裂成下一级的子电路数均相同，用n表示。现在探讨从电路N中搜索出f个有故障的最小子电路所需要的最多诊断次数d。显然，第一级需要经过b次诊断，以后各级仅需要fn次诊断。因此可得最多诊断次数d为[88]

$$d = b + (t-1)fn \tag{8-14}$$

显然，如果f个故障子电路不是均匀分布在各级子电路中，那么所需要的诊断次数还会远远小于d。现以图8-10为例，假设发生故障的最小子电路是S_7和S_8，则只需对S_{123}、S_{456}、S_{789}和S_7、S_8、S_9进行6次诊断。而这时式（8-14）中，$b=3$，$t=2$，$f=2$，$n=3$，即$d=9$。即实际诊断次数小于d。

现在研究这种诊断法相对于每个最小子电路都进行诊断的效益问题。由于$m=bn^{t-1}$，所以最多诊断次数d占最小子电路数m的比例系数k为

$$k = \frac{d}{m} = \frac{1}{n^{t-2}}\left(\frac{1}{n} + \frac{t-1}{b}f\right) \tag{8-15}$$

从式（8-15）可见：

1）b对k的影响较大，b越大，k就越小，一般要求$b>f$。

2）n和t越大，k越小，一般要求$n>f$。下面用一组数据来加以说明（见表8-3）。

这种效益对大规模电力电子电路的故障诊断是相当可观的。一般来说，诊断次数只是最小子电路数m的百分之几或千分之几。

表8-3　不同参数的k值

	f	b	n	t	k
1	3	4	3	5	0.1234
2	3	5	3	5	0.1012
3	3	5	5	5	0.0208
4	2	4	4	4	0.1094
5	2	4	4	5	0.0351

8.7　不同诊断法的分析比较

本节将交叉撕裂搜索法和逐级撕裂搜索法，与国内外流行的 MTC 诊断法作一比较分析[88,89]。

1）交叉撕裂搜索法和逐级撕裂搜索法对撕裂节点的要求不受此限制（撕裂节点可以是可测试也可以为不可测试），且可测试点可以重复使用。

2）逐级撕裂搜索法不受故障子电路数的限制，只要可测试点满足可诊断拓扑条件[93]，都能准确地诊断出所有有故障的子电路。

3）对于某些典型电力电子电路，MTC 诊断法只能诊断到 $f=1$。然而，应用交叉撕裂搜索诊断法则可以诊断到 $f=2$。

现在列举下面三个电力电子电路进行分析比较：

1）如图 8-12 所示是六级 Chebyshev 滤波器的 TG。根据参考文献［88］和参考文献［90］的 MTC 诊断法可得诊断矩阵 $\boldsymbol{D}_1$ 和 $\boldsymbol{D}_2$，即

$$
\boldsymbol{D}_1 = \begin{matrix} & S_1 & S_2 & S_3 & S_4 & S_5 & S_6 \\ & 1 & 1 & 0 & 0 & 0 & 0 \\ & 0 & 1 & 1 & 0 & 0 & 0 \\ & 0 & 0 & 1 & 1 & 0 & 0 \\ & 0 & 0 & 0 & 1 & 1 & 0 \\ & 0 & 0 & 0 & 0 & 1 & 1 \\ & 1 & 1 & 1 & 1 & 1 & 1 \end{matrix}
$$

$$
\boldsymbol{D}_2 = \begin{matrix} & S_{12} & S_{13} & S_{14} & S_{15} & S_{16} & S_{23} & S_{24} & S_{25} & S_{26} & S_{34} & S_{35} & S_{36} & S_{45} & S_{46} & S_{56} \\ & 1 & 1 & 1 & 1 & 1 & 1 & 1 & 1 & 1 & 0 & 0 & 0 & 0 & 0 & 0 \\ & 1 & 1 & 0 & 0 & 0 & 1 & 1 & 1 & 1 & 1 & 1 & 1 & 0 & 0 & 0 \\ & 0 & 1 & 1 & 0 & 0 & 1 & 1 & 0 & 0 & 1 & 1 & 1 & 1 & 1 & 0 \\ & 0 & 0 & 1 & 1 & 0 & 1 & 0 & 1 & 0 & 1 & 1 & 0 & 1 & 1 & 1 \\ & 0 & 0 & 0 & 1 & 1 & 0 & 1 & 0 & 1 & 1 & 0 & 1 & 1 & 1 & 1 \\ & 1 & 1 & 1 & 1 & 1 & 1 & 1 & 1 & 1 & 1 & 1 & 1 & 1 & 1 & 1 \end{matrix}
$$

从 $\boldsymbol{D}_1$ 和 $\boldsymbol{D}_2$ 中可见，矩阵中的子电路集 $C_1 = \{S_5, S_{56}\}$，$C_2 = \{S_2, S_{12}\}$，$C_3 = \{S_{45}, S_{46}\}$ 和 $C_4 = \{S_{13}, S_{23}\}$。它们各自所对应的列元素相同。当电力电子电路中有两个子电路同时发生故障，MTC 诊断法无法识别故障发生在哪两个子网络，所以它只能诊断到 $f=1$。然而，采用交叉撕裂搜索法只要经过 4 次撕裂搜索就可以诊断到 $f=2$ 的故障电路。

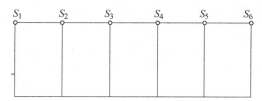

图 8-12　Chebyshev 滤波器 TG 图

2）如图 8-13 所示是多级推挽功放电路的 TG。容易证明，用 MTC 诊断法形成的 D_1 和 D_2 矩阵（具体过程略去），它们中的子电路集 $C_1 = \{S_2, S_{12}\}$、$C_2 = \{S_3, S_{34}\}$、$C_3 = \{S_6, S_{56}\}$ 和 $C_4 = \{S_7, S_{78}\}$ 各自所对应的列元素相同，所以它只能诊断到 $f = 1$。然而，采用交叉撕裂搜索法只要经过六次撕裂搜索就可以诊断到 $f = 2$。

3）如图 8-14 所示是 Cluster 电路的 TG。容易证明，用 MTC 诊断法最大只能诊断到故障子电路数 $f = 1$。因为，D_1 和 D_2 矩阵中的电路络集 $C_1 = \{S_2, S_{24}, S_{25}\}$、$C_2 = \{S_3, S_{36}, S_{37}\}$ 所对应的列元素相同，当 $f = 2$ 时，它就无法识别。然而，采用交叉撕裂搜索法只要经过六次撕裂搜索诊断就可以诊断到 $f = 2$。

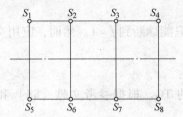

图 8-13　多级推挽功放电路的 TG

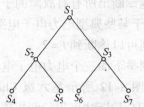

图 8-14　Cluste 电路的 TG

8.8　稳压电源电路故障逻辑诊断

如图 8-15 所示是某一设备的稳压电源电路。如果将图中的每一个功能块（图中虚线表示）视为一个子电路 S_i（$i = 1, 2, \cdots, 5$），则图 8-15 的 TG 如图 8-16 所示。应用 MTC 诊断法可获得逻辑诊断矩阵 D_1 和 D_2 分别为

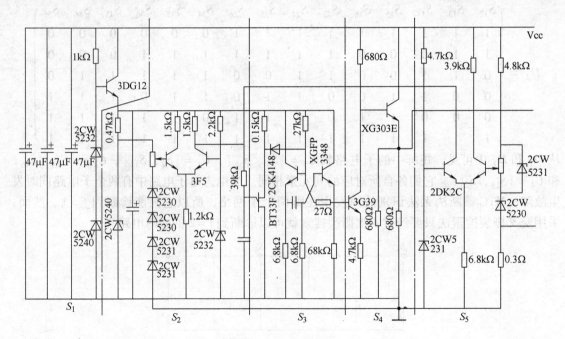

图 8-15　稳压电源电路

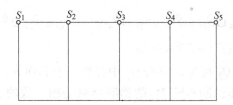

图 8-16　稳压电源电路 TG

$$
\boldsymbol{D}_1 = \begin{pmatrix}
S_1 & S_2 & S_3 & S_4 & S_5 \\
1 & 1 & 0 & 0 & 0 \\
0 & 1 & 1 & 0 & 0 \\
0 & 0 & 1 & 1 & 0 \\
0 & 0 & 0 & 1 & 1 \\
1 & 1 & 1 & 1 & 1
\end{pmatrix}
\qquad
\boldsymbol{D}_2 = \begin{pmatrix}
S_{12} & S_{13} & S_{14} & S_{15} & S_{23} & S_{24} & S_{25} & S_{34} & S_{35} & S_{45} \\
1 & 1 & 1 & 1 & 1 & 1 & 1 & 0 & 0 & 0 \\
1 & 1 & 0 & 0 & 1 & 1 & 1 & 1 & 1 & 0 \\
0 & 1 & 1 & 0 & 1 & 1 & 0 & 1 & 1 & 1 \\
0 & 0 & 1 & 1 & 0 & 1 & 0 & 1 & 1 & 1 \\
1 & 1 & 1 & 1 & 1 & 1 & 1 & 1 & 1 & 1
\end{pmatrix}
$$

从诊断矩阵 $\boldsymbol{D}_1$ 和 $\boldsymbol{D}_2$ 中可见，它们的子电路集 $C_1 = \{S_2, S_{12}\}$、$C_2 = \{S_4, S_{45}\}$、$C_3 = \{S_{34}, S_{35}\}$。它们各自所对应的列元素相同。当电路中有两个子电路同时发生故障，MTC 诊断法就无法识别故障发生在哪两个子电路，所以它只能诊断到 $f = 1$。然而，采用交叉撕裂搜索法，在满足准则 1 和 2 条件下，只要经过 4 次撕裂诊断就可以诊断到 $f = 2$。根据图 8-16 TG 的交叉撕裂方案为

$\mathrm{T}_1:\ N_1^1 = \{S_4, S_5\},\ \hat{N}_1^1 = \{S_1, S_2, S_3\}$　　　$\mathrm{T}_3:\ N_1^3 = \{S_1\},\ \hat{N}_1^3 = \{S_2, S_3, S_4, S_5\}$

$\mathrm{T}_2:\ N_1^2 = \{S_1, S_2\},\ \hat{N}_1^2 = \{S_3, S_4, S_5\}$　　　$\mathrm{T}_4:\ N_1^4 = \{S_5\},\ \hat{N}_1^4 = \{S_1, S_2, S_3, S_4\}$

今假设稳压电源电路中的子电路 S_2 和 S_5 同时发生故障。根据上述撕裂方案，从每次撕裂诊断中获得各子电路集的逻辑诊断值 $H(N_1^i)$ 和 $H(\hat{N}_1^i)$ 为

$\mathrm{T}_1:\ H(N_1^1) = 1,\ H(\hat{N}_1^1) = 1$　　　$\mathrm{T}_2:\ H(N_1^2) = 1,\ H(\hat{N}_1^2) = 1$

$\mathrm{T}_3:\ H(N_1^3) = 0,\ H(\hat{N}_1^3) = 1$　　　$\mathrm{T}_4:\ H(N_1^4) = 1,\ H(\hat{N}_1^4) = 1$

根据这些逻辑诊断值，按照上述方法构造逻辑诊断矩阵 $\boldsymbol{D}_{fj}$ $(j = 1, 2)$ 如下所示：

$$
\boldsymbol{D}_{f1} = \begin{pmatrix}
S_1 & S_2 & S_3 & S_4 & S_5 \\
1 & 1 & 1 & 1 & 1 \\
1 & 1 & 1 & 1 & 1 \\
0 & 1 & 1 & 1 & 1 \\
1 & 1 & 1 & 1 & 1
\end{pmatrix}
\qquad
\boldsymbol{D}_{f2} = \begin{pmatrix}
S_{12} & S_{13} & S_{14} & S_{15} & S_{23} & S_{24} & S_{25} & S_{34} & S_{35} & S_{45} \\
0 & 0 & 1 & 1 & 0 & 1 & 1 & 1 & 1 & 0 \\
0 & 1 & 1 & 1 & 1 & 1 & 1 & 0 & 0 & 0 \\
0 & 0 & 0 & 1 & 0 & 0 & 1 & 0 & 0 & 0 \\
0 & 0 & 0 & 1 & 0 & 0 & 1 & 0 & 1 & 1
\end{pmatrix}
$$

从逻辑诊断矩阵 $\boldsymbol{D}_{f1}$ 和 $\boldsymbol{D}_{f2}$ 中可见，只有 $\boldsymbol{D}_{f2}$ 矩阵中 S_{25} 对应的一列元素全为 1，则该列所对应的子电路 S_2 和 S_5 就是发生故障的子电路，即获得故障定位。这和预先的假设是相吻合的。除用上述逻辑诊断矩阵 $\boldsymbol{D}_{fj}$ 进行故障定位之外，也可以用式（8-11）构造逻辑诊断函数 Q_f $(f = 1, 2)$ 来判断故障子电路。即

$Q_1 = S_1 \cap (\hat{S}_2 \cup \hat{S}_3 \cup \hat{S}_4 \cup \hat{S}_5) \cap (\hat{S}_1 \cup \hat{S}_2 \cup \hat{S}_3 \cup \hat{S}_4 \cup \hat{S}_5) \cap (\hat{S}_1 \cup \hat{S}_2 \cup \hat{S}_3 \cup \hat{S}_4 \cup \hat{S}_5) \cap$

　　$(\hat{S}_1 \cup \hat{S}_2 \cup \hat{S}_3 \cup \hat{S}_4 \cup \hat{S}_5) = S_1 \cap (\hat{S}_2 \cup \hat{S}_3 \cup \hat{S}_4 \cup \hat{S}_5)$

$Q_2 = (S_{12} \cap S_{13} \cap S_{23} \cap S_{45}) \cap (S_{12} \cap S_{34} \cap S_{35} \cap S_{45}) \cap (S_{12} \cap S_{13} \cap S_{14} \cap S_{15}) \cap (S_{12} \cap S_{13} \cap$

　　$S_{14} \cap S_{23} \cap S_{24} \cap S_{34}) \cap (\hat{S}_{14} \cup \hat{S}_{15} \cup \hat{S}_{24} \cup \hat{S}_{25} \cup \hat{S}_{34} \cup \hat{S}_{35}) \cap (\hat{S}_{13} \cup \hat{S}_{14} \cup \hat{S}_{15} \cup \hat{S}_{23} \cup \hat{S}_{24}$

$$\cup\,\hat{S}_{25}\,)\cap(\,\hat{S}_{23}\cup\hat{S}_{24}\cup\hat{S}_{25}\cup\hat{S}_{34}\cup\hat{S}_{35}\cup\hat{S}_{45}\,)\cap(\,\hat{S}_{15}\cup\hat{S}_{25}\cup\hat{S}_{35}\cup\hat{S}_{45}\,)=S_{12}\cap S_{13}\cap S_{14}\cap$$

$$S_{15}\cap S_{23}\cap S_{24}\cap S_{25}\cap S_{34}\cap S_{35}\cap S_{45}$$

从逻辑诊断函数 Q_1 和 Q_2 可见，只有 Q_2 中存在一个非项 $\hat{S}_{25}$，则可判断出子电路 S_2 和 S_5 同时发生故障。这和逻辑诊断矩阵 D_{f2} 的诊断结果是相一致的。以上仿真诊断示例表明：只要大规模电力电子电路满足交叉撕裂准则 1～4 和可诊断拓扑条件，经过 k 次撕裂诊断就能快速有效地搜索出 $f\leqslant3$ 个有故障的子电路。

8.9　本章小结

对于大规模模拟电路，应用子网络级电路故障诊断法不仅具有工程实际意义[3,32]，而且具有理论指导意义。8.1 节～8.4 节给出的三个基本定理首次从根本上回答了当前模拟子网络级电路故障诊断理论中存在的三个基础性核心问题：

1）撕裂端点（子网络级电路间的关联节点）是否必须全部可及。

2）子网络级电路故障可诊断的拓扑条件究竟是什么？（当撕裂端点全部可测时，仅仅是定理 10.1－2 中的一个特例而已）可测点应如何分布？

3）当撕裂端点全部可测的约束条件被解除之后，自验证和互验证的诊断法还可以用吗？计算值和测量值是否相等的自验证（STC）法还能用吗？有无存在误诊断的区域？

研究从大规模电力电子电路中快速搜索出故障子电路，是模拟电路故障诊断理论和方法走向实际应用的关键一步。8.5 节～8.8 节在子电路级故障可诊断的基础上，对大规模电力电子电路故障诊断提出了两种快速撕裂搜索诊断法。这两种诊断法与其他诊断法比较，其具有独特优点：减少大规模电力电子电路故障搜索范围、降低测后计算工作量、提高可测试点的重复使用率、可适用的场合广、功能强。

第9章 容差网络电路故障的区间诊断法

9.1 引　言

目前，在电网络的故障诊断研究中，探讨的问题均假设电路中所有元器件的参数值是给定的或是已知真值。然而，实际电路中的元器件参数值都只给出标称值（额定值）。实际上，元器件参数的真值是允许它在某一范围内变动（这就是元器件参数值的容差），它具有随机性。因此，研究容差电路故障诊断是当今模拟电路故障诊断理论中亟待解决的研究课题。近几年来，无容差电路的故障诊断已经取得令人满意的理论成果。但是，在实际故障诊断时，当元器件的参数值涉及容差时，就遇到不少的困难。这是因为，在实际电网络中元器件参数值可以允许在一定范围内取值，这就引起容差与电路发生故障之间难以区分，造成容差电网络故障诊断出现模糊性，可能出现误诊断或漏诊断。因此，研究容差电网络故障诊断是实际工程迫切要求解决的课题，也是模拟电路故障诊断理论和方法走向实际应用的关键一步。

本章应用区间数学分析法，对含有容差网络的故障诊断进行深入研究，提出了一系列识别含有容差的电路子网络级故障和元器件级故障诊断理论和方法。它对容差电网络的故障诊断具有实际应用价值和理论指导意义。

9.2　含有容差电路的区间分析方法

众所周知，电路元器件的容差一直是电路故障诊断分析中难以解决的问题。电路元器件的这些容差主要来源于数据误差、计算误差等。所以人们一直在努力使计算结果保证在所要求的范围内。但是在实际工程中，由于元器件容差的存在，造成计算结果与实际情况不相符。区间数学分析法为解决这一难题提供了一种有效的分析和计算方法。目前，求解区间线性方程组的方法有[94]解析法、穷举法、Gauss 消去法、Hansen 区间迭代法和直接优化法等。然而，解析法仅仅适用于处理区间变化范围较小的简单问题，通过公式运算得到问题的解；穷举法可用于解决单调性问题，它对所有区间数的上端点和下端点值进行穷举组合，在满足解的条件下选择一组最大值或最小值；Gauss 消去法是求解区间线性方程组的一种基本方法。由于区间数在四则运算过程中，一个区间数 X 与本身之差不为于零，所以应用 Gauss 消去法在求解区间线性方程组的过程中易出现区间扩张，使得问题的求解得不到精确的解[94]；Hansen 区间迭代法是目前求解区间线性方程组的另一种计算方法。由于 Hansen 区间迭代法初值选择的范围较宽，所以对迭代结果造成区间扩张和迭代次数增加等影响。因此，正确选取区间迭代的初值，提高区间计算的精度（减少区间扩张）和减少迭代次数是目前研究这一课题的热点之一。为此，本文在 Hansen 区间迭代法的基础上进行改进。文中把改进 Hansen 区间迭代法和 Markov 迭代法[98,99]分别应用于容差网络的电路故障诊断，并对它们的计算结果进行分析比较。

　　假设 N 个独立节点的线性电路，如果考虑元器件的参数值存在容差时，应用电网络理论形成电路节点电压区间方程组

$$YU_n = I_n \tag{9-1}$$

式中，Y 是电路的节点导纳区间系数矩阵，（Y 中每个元素 y_{ij}，i，$j = 1$，2，$\cdots$，n）；I_n 为区间向量，是已知量；U_n（U_n 中每个分量 U_{ni}，$i = 1$，2，$\cdots$，n）是节点电压区间向量，未知量。如果区间系数矩阵 Y 是非奇异矩阵，则式（9-1）方程组有解。下面分别介绍改进 Hansen 迭代法和 Markov 迭代法的计算步骤。

9.2.1　区间节点电压方程的计算方法

1. 改进 Hansen 区间迭代过程和步骤[98]

1）首先选取点电压方程式（9-1）中 Y 的每个元素的中值组成非奇异矩阵 $[G]$

$$[G] = \begin{bmatrix} \mathrm{m}(y_{11}) & \mathrm{m}(y_{12}) & \cdots\cdots, & \mathrm{m}(y_{1n}) \\ \mathrm{m}(y_{21}) & \mathrm{m}(y_{22}) & \cdots\cdots, & \mathrm{m}(y_{2n}) \\ \vdots & \vdots & & \vdots \\ \mathrm{m}(y_{n1}) & \mathrm{m}(y_{n2}) & \cdots\cdots, & \mathrm{m}(y_{nn}) \end{bmatrix}^{-1} \tag{9-2}$$

2）构造区间矩阵 $[E]$

$$[E] = [I] - [G][Y] \tag{9-3}$$

3）按下式计算 $[E]$ 的范数

$$\| E \| = \max_i \sum_{j-1}^{n} | E_{ij} |$$

若 $[E]$ 的范数 $\| E \| \geqslant 1$ 时，则调整 $[G]$ 的元素值，直至 $\| E \| < 1$ 为止。

　　4）其次按照下式选取式（9-1）中未知数 $[X]$ 的初值 $U_i^{(0)}$（$i = 1$，2，$\cdots$）

$$U_i^{(0)} = [-1, 1] < GY >^{-1} | GI_n | \tag{9-4}$$

式中，GY 和 GI_n 分别按下列算子计算

$$< GY > = \min \{ | (GY)_{ij}^{\mathrm{L}} |, | (GY)_{ij}^{\mathrm{R}} | \} \tag{9-5}$$

$$| GI_n | = \max \{ | (GI_n)_{ij}^{\mathrm{L}} |, | (GI_n)_{ij}^{\mathrm{R}} | \}$$

　　5）最后应用 Hansen 迭代算子计算式（9-1）中的变量 U 的解

$$[U^{(k+1)}] = \{ [G][I_n] + [E][U^{(k)}] \} \cap [U^{(k)}] \tag{9-6}$$

式中，$k = 0$，1，2，$\cdots$。如果式（9-6）的交集为零，则重新选择初始值 $[U^{(0)}]$，亦即重新选择非奇异矩阵 $[G]$。

　　当迭代满足

$$[U_i^{(k+1)}] = [U_i^{(k)}]$$

时，则获得电路节点电压区间方程式的解。

2. Markov 区间方程迭代过程和步骤[99]

1）首先根据节点电压方程式（9-1）中节点导纳矩阵 Y 的元素构造 T 和 T^{-1} 的区间矩阵即

$$T = T(Y) = (t_{ij}) = \begin{cases} y_{ii} & i = j \\ 0 & i \neq j \end{cases} \tag{9-7}$$

$$T^{-1} = T^{-1}(Y) = (t_{ij}^*) = \begin{cases} (1/y_{ii}) & i = j \\ 0 & i \neq j \end{cases} \tag{9-8}$$

2）然后，应用 Markov 迭代算子求节点电压 U 的区间值，迭代过程为

$$U_i^{(k+1)} = T^{-1} \times (I_n - D^{(Y - D^T)} \times U^{(k)}) \tag{9-9}$$

$$k = 0, 1, 2 \cdots; \ i = 1, 2 \cdots$$

上式中：$k = 0, 1, 2, \cdots$；且 $Y - D^T$ 为

$$Y - D^T = Y - T = \begin{cases} 0 & i = j \\ y_{ij} & i \neq j \end{cases}$$

若方程式（9-1）满足 $\| T^{-1} \| \ \| Y - D^T \| \leqslant q < 1$ 时，（q 是一个小于 1 的正数）时，则对于任意给定的初值 $U_i^{(0)}$（$i = 1, 2, \cdots$），式（9-1）都存在唯一解。

3）当迭代满足

$$[U_i^{(k+1)}] = [U_i^{(k)}]$$

时，则可获得区间节点电压方程式（9-1）的解。

9.2.2　仿真分析实例

本节将改进 Hansen 区间迭代法和 Markov 迭代法分别应用于求解含有容差电路的节点电压区间值，并将两种方法的计算结果列表进行比较。

图 9-1 电路所示，是一个具有 5 个独立节点，12 条支路的容差网络 N。电路中各支路元器件参数值见表 9-1。

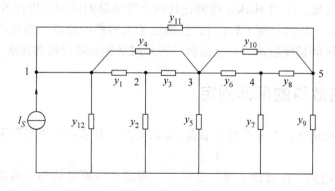

图 9-1　容差网络 N

表 9-1　各支路元器件参数值　　　　　　　　　　　单位：S

支路号	y_1	y_2	y_3	y_4	y_5	y_6	y_7	y_8	y_9	y_{10}	y_{11}	y_{12}
标称值	0.5	0.25	0.2	1	0.14	0.03	0.91	0.6	0.24	0.8	0.76	0.2

　　如果不考虑元器件参数值存在容差时，应用节点电压分析法可算出网络中各节点电压的点值，见表 9-2。

表 9-2　无容差时各节点电压值　　　　　　　　（单位：V）

	U_1	U_2	U_3	U_4	U_5
节点电压值	0.1149	0.0789	0.0876	0.0302	0.0731

　　当考虑网络中各元器件参数值存在容差（各支路元器件参数值容差以 ±5% 变化）时，应用改进 Hansen 区间迭代法和 Markov 迭代法的计算结果见表 9-3。

表 9-3　容差网络各节点电压区间值　　　　　　（单位：V）

	U_1	U_2	U_3	U_4	U_5
改进 Hansen 法	-0.0735 0.3033	-0.0833 0.2411	-0.1027 0.2779	-0.0483 0.1087	-0.0923 0.2386
Markov 区间迭代法	0.1123 0.1186	0.0778 0.0804	0.0868 0.0888	0.0300 0.0305	0.0726 0.0740

　　为了便于比较，现以表 9-2 和表 9-3 中电压 U_3 的解（改进 Hansen 区间迭代和 Markov 迭代的计算结果）为例，将它的点值和区间值的大小都标在同一数轴上，见图 9-2。

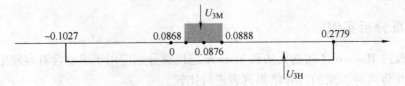

图 9-2　电压区间值

　　从图 9-2 分析可见，应用 Markov 区间迭代的计算结果的区间宽度比改进 Hansen 区间迭代的计算结果小 $[\omega(X_{2M}) < \omega(X_{2H})]$，且接近于无容差的点值。由此可见，应用 Markov 迭代法计算结果的区间精度较高，它更适合于容差网络的故障分析和诊断。

9.3　容差网络故障的区间判定

　　假设线性容差网络 N，有 n 个独立节点，b 条支路。其节点电压方程为

$$[Y_{n0}][U_n] = [I_n] \tag{9-10}$$

判别网络 N 是否有故障，在理论上通常是采用可测端点的测量值与无故障时的正常值的偏差量来识别的。在无容差情况下，如果选择可测点满足故障可诊断条件时，这种判别方法是可靠且有效的。然而，当元器件参数存在容差时，这种识别方法已经不能再适用了。这是因为，元器件参数值存在容差会使得可测点的测量值在一定范围内变化，它不是一个点值，它随机落在一个区间值的范围之内。因此判别容差网络是否有故障，关键是怎样来确定可测点的正常区间值。

　　当网络元器件参数值存在容差时，式（9-10）是一个区间矩阵方程，即

$$[\overline{Y}_{n0}][U_n] = [I_n] \tag{9-11}$$

式中，$\overline{Y}_{n0}$ 由两个分量构成：一是无容差网络的节点导纳矩阵；二是容差引起的最大容限导纳矩阵。它们都是已知量。由式（9-11）可求出容差网络无故障时的节点电压 U_{ni}（$i=1$，2，…）的函数式[100]

$$U_{ni} = f(\Phi_0 + \Delta\Phi_0, I_n) \tag{9-12}$$

式中，Φ_0 是网络元器件标称值的导纳矩阵函数，是已知量；$\Delta\Phi_0$ 是由容差引起的最大值的关系函数。

定义 1　网络中的节点满足下列条件者可选作为可测试点：①可用于测试的端点；②网络节点电压对参数变化的灵敏度不为零。

定义 2　$U_m^{(0)}$ 表示网络中无故障时可测试点的电压计算值；U_m 表示网络中有故障时可测试点的电压测量值。

容差网络诊断判据：

容差网络故障的必要且几乎充分条件是：网络中的可测试点电压测量值与无故障时的计算值的交集为空集，即

$$\theta = \bigcup_{i=1}^{g}(U_{mi} \cap U_{mi}^{(0)}) = 0 \tag{9-13}$$

式中，g 表示容差网络中可测试端点的总个数。

证明如下：

必要性：由式（9-12）解出可测试点电压计算值 $U_{mi}^{(0)}$（$i=1$，2，…）的关系函数式为

$$U_{mi}^{(0)} = \xi(\Phi_0 + \Delta\Phi_0, I_n) \tag{9-14}$$

由于元器件参数存在容差，引起 $U_m^{(0)}$ 的值在容差范围内变化，所以它不是点值，而是一个区间值，可以通过计算获得。

当容差网络发生故障时，在同一测试点上外加相同的电流源激励，可测试点的电压测量值 U_{mi} 的关系函数式为

$$U_{mi} = \xi(\Phi_0, I_n) \tag{9-15}$$

式中，Φ 表示网络元器件参数构成的导纳矩阵关系函数。它除了考虑容差因素之外还包含有故障因数在内。现在分析下列两种情况：

1）如果元器件参数变化值不超出最大容差范围时，即 $\Phi \in \Phi_0 + \Delta\Phi_0$，则可测试点的电压测量值不会超出无故障时的电压区间值（$U_{mi} \in U_{mi}^{(0)}$），它们的交集不为空集。即

$$U_{mi} \cap U_{mi}^{(0)} \neq 0$$

2）如果元器件参数变化值超出容差范围时，即 $\Phi \notin \Phi_0 + \Delta\Phi_0$。通过式（9-14）和式（9-15）两式比较，则有 $U_{mi} \notin U_{mi}^{(0)}$，它们的交集为空集那么就有

$$U_{mi} \cap U_{mi}^{(0)} = 0$$

则容差网络有故障，必要性得到证明。

充分性：根据网络可测试点的基本条件，网络内部元器件参数发生变化时，在可测端点上的电压变化量不会相互抵消。如果可测端点的电压测量值没有超出正常电压区间值，即满足 $U_{mi} \in U_{mi}^{(0)}$。通过式（9-14）和式（9-15）比较可得 $\Phi \in \Phi_0 + \Delta\Phi_0$，即元器件参数变化值不会超出他们允许的容差范围。所以容差网络无故障，充分性证明完毕。

9.4 故障识别仿真示例

图 9-3 所示的网络连接图 N 有 7 个独立节点，16 条支路。在节点 3 和参考节点之间外加 0.2A 的电流源激励。网络元器件参数值的容差按 ±5% 变化。现在应用 9.2 节中介绍的 Markov 迭代法，分别计算图 9-3 容差网络在无故障情况下可测试点（假设网络中所有节点均为可测试点）的电压计算值 $U_{mi}^{(0)}$（$i = 1, 2, \cdots,$ 7）和故障时可测试点的电压区间值。各支路的参数值见表 9-4。

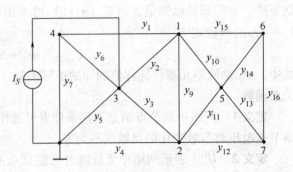

图 9-3　网络连接图 N

表 9-4　各支路元器件参数值　　　　　　（单位：S）

支路号	y_1	y_2	y_3	y_4	y_5	y_6	y_7	y_8	y_9	y_{10}	y_{11}	y_{12}	y_{13}	y_{14}	y_{15}	y_{16}
标称值	0.4	0.7	0.5	0.9	0.45	0.2	0.8	0	0.12	0.36	0.75	0.8	0.10	0.6	0.55	0.75

1）容差网络无故障时，用 Markov 迭代法可算出各节电压的区间值见表 9-5。

表 9-5　无故障时的电压区间值　　　　　　（单位：V）

	U_1	U_2	U_3	U_4	U_5	U_6	U_7
电压区间值	0.1103992 0.1220202	0.0715494 0.0841712	0.1713719 0.1894110	0.0560243 0.0619216	0.0892511 0.0986460	0.0936570 0.1035156	0.0849041 0.0938414

2）容差网络发生故障时，今假设网络中 y_4 和 y_6 的参数值分别在下列两种情况下发生变化：

① y_4 从 0.9S 变为 0.09S；y_6 从 0.2S 变为 0.02S。

② y_4 从 0.9S 变为 19S；y_6 从 0.2S 变为 12S。

现在用 Markov 区间迭代法分别算出上述两种情况下可测端点上的电压值读数范围，见表 9-6（假设所有节点都是可测点）。由表 9-5 和表 9-6 可见：当网络发生故障时，可测试点的电压值与无故障的电压区间值的交集都为空集。

表 9-6　故障时可测点的电压区间值　　　　　　（单位：V）

		U_1	U_2	U_3	U_4	U_5	U_6	U_7
故障电压值	情况①	0.2069550 0.2058168	0.2189812 0.2179477	0.2709648 0.2741430	0.0719751 0.0722961	0.2135196 0.2141706	0.2123266 0.2122555	0.2151314 0.2156253
	情况②	0.0632008 0.0629396	0.0043768 0.0043419	0.0974971 0.0989950	0.0919027 0.0905488	0.0267901 0.0268348	0.0343321 0.0344003	0.0193680 0.0193513

为了直观起见，现将 U_3 在上述两种故障情况下的电压区间值和无故障的电压值分别在同一数轴表示，它们的交集都为空集，如图 9-4 和图 9-5 所示。

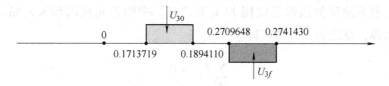

图 9-4　U_3 在情况①下的区间值

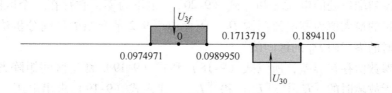

图 9-5　U_3 在情况②下的区间值

9.5　容差子网络级故障的区间诊断

设图 9-6 是线性非互易网络 N。应用节点撕裂法，在第 i 次交叉撕裂时，将网络 N 撕裂成 N_1^i 和 $\hat{N}_1^i$ 两个子网络。现将子网络 N_1^i 单独示出，如图 9-6 所示。

如果 N_1^i 与其他的子网络不存在耦合时，其节点电压方程[95,96]为

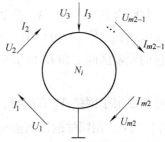

$$[Y_{1n}][U_{1n}] = [I_m] + \begin{bmatrix} I_{ts} \\ 0 \end{bmatrix} \qquad (9\text{-}16)$$

图 9-6　子网络级电路 N_i

式中，$[Y_{1n}]$ 为 N_1^i 的节点导纳矩阵；$[U_{1n}] = [U_{TT} \quad U_{MT} \quad U_{GM} \quad U_{II}]^\mathrm{T}$；$[I_m] = [0 \quad I_{MT}$ $I_{GM} \quad 0]^\mathrm{T}$；$[I_{ts}] = [I_{TT} \quad I_{SM}]^\mathrm{T}$，（$U_{TT}$，$U_{MT}$，$U_{GM}$ 和 U_{II} 的定义详见 8.2 节）。如果把可及节点的测量值 $[U_{MT}]$、$[U_{GM}]$、$[I_{MT}]$ 和 $[I_{GM}]$ 代入式（9-16），经过移项整理后可得下列方程式

$$\begin{bmatrix} Y_1 & Y_2 \\ Y_3 & Y_4 \end{bmatrix} \begin{bmatrix} U_m \\ U_i \end{bmatrix} = [I_m] + \begin{bmatrix} I_{ts} \\ 0 \end{bmatrix} \qquad (9\text{-}17)$$

式中，$[U_m] = [U_{MT} \quad U_{GM}]^\mathrm{T}$ 是已知量；$[U_i] = [U_{TT} \quad U_{II}]^\mathrm{T}$ 是未知量。当 N_1^i 中选择的可及点满足 $m \geqslant m_2$ 和可诊断拓扑条件时，可将式（9-17）分成下列两个式子。即

$$[Y_1][U_m] + [Y_2][U_i] = \begin{bmatrix} 0 \\ I_{MT} \end{bmatrix} + [I_{ts}] \qquad (9\text{-}18)$$

$$[Y_3][U_m] + [Y_4][U_i] = \begin{bmatrix} I_{GM} \\ 0 \end{bmatrix} \qquad (9\text{-}19)$$

若不考虑网络元器件参数值存在容差时，式（9-18）和式（9-19）都是点值方程。首先由式（9-19）求出 $[U_i]$ 的值，然后再代入式（9-18）即可算出撕裂端点的电流 $[I_{ts}]$ 值。

判断子网络 N_1^i 有无故障的依据是应用 KCL 对 $[I_{ts}]$ 中的各元素取和来判断。若其和不为零，则 N_1^i 有故障，反之为无故障。即

$$\sum_{j=1}^{m_2} I_{ts_j} = 0 \qquad\qquad (9\text{-}20)$$

然而，当考虑网络参数值存在容差时，以上这些方程均为区间线性方程。因此，即使网络无故障，在撕裂端口处的电流之和［式（9-20）］也不为零，它存在一个区间量。因此，定义这个区间量的最大值为零电流门限 D_0。下面应用 9.2 节介绍的区间分析法来确定容差子网络无故障时的零门限 D_0 的区间值。

由于网络参数值存在容差，所以式（9-18）和式（9-19）都是区间矩阵方程。应用区间迭代法，将无故障时的 $[U_m]$、$[I_m]$ 和 $[I_{Gm}]$ 代入式（9-19）求出电压 $[U_i]$ 的区间值，然后将 $[U_i]$ 的区间值代入式（9-18），即可算出无故障时撕裂端点的等效电流 $[I_{ts}]$ 的区间值，亦即可求出零电流门限 D_0 的区间值。即

$$D_0 = \sum_{j=1}^{m_2} I_{ts_j} \qquad\qquad (9\text{-}21)$$

判断容差子网络 N_1^i 是否有故障，是将故障时可及点的电压、电流测量值代入式（9-18）和式（9-19）中，然后按上述迭代步骤，即可算出 N_1^i 撕裂端口 $[I_{ts}]$ 的区间值。当它的元素区间之和 D_f 的值与零门限 D_0 的交集为空集时，即

$$D_f \cap D_0 = 0 \qquad\qquad (9\text{-}22)$$

则可判断出子网络 N_1^i 有故障，令逻辑诊断值 $H(N_1^i)$ 为1；反之无故障，令逻辑诊断值 $H(N_1^i)$ 为0。用同样的诊断法也可以判断子网络 $\hat{N}_1^i$ 是否有故障，也可以确定它的逻辑诊断值（这里不再重述）。

9.6　子网络级故障交叉撕裂诊断仿真示例

如图 9-7 所示是一个五级信号传输网络 N，网络中各支路元器件参数的标称值见表 9-7。信号激励源 $I_S = 0.4A$。假设网络中各元器件参数按 $\pm 1\%$ 的容差取值。如果把每一级传输网络作为一个子网络，则网络 N 的撕裂诊断图如图 9-8 所示。

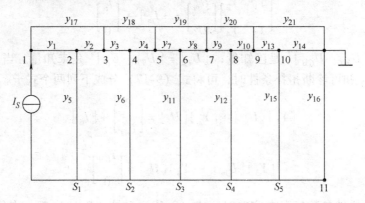

图 9-7　五级信号传输网络 N

表 9-7　各支路元器件参数标称值　　　　（单位：S）

支路号	y_1	y_2	y_3	y_4	y_5	y_6	y_7	y_8	y_9	y_{10}	y_{11}	y_{12}	y_{13}	y_{14}	y_{15}	y_{16}	y_{17}	y_{18}	y_{19}	y_{20}	y_{21}
标称值	0.9	0.15	0.5	0.45	0.5	0.26	0.7	0.1	0.9	0.4	0.3	0.65	1.0	0.4	0.2	0.6	0.7	0.21	0.2	0.55	0.75

假设网络 N 中同时发生故障的子网络数不超过两个，即 $f \leqslant 2$。应用 8.5 节提出的交叉撕裂诊断法，在满足交叉撕裂准则 1 和准则 2 的条件下，可得 $k = 4$ 的一种交叉撕裂方案：

$T_1: N_1^1 = \{S_4, S_5\}$，$\hat{N}_1^1 = \{S_1, S_2, S_3\}$　　　$T_2: N_1^2 = \{S_1, S_2\}$，$\hat{N}_1^2 = \{S_3, S_4, S_5\}$

$T_3: N_1^3 = \{S_1\}$，$\hat{N}_1^3 = \{S_2, S_3, S_4, S_5\}$　　　$T_4: N_1^4 = \{S_5\}$，$\hat{N}_1^4 = \{S_1, S_2, S_3, S_4\}$

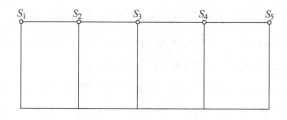

图 9-8　网络 N 的撕裂诊断图

如果网络中各元器件参数值容差按 ±1% 变化时，用改进 Hansen 区间迭代法可算出无故障时各节点电压的区间值。当选择合适的可及点电压值代入式（9-18）~式（9-21）后，则可算出容差网络无故障时，各子网络集 N_1^i 和 $\hat{N}_1^i$（$i = 1, 2, 3, 4$）的零电流门限 D_0 的区间值，见表 9-8。

表 9-8　无故障时各子网络集零电流门限 D_0 区间值

	N_1^1	$\hat{N}_1^1$	N_1^2	$\hat{N}_1^2$	N_1^3	$\hat{N}_1^3$	N_1^4	$\hat{N}_1^4$
D_0 下端点	−0.0013	−0.0397	−0.0183	−0.0051	−0.0074	−0.0176	−0.0004	−0.0899
D_0 上端点	0.0026	0.0508	0.0280	0.0088	0.0107	0.0248	−0.0006	−0.1191

今假设网络中的子网络 S_2 和 S_5 中的元器件发生故障，即：y_6 和 y_{15} 的参数值分别有标称值增加了 50S 和 70S 时。用改进 Hansen 区间迭代法，可算出各子网络集撕裂端口 D_f 的区间值和逻辑诊断值 H（H 值的定义详见 8.5 节）。如表 9-9 所示。

表 9-9　D_f 的区间值及逻辑诊断值

	N_1^1	$\hat{N}_1^1$	N_1^2	$\hat{N}_1^2$	N_1^3	$\hat{N}_1^3$	N_1^4	$\hat{N}_1^4$
D_f 下端点	−0.0037	−0.1031	−0.0614	−0.0054	−0.0069	−0.0232	−0.0015	−0.1405
D_f 上端点	−0.0025	−0.0276	−0.0187	−0.0041	0.0097	0.0059	−0.0013	0.0360
逻辑值 H	1	1	1	1	0	1	1	1

根据表 9-9 获得的逻辑诊断值 $[H(N_1^i)$ 和 $H(\hat{N}_1^i)$，$i = 1, 2, 3, 4]$，构造逻辑诊断矩阵 D_{f1} 和 D_{f2}。即

$$D_{f1} = \begin{bmatrix} S_1 & S_2 & S_3 & S_4 & S_5 \\ 1 & 1 & 1 & 1 & 1 \\ 1 & 1 & 1 & 1 & 1 \\ 0 & 1 & 1 & 1 & 1 \\ 1 & 1 & 1 & 1 & 1 \end{bmatrix} \quad D_{f2} = \begin{bmatrix} S_{12} & S_{13} & S_{14} & S_{15} & S_{23} & S_{24} & S_{25} & S_{34} & S_{35} & S_{45} \\ 0 & 0 & 1 & 1 & 0 & 1 & 1 & 1 & 1 & 0 \\ 0 & 1 & 1 & 1 & 1 & 1 & 1 & 0 & 0 & 0 \\ 0 & 0 & 0 & 0 & 1 & 1 & 1 & 1 & 1 & 1 \\ 0 & 0 & 0 & 1 & 0 & 1 & 1 & 0 & 1 & 1 \end{bmatrix}$$

从逻辑诊断矩阵 D_{f1} 和 D_{f2} 中可见，只有 D_{f2} 矩阵中的一列元素全为 1，而其他列元素含有 0，则该列所对应的子网络 S_2 和 S_5 就是发生故障的子网络，即得到故障定位。这和预先假设的情况是相吻合。同样也可以用逻辑诊断函数 Q_f $(f=1，2)$ 来判断故障子网络。根据表 9-9 获得的逻辑诊断信息值，按照第 8 章中的子网络故障逻辑诊断公式式（8-11）、式（8-12）和式（8-13）建立逻辑诊断函数 Q_f $(f=1，2)$。即

$$Q_1 = S_1 \cap (\hat{S}_2 \cup \hat{S}_3 \cup \hat{S}_4 \cup \hat{S}_5) \cap (\hat{S}_1 \cup \hat{S}_2 \cup \hat{S}_3 \cup \hat{S}_4 \cup \hat{S}_5) \cap (\hat{S}_1 \cup \hat{S}_2 \cup \hat{S}_3 \cup \hat{S}_4 \cup \hat{S}_5) \cap$$
$$(\hat{S}_1 \cup \hat{S}_2 \cup \hat{S}_3 \cup \hat{S}_4 \cup \hat{S}_5) = S_1 \cap (\hat{S}_2 \cup \hat{S}_3 \cup \hat{S}_4 \cup \hat{S}_5)$$

$$Q_2 = (S_{12} \cap S_{13} \cap S_{23} \cap S_{45}) \cap (S_{12} \cap S_{34} \cap S_{35} \cap S_{45}) \cap (S_{12} \cap S_{13} \cap S_{14} \cap S_{15}) \cap$$
$$(S_{12} \cap S_{13} \cap S_{14} \cap S_{23} \cap S_{24} \cap S_{34}) \cap (\hat{S}_{14} \cup \hat{S}_{15} \cup \hat{S}_{24} \cup \hat{S}_{25} \cup \hat{S}_{34} \cup \hat{S}_{35}) \cap$$
$$(\hat{S}_{13} \cup \hat{S}_{14} \cup \hat{S}_{15} \cup \hat{S}_{23} \cup \hat{S}_{24} \cup \hat{S}_{25}) \cap (\hat{S}_{23} \cup \hat{S}_{24} \cup \hat{S}_{25} \cup \hat{S}_{34} \cup \hat{S}_{35} \cup \hat{S}_{45}) \cap$$
$$(\hat{S}_{15} \cup \hat{S}_{25} \cup \hat{S}_{35} \cup \hat{S}_{45}) = S_{12} \cap S_{13} \cap S_{14} \cap S_{15} \cap S_{23} \cap S_{24} \cap \hat{S}_{25} \cap S_{34} \cap S_{35} \cap S_{45}$$

显然，从 Q_1 和 Q_2 逻辑诊断函数可见：只有 Q_2 中存在一个非项 $\hat{S}_{25}$，则可判断出子网络 S_2 和 S_5 同时发生故障。即获得故障定位。以上仿真诊断表明，只要大规模网络满足 $f \leq 3$ 的交叉撕裂准则和可诊断拓扑条件，无论故障发生在哪一个子网络内，都能准确而有效地被定位。

9.7　容差网络元器件级故障的区间诊断

　　线性网络 N 中有 m 个可及端口，b 条支路。假设网络中有 f $(f < b)$ 个元器件发生故障，应用等效电源法把 f 个故障元器件的偏差值用等效电流源 I_f 代替。如果把网络中的 f 个故障等效电流源置于网络端口之外，则可构成一个 $m + f$ 个端口的无源网络，其等效图如图 9-9 所示，其端口阻抗方程为[96]

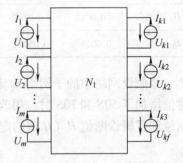

$$\begin{bmatrix} U_m \\ U_f \end{bmatrix} = \begin{bmatrix} Z_{mm} & Z_{mf} \\ Z_{fm} & Z_{ff} \end{bmatrix} \begin{bmatrix} I_m \\ I_f \end{bmatrix} = \begin{bmatrix} Z_{co} \end{bmatrix} \begin{bmatrix} I_m \\ I_f \end{bmatrix} \qquad (9\text{-}23)$$

图 9-9　电网络等效图

式中，$[U_m]$ 和 $[U_f]$ 分别表示可测端口和故障元器件端口的电压向量；$[I_m]$ 是可测端口的电流源激励，它是已知向量。当网络无故障时，$[I_f] = 0$。其端口电压方程为

$$\begin{bmatrix} U_m \\ U_f \end{bmatrix} = \begin{bmatrix} Z_{co} \end{bmatrix} \begin{bmatrix} I_m \\ 0 \end{bmatrix} \qquad (9\text{-}24)$$

若将式（9-23）和式（9-24）相减，消去 I_f 经移项整理后，可得下列方程

$$\left[Z_{mf} (Z_{mf}^{\mathrm{T}} Z_{mf})^{-1} Z_{mf}^{\mathrm{T}} - 1 \right] [\Delta U_m] = 0 \qquad (9\text{-}25)$$

式中，$[\Delta U_m]$ 表示网络发生故障时在可测端口的电压测量值与无故障时的电压测量值之差，它是一个已知向量。R. M. Biernacki 等在文献指出，如果网络 N 中元器件参数值不计容差时，f 个元器件都发生故障，则式（9-25）恒为零。但是，当网络元器件参数值计及容差时，上面各式均为区间线性方程，即使网络无故障式（9-25）也不可能为零，它是一个区间量。定义这个区间量为零门限 S_0。要诊断出容差网络的故障元器件，首先需确定无故障时零门限 S_0 的区间值。

在工程实际中电网络可能包含有数以万计的元器件，但是实践已经证明，网络中发生故障绝大部分是单支路元器件故障[101]，其次才是双支路元器件故障。因此，首先对容差网络进行单支路故障诊断。即在无故障情况下，依次确定 b 个元器件的零门限 S_{0i}（$i=1$，2，$\cdots$，b），即[88,97]

$$S_{0i} = [Z_{mi}(Z_{mi}^{\mathrm{T}}Z_{mi})^{-1}Z_{mi}^{\mathrm{T}} - 1][\Delta U_m] \tag{9-26}$$

若要诊断出容差网络故障发生在那一个元器件时，可将可测端口的电压测量值与无故障时的电压区间值相减之差代入上式。然后，再依次搜索 b 个元器件端口的区间值 S_{fi}（$i=1$，2，$\cdots$，b）。当且仅当，第 k 个元器件的端口区间值 S_{fk} 和与之相应的零门限 S_{0k} 的交集逻辑值 Q_{pk} 为 1 时，而其他元器件的 S_{fi}（$i \neq k$）和与之相应的 S_{0i}（$i \neq k$）的交集逻辑值 Q_{pi}（$i \neq k$）均为零时，则网络中第 k 个元器件就是发生故障的元器件。即：

$$Q_{pi} = S_{0i} \cap S_{fi} = 1$$
$$i = 1, 2, \cdots, b \tag{9-27}$$

当且仅当，Q_{pi}（$i=1$，2，$\cdots$，b）均不为 1 时，则容差网络是非单支路故障，则按上述诊断法转入双支路故障进行诊断。这里不再重述。

9.8　容差网络单支路故障诊断仿真示例

如图 9-10 所示电路有 4 个节点 5 条支路的容差电网络 N，网络 N 中各支路元器件参数标称值 R_j（$j=1$，2，$\cdots$，5）均为 50Ω。各元器件参数值的容差按 ±5% 考虑。图中 1、2 和 4、2 分别为可测端口。在 1、2 端口处外加 0.1A 的电流源激励。现在作如下分析。

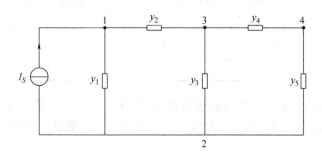

图 9-10　容差电网络 N

若考虑元器件参数值存在容差时，应用 Markov 迭代法可算出式（9-10）网络无故障时各节点电压（节点 2 为参考点）的区间值；用各元器件的标称值也可以算出各节点电压的点值。计算结果见表 9-10。

表 9-10　容差网络无故障节点电压区间值　（单位：V）

	U_1	U_3	U_4
电压点值	3.1250	1.2500	0.6250
电压区间值	2.976190，3.289474	1.190476，1.315789	0.595238，0.657895

当网络发生故障时，假设 R_j（$j=1$，2，$\cdots$，5）依次发生变化（各元器件参数值从 50Ω 增加到 $1\mathrm{k}\Omega$）。应用 Markov 区间迭代法可算出式（9-10）容差网络各个节点电压的区间值，见表 9-11。

表 9-11　故障情况下节点电压值　（单位：V）

	U_1	U_3	U_4
R_1	7.326007，8.097166	2.930440，3.238864	1.465201，1.619433
R_2	4.542124，5.020243	0.146520，0.161943	0.073260，0.080971
R_3	3.514739，3.884671	2.267573，2.506265	1.133786，1.253133
R_4	3.510183，3.481781	1.538462，1.700405	0.073260，0.080972
R_5	3.510183，3.481781	1.538462，1.700405	1.465201，1.619433

由表 9-10 和表 9-11 比较可见，当容差网络中任何一条支路发生故障，在可测点的电压测量值均超出无故障时的电压区间值。这也证明了 9.3 节中提出的诊断判据是正确的。

现假设网络中 R_5 发生故障，阻值从 50Ω 变化到 500Ω。按上述诊断法，首先由式（9-26）算出容差网络无故障时各元器件端口的零门限 S_{0i}（$i=1$，2，$\cdots$，5）的区间值，判断网络是否发生故障，把可测端口电压测量值的变化量代入式（9-26），再计算各元器件端口的区间值 S_{fi}（$i=1$，2，$\cdots$，5），用式（9-27）判断出故障元器件的所在位置。其诊断数据详见表 9-12。

表 9-12　容差网络 S_f、S_0 和 Q_p 值

	(1, 2)		(1, 3)		(2, 3)		(3, 4)		(2, 4)	
S_f	0.0554	0.2498	-0.3332	-0.2025	0.1326	0.5113	-0.5147	-0.2410	-0.1784	0.1995
	-0.8081	-0.6618	-0.8568	-0.6915	-0.4946	-0.1109	-0.1623	-0.0934	-0.1783	0.2182
S_0	-0.0394	0.0420	-0.0434	0.0479	-0.1080	0.1154	-0.1430	0.1581	-0.1518	0.1663
	-0.0675	0.0668	-0.0771	0.0852	-0.1181	0.1103	-0.0501	0.0554	-0.0450	0.0420
Q_p	0		0		0		0		1	

从诊断结果可见 2、4 节点端口的逻辑值 Q_p 为 1，其余均为零，则可判断出 R_5 发生故障。其诊断结果和原先假设的情况是相吻合，即获得支路元器件的故障定位。

9.9　非线性容差子网络级故障的区间诊断法

前面几章研究了线性容差网络、子网络级和元器件级的故障诊断法。但是，当涉及非线性容差网络时，应用线性诊断的方法就不再适用。当今，研究者们正致力寻找一种能够适用于实际工程的有效诊断法。因此，研究非线性容差网络的故障诊断具有重要的现实意义，也是故障诊断理论和方法走向实际应用的关键。据此，作者提出一种判别非线性且含有容差的子网络故障的方法。

设非线性网络 N 有 n 个独立节点，b 条支路。应用节点撕裂概念，在第 i 次撕裂时将网络 N 撕裂成两个互不耦合的子网络 N_1^i 和 $\hat{N}_1^i$，如图 9-11 所示。如果要判断子网络 N_1^i 是否有故障，首先是根据子网络 N_1^i 的性质和要求，在子网络 N_1^i 的撕裂端点处（与 $\hat{N}_1^i$ 相关联的节点处），适当地加上电流源激励，如图 9-12 所示。然后在子网络 N_1^i 中的可测试端点上测量电压值，再根据下列判据来判断 N_1^i 是否发生故障。

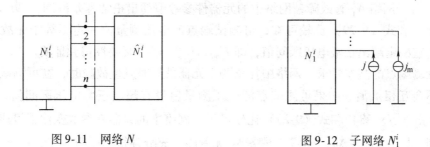

图 9-11　网络 N　　　　　　　　　图 9-12　子网络 N_1^i

定义 3　网络 N_1^i 中的节点满足下列条件时可作为可测试端点：

1）在子网络 N_1^i 的撕裂端点加上电流源激励，N_1^i 中可以用于测量电压的节点。

2）这些节点对于子网络 N_1^i 中所有元器件参数的灵敏度均不为零且任意两个独立故障同时发生时，在这一节点上不会互相抵消。

判据 1　无容差子网络 N_1^i（或 $\hat{N}_1^i$）无故障的充分和必要条件是可测试端点的电压测量值等于无故障时的电压计算值，即

$$U_{mi} = U_{mi}^{(0)} \quad (i = 1,\ 2,\ \cdots)$$

式中，U_{mi} 表示在子网络 N_1^i 的撕裂端点处加上电流源激励，当网络内部元器件参数发生变化，在第 i 个可测试端点上的电压测量值；$U_{mi}^{(0)}$ 表示子网络 N_1^i 无故障时，在 N_1^i 的撕裂端点加上与故障测量时相同的电流源激励，在第 i 个可测试端点的电压计算值。如果考虑网络 N 中元器件参数存在容差时，无故障时的电压计算值 $U_{mi}^{(0)}$ 不是点值，它是一个区间值。因此，要判断容差子网络 N_1^i 是否发生故障应采用下列判据。

判据 2　容差子网络 N_1^i（或 $\hat{N}_1^i$）故障的充分和必要条件是可测试端点的电压测量值与无故障时的电压计算值的交集为空集。即

$$U_{mi} \cap U_{mi}^{(0)} = 0 \quad (i = 1,\ 2,\ \cdots)$$

证明：必要性和充分性

假设子网络 N_1^i 无故障时，可测试端点的电压 $U_{mi}^{(0)}$ 的计算值的函数表达式为

$$U_{mi}^{(0)} = F(h_0 + \Delta h^{(0)}, I_m^{(0)}) \tag{9-28}$$

式中，h_0 表示子网络 N_1^i 中元器件参数标称值的关系函数；$\Delta h^{(0)}$ 表示由网络元器件参数容差引起的最大容限的关系函数，它们都是已知量；$I_m^{(0)}$ 表示在子网络 N_1^i 的撕裂端点处外加电流源激励，它是一个已知向量。考虑元器件参数存在容差时，式（9-28）中的 $U_{mi}^{(0)}$ 不是点值，它是区间值。它可以在测试前通过计算获得的。

如果要判断容差子网络 N_1^i 是否有故障,是在它的撕裂端点处加上与无故障时相同的电流源激励,在可测试端点的电压测量值 U_{mi} 的函数表达式为

$$U_{mi} = F\,(h, I_m^{(0)}) \tag{9-29}$$

式中,h 表示子网络 N_1^i 中元器件参数当前变化值的关系函数,它是一个未确定量。

式中测试端点的电压测量值 U_{mi} 是点值,它可以通过测量获得。如果子网络 N_1^i 中元器件参数变化量均不超出最大的容差范围,即 $h \in h_0 + \Delta h$,则子网络 N_1^i 仍然是无故障,可测试端点的电压测量值 U_{mi} 决不会超出无故障时的电压区间值,即 $U_{mi} \subseteq U_{mi}^{(0)}$(亦即 $U_{mi} \cap U_{mi}^{(0)} \neq 0$);若子网络 N_1^i 有故障,网络中的元器件参数值超出正常容差范围,即 $h > h_0 + \Delta h$。由式(9-28)和式(9-29)比较可知,可测试端点的电压测量值一定不等于无故障时的电压计算值,它必定超出正常电压区间值,即 $U_{mi} \cap U_{mi}^{(0)} = 0$。必要性得到证明。

根据可测端点的基本要求,网络中任意两个元器件同时发生故障时,在可测端点上的电压变化量不会互相抵消。如果可测端点的电压测量值没有超出正常电压区间值,即 $U_{mi} \subseteq U_{mi}^{(0)}$,那么由式(9-28)和式(9-29)比较可见,网络中的元器件参数变化不可能超出允许的容差范围。即 $h \in h_0 + \Delta h$,亦即子网络 N_1^i 无故障。充分性得到证明。

9.9.1 非线性容差子网络可测端点电压区间值的确定

本节将介绍求解非线性容差网络可测点电压值的 Krawezyk-hansen 区间迭代法[98,103]。假设非线性容差网络 N 如图 9-11 所示。根据 KCL 和 KVL 可得非线性容差网络方程式

$$Q\,(\zeta;\, X) = 0 \tag{9-30}$$

式中的 $Q = Q(:)$,它是一个区间方程组;$\zeta = (\zeta_i) \in R^n$,它表示容差网络元器件参数的标量函数,它的取值可以在给定的容差范围变动,是已知量;$X = (x_i) \in R^n$,它是网络 N 中的电压或电流相量,是式中待求的未知量,它的每一个分量不是点值,而是一个区间值。求解式(9-30)的未知量可按下列迭代步骤进行[102-105]:

1)首先构造式(9-30)的 Jacobi 矩阵 $J\,(\zeta, X)$

$$J(\zeta, X) = \begin{bmatrix} \dfrac{\partial q_1}{\partial x_1} & \dfrac{\partial q_2}{\partial x_2} & \cdots & \dfrac{\partial q_1}{\partial x_n} \\[2mm] \dfrac{\partial q_2}{\partial x_1} & \dfrac{\partial q_2}{\partial x_2} & \cdots & \dfrac{\partial q_n}{\partial x_n} \\[2mm] & & \vdots & \\[2mm] \dfrac{\partial q_n}{\partial x_1} & \dfrac{\partial q_n}{\partial x_2} & \cdots & \dfrac{\partial q_n}{\partial x_n} \end{bmatrix} \tag{9-31}$$

2)令 $Y^{(k)} = \mathrm{m}\,(X^{(k)})$,式中 $\mathrm{m}\,(X^{(k)})$ 表示第 k 次迭代时,X 的中值,即 $y_i = \dfrac{1}{2}(x_i' + x_i'')$。式中,$x_i'$,$x_i''$ 分别表示第 i 个未知量 x_i 的上区间和下区间值($i = 1, 2, \cdots, n$;$k = 0, 1, 2, \cdots, n$)。然后将 $Y^{(k)}$ 代入式(9-31)中求解 $\overline{Y}^{(k)} = [J\,(Y^{(k)})]^{-1}$ 的值。

3)用 Krawezyk-hansen 的迭代算子求解式(9-30)中的变量 X

$$K^{(k)} = Y^{(k)} - \overline{Y}^{(k)} Q(Y^{(k)}) + \overline{Y}^{(k)} \{ [m(\boldsymbol{J}(X^{(k)}))] - \boldsymbol{J}(X^{(k)}) \} (X^{(k)} - Y^{(k)})$$

$$x_i^{(k+1)} = x_i^{(k)} \cap k_i^{(k)} \tag{9-32}$$

$$i = 1, 2, \cdots, n; \quad k = 0, 1, 2 \cdots$$

在正常情况下，式（9-32）是区间套序列[98]。当迭代满足 $[X^{(k+1)}] = [X^{(k)}]$ 时，则获得非线性方程组式（9-30）的解，亦即获得非线性容差网络可测端点的电压区间值。

9.9.2　非线性容差子网络故障诊断仿真示例

如图 9-13 所示为第 i 次被撕裂时的非线性子网络 N_1^i。子网络中各元器件参数的标称值见表 9-13。其中非线性元器件 R_P 的伏安特性关系为 $i = 3u_3^2$。网络中各元器件参数的变动按 ±5% 容差变化。如果在撕裂端点 $a-b$ 处外加电流源激励 $I_1 = 0.1\text{A}$，在网络中选择节点 1、2 作为可测量端点，根据公式（9-31）和式（9-32）可算出非线性容差子网络无故障时可测量端点的电压区间值。计算结果见表 9-14。

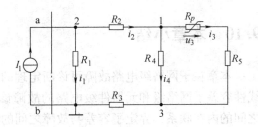

图 9-13　非线性子网络

表 9-13　各支路元器件参数值　　　　（单位：Ω）

支路元器件	R_1	R_2	R_3	R_4	R_5
元器件参数	100	50	20	150	200

表 9-14　无故障时可测端点电压区间值　　　　（单位：V）

可测点	U_1		U_2	
电压值	16.660	52.5983	58.1042	91.8011

故障仿真：假设子网络 N_1^i 中的元器件 R_4 发生故障（R_4 从 150Ω 变化为 850Ω），其余元器件参数均不变。判断子网络 N_1^i 是否发生故障，首先是在撕裂端口 $a-b$ 处外加与无故障计算时相同的电流源激励。然后，在可测端点上测量电压值。测量结果见表 9-15。

表 9-15　可测端点的电压测量值　　　　（单位：V）

可测点	U_1	U_2
电压值	74.97	173.32

通过表 9-14 和表 9-15 比较可见，可测端点的电压测量值均超出无故障时的电压区间值。则它们的交集都为空集。即：$U_{mi} \cap U_{mi}^{(0)} = 0$（$i = 1, 2$）。所以根据判据 2，则可判断出容差子网络 N_1^i 是有故障的。这与我们原来的假定是相吻合的。为了方便起见，现将无故障时的电压区间值 U_{10} 和 U_{20} 以及故障时的电压测量值 U_{1f} 和 U_{2f} 的值标在同一数轴上，如图 9-14 所示。由图可见，它们的交集都为空集，则可判断出容差子网络 N_1^i 发生故障。

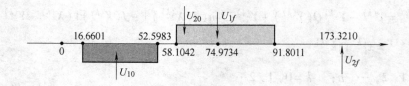

图 9-14　电压区间值

　　以上故障诊断仿真表明，文中提出的非线性容差子网络级故障诊断的判据是正确有效的，它对实际工程网络的故障诊断具有一定的应用价值。

9.10　本章小结

　　本章在子网络级电路故障可诊断定理的基础上，把区间数学分析法应用于线性容差和非线性容差子网络级和元器件级电路的故障诊断。文中应用 Markov 分析法揭示了容差与故障之间的内在联系，界定了容差与故障之间的模糊界线，解决了容差网络电路故障的误诊断或无法诊断等问题。如果将这种诊断法与交叉撕裂搜索法结合起来进行故障诊断，可以减小大规模网络电路故障诊断的搜索范围，提高故障诊断速度，降低可测点所需要的数量，提高可测点的重复利用率。

第 10 章　大规模容差网络可测点的优化选择

10.1　引言

模拟网络故障诊断，通常是借助网络外部可测点的测量信息，或者外加信号源激励，来判断网络内部元器件是否发生故障。倘若这些可测点选择不合理，它将造成故障误诊断或者漏诊断甚至无法诊断。由此可见，正确选择网络可测点在故障诊断理论中是极其重要的。但是迄今为止，国内外学者在这一领域的研究甚少，几乎是一片空白。文献［49］在无容差情况下，探讨了网络可测点的合理选择。然而，当考虑网络参数值存在容差时（这是实际工程网络客观存在的），这种选择方法已经不能满足实际工程的要求。据此，本章在文献［47］~［49］的基础上，应用区间分析法对容差网络可测点的合理选择进行深入研究，提出了选择网络可测点的方法和计算公式，初步解决了容差网络故障诊断中至今尚未研究的课题，对容差电网络的故障诊断具有重要的应用价值。

10.2　容差网络可测点电压灵敏度与故障识别的关系

线性非互易网络的节点电压灵敏度，对网络内部元器件参数是否处于故障状态起着至关重要的报警作用。通常判断网络是否发生故障，主要是依靠在可测试点上获得的测量信息来加以识别。当网络内部元器件发生故障时，人们希望在这些可测试点上都能测量得到正确而强烈的故障信号，它对容差网络的故障诊断是极为重要的。因此，将节点电压对支路参数的灵敏度作为合理选择可测点的一个基本条件之一。

设线性非互易网络 N，有 n 个独立节点，b 条支路。其节点电压方程为

$$[Y_n][U_n] = [I_n] \tag{10-1}$$

当电路参数发生扰动时，由式（10-1）可得节点电压对元器件参数变化的灵敏度 $S_P^{U_{ni}}$ 为

$$S_P^{U_{ni}} = -(U_s + A^T \cdot U_n)^T \otimes \{-(Y_n)^{-1} \cdot A\} \tag{10-2}$$

亦即，第 i 个节点对第 j 个元器件参数的电压灵敏度 $S_{P_j}^{U_{ni}}$（$i=1,2,\cdots,n$）为

$$S_{P_j}^{U_{ni}} = -\mathrm{Vec}\{(U_s + A^T U_n)^T \otimes \{-(Y_n)^{-1} \cdot A\}\}_i \tag{10-3}$$

式中，$\otimes$ 表示矩阵张量积运算符号；U_s 和 A 分别表示支路电压源向量和电路的关联矩阵，它们都是已知量。

当不考虑元器件参数值和外加信号源存在容差时，$S_{P_j}^{U_{ni}}$ 是点值。显然，它的值越大，对该元器件参数值的变化越敏感。但是当计及元器件参数值存在容差时，$S_{P_j}^{U_{ni}}$ 不是点值，它是一个区间值。应用区间数学分析法可以求出节点电压灵敏度 $S_{P_j}^{U_{ni}}$ 的区间值。从易于觉察网络故障的角度来看，节点电压灵敏度区间值的宽度越大，则说明该节点对元器件参数的变化越敏感，越有利于提高网络故障的识别能力。因此，把节点电压灵敏度区间中值 m（$S_{P_j}^{U_{ni}}$）和

它的区间宽度 $\omega\left(S_{P_j}^{U_{ni}}\right)$ 的乘积作为选择电网可测点的一个重要参数。

10.3 撕裂端口零电流门限及其灵敏度与故障识别的关系

应用节点撕裂概念，将网络 N 撕裂成 N_1 和 N_2 两部分。现将子网络 N_1 单独分开，如图 10-1 所示。

当 N_1 和 N_2 无耦合时，根据 8.3 节方法建立子网络级电路 N_1 的节点电压方程

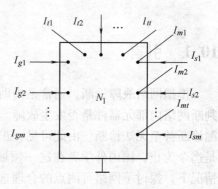

图 10-1　电路子网络

$$\begin{bmatrix} Y_1 & Y_2 \\ Y_3 & Y_4 \end{bmatrix}\begin{bmatrix} U_m \\ U_i \end{bmatrix} = \begin{bmatrix} 0 \\ I_{MT} \\ I_{GM} \\ 0 \end{bmatrix} + \begin{bmatrix} I_{ts} \\ 0 \end{bmatrix} \quad (10\text{-}4)$$

当网络无故障且又不考虑容差时，$[I_{ts}]$ 中各个分量之和为零。即

$$\sum_{j=1}^{m_2} I_{ts_j} = 0$$

但是，当考虑元器件参数和激励都存在容差时，即使电路无故障上式也不为零，它存在一个区间值。定义这个区间值的最大限度为子网络级电路 N_1 撕裂端口的零电流门限 D_0，即

$$D_0 = \sum_{j=1}^{m_2} I_{ts_j} \quad (10\text{-}5)$$

显然，要准确地判断 N_1 是否有故障，关键是零电流门限 D_0 的区间宽度 $\omega(D_0)$ 应小些为好。另外，从元器件参数值发生扰动时易于被觉察的角度看，则要求零电流门限 D_0 的灵敏度 $S_{P_j}^{D_0}$ 的值应尽量大些。然而，$S_{P_j}^{D_0}$ 的大小与所选择的可测点的位置有关。当可测点选择不适合时，将会引起 $S_{P_j}^{D_0}$ 的值变小，亦即使 D_0 的区间宽度 $\omega(D_0)$ 增大，使得在撕裂端口所获得的故障信息被参数容差引起的零门限所覆盖，造成故障误诊断或漏诊断。因此，把零门限 D_0 的灵敏度的中值 $m\left(S_{P_j}^{D_0}\right)$ 作为选择可测点的另外一个重要参数和指标。

根据泰勒级数可以证明，当 N_1 中任一元器件参数 P_j 发生变扰动时，由式（10-4）可得

$$\Delta D_0 = \sum_{i=1}^{m_2}\left\{\mathrm{Vec}\left([Y_m]\frac{\partial[U_m]}{\partial P_j} - \frac{\partial[I_R]}{\partial P_j}\right)\right\}_i \Delta P_j$$

式中，$[Y_m] = [Y_1] - [Y_2][Y_4]^{-1}[Y_3]$；$[I_R] = \begin{bmatrix} 0 \\ I_{MT} \end{bmatrix} - [Y_2][Y_4]^{-1}\begin{bmatrix} I_{GM} \\ 0 \end{bmatrix}$。因此，可获得撕裂端口的零电流门限 D_0 对第 j 个元器件 P_j 的灵敏度 $S_{P_j}^{D_0}$ 值为

$$S_{P_j}^{D_0} = \sum_{i=1}^{m_2}\left\{\mathrm{Vec}\left([Y_m]\frac{\partial[U_m]}{\partial P_j} - \frac{\partial[I_R]}{\partial P_j}\right)\right\}_i \quad (10\text{-}6)$$

式中，$S_{P_j}^{D_0}$ 不是点值，它是一个区间值，$S_{P_j}^{D_0}$ 的值越大，越有利于故障的识别。

10.4　容差子网络级可测点的优化选择方法

现在研究如何从子网络 N_1 中选择出能强烈反映网络内部元器件参数值发生变化的可测点。也就是说，当子网络 N_1 发生故障时，通过在这些节点上所获得的测量信息，就可以准确、可靠地反映网络内部元器件参数值是否发生变化。

定义 1　在子网络 N_1 中，满足故障可诊断拓扑条件的可测点的集合称为待选可测点基集合。假设每一组待选可测点集合由 m_2 个节点组成（m_2 是子网络 N_1 中被撕裂的节点数；$m_2 = m$，m 是子网络 N_1 中的可测点数）。

定义 2　子网络 N_1 内部可能发生故障的元器件集合称为故障基集合。

现在假设子网络 N_1 中可测点基集合有 S 组待选可测点，N_1 中故障基集合有 bf 个元器件。下面研究如何从 S 组待选可测点基集合中优化选取一组较为理想的可测点（亦即当容差网络 N 发生故障时，可以借助这组可测点的测量值能有效地判断出 N_1 是否有故障）。这就是本节要解决的问题。

首先应用区间数学分析法算出容差网络 N 无故障时，每一组待选可测点电压对故障基集合中每一个元器件参数值变化的灵敏度区间值 $S_{P_j}^{U_{ni}}$［亦即按照式（10-3）计算］。由于不同支路参数值发生变化时，在同一个节点上产生的电压灵敏度可能会相互抵消，因此，在计算每一组待选可测点的电压对故障基集合中所有元器件参数值变化的灵敏度大小时，需对它们的区间宽度和中值进行求和、连乘运算。亦即按照下式计算每一组待选可测点的电压灵敏度的均值 SD^i（$i = 1, 2, 3, \cdots, S$）：

$$SD^i = m \sqrt{\left| \prod_{i=1}^{m_2} \sum_{j=1}^{bf} \omega(S_{P_j}^{U_{ni}}) \, \mathrm{m}(S_{P_j}^{U_{ni}}) \right|} \tag{10-7}$$

式中，m_2 表示为每一组待选可测点的个数；$\omega(S_{P_j}^{U_{ni}}) = \widehat{S}_{P_j}^{U_{ni}} - \widrecheck{S}_{P_j}^{U_{ni}}$；$\mathrm{m}(S_{P_j}^{U_{ni}}) = (\widehat{S}_{P_j}^{U_{ni}} + \widecheck{S}_{P_j}^{U_{ni}})/2$；$\widehat{S}_{P_j}^{U_{ni}}$ 和 $\widecheck{S}_{P_j}^{U_{ni}}$ 分别表示第 i 个待选可测点对故障基集合中第 j 个元器件灵敏度区间值的上端点和下端点值。

由此可见，在待选可测点中任意一个节点电压灵敏度的大小，将直接影响到该组待选可测点是否被优先选取或者被淘汰。

其次，由式（10-6）计算每一个待选可测点对故障基集合中每一个元器件变化的零电流门限灵敏度值。然后，按照下式计算每一组待选可测点对故障基集合中所有元器件变化的零电流门限灵敏度的均值 TD^i（$i = 1, 2, \cdots, S$）。即

$$TD^i = \frac{1}{m} \left| \sum_{j=1}^{bf} \mathrm{m}(S_{P_j}^{D_0}) \right| \tag{10-8}$$

式中，$\mathrm{m}(S_{P_j}^{D_0}) = (\widehat{S}_{P_j}^{D_0} + \widecheck{S}_{P_j}^{D_0})/2$；$\widehat{S}_{P_j}^{D_0}$ 和 $\widecheck{S}_{P_j}^{D_0}$ 分别表示零电流门限灵敏度的上端点和下端点值。

为了方便于从 S 组待选可测点基集合中优化选择出一组较为理想的可测点，可根据式（10-7）和式（10-8）计算得到的数据构造一个称为区间系数优化矩阵 $\boldsymbol{G}_S$。$\boldsymbol{G}_S$ 的行对应 SD 和 TD 的值；$\boldsymbol{G}_S$ 的列对应于 S 中每一组待选可测点的组合。即 $\boldsymbol{G}_S$ 为

$$G_S = \begin{bmatrix} SD^1 & SD^2 & \cdots & SD^S \\ TD^1 & TD^2 & \cdots & TD^S \end{bmatrix} \tag{10-9}$$

综合考虑上述各种因素，将系数优化矩阵 G_S 中每一列元素相乘，然后构造一个优化系数 ST^i（$i=1$，2，$\cdots$，S）。ST^i 是一个（$1 \times S$）阶矩阵，它的列对应于 S 中每一组待选可测点的组合。

$$ST^i = SD^i \cdot TD^i \tag{10-10}$$

ST^i 中最大值者，即 $\max(ST^i)$ 所对应的列就是容差子网络 N_1 优化选择的一组较为理想的可测点。即

$$\max_{i=1}^{S}(ST^i) = \max(ST^1, ST^2, \cdots, ST^S) \tag{10-11}$$

当然，也可以从工程实际网络出发，考虑工程上对可测点设计的具体要求以及方便性等诸方面因素，对 SD^i，TD^i 分别作适当的加权处理，以满足具体需要。例如，有两组待选可测点集 S^i 和 S^j，假如它们的 SD 和 TD 参数值接近相同，但是待选可测点集 S^i 在工艺上不易实现，也 S^j 在工艺上易于实现，因此，可以对 S^j 的 SD^j 和 TD^j 的值进行适当加权，以满足设计上的客观需要。

10.4.1　容差网络可测点优化选择仿真示例一

图 10-2 所示是一个具有 7 个独立节点，16 条支路的网络 N，网络中各元器件参数值见表 10-1。外激励源 I_S 为 0.2A，各元器件参数值的容差均按 $\pm 5\%$ 变化。现在研究从子网络中优化选择出一组较为合理的可测点。

表 10-1　各支路元器件参数值　　　　　　　　　（单位：S）

支路号	y_1	y_2	y_3	y_4	y_5	y_6	y_7	y_8	y_9	y_{10}	y_{11}	y_{12}	y_{13}	y_{14}	y_{15}	y_{16}
标称值	0.4	0.7	0.5	0.9	0.45	0.2	0.8	0	0.12	0.36	0.75	0.8	0.10	0.6	0.55	0.75

假设在第 i 次撕裂诊断时，将网络撕裂成两部分，现考虑子网络 N_1，如图 10-3 所示。如果子网络 N_1 中的待选可测点基集合为：{1，2；1，3；2，3；2，4；3，4}。即 $S=5$。假设网络中经常发生故障的元器件的基集合为：{y_1，y_2，y_3，y_4，y_5}，即 $bf=5$。由式（10-3）和式（10-6）可算出每一组待选可测点的电压灵敏度和零电流门限灵敏度的区间值，见表 10-2。

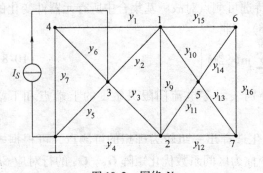

图 10-2　网络 N

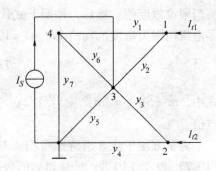

图 10-3　子网络 N_1

表 10-2　待选可测点的电压灵敏度和零电流门限灵敏度的区间值

代选可测点	支路	y_1	y_2	y_3	y_4	y_5
(1, 2)	$S_{P_j}^{U_1}$	− 0. 0455413 − 0. 0334526	0. 0247948 0. 0396964	− 0. 0120819 − 0. 0093024	− 0. 0398061 − 0. 0360150	− 0. 1097819 − 0. 0993264
	$S_{P_j}^{U_2}$	− 0. 0185239 − 0. 0136068	0. 0036079 0. 0057762	0. 0296932 0. 0385655	− 0. 0623143 − 0. 0563796	− 0. 0757290 − 0. 0685167
	$S_{P_j}^{D_0}$	− 0. 0409015 − 0. 0291921	0. 0137484 0. 0255940	0. 0252144 0. 0369872	− 0. 0815971 − 0. 0784639	− 0. 1249341 − 0. 1234391
(1, 3)	$S_{P_j}^{U_1}$	− 0. 0455413 − 0. 0334526	0. 0247948 0. 0396964	− 0. 0120819 − 0. 0093024	− 0. 0398061 − 0. 0360150	− 0. 1097819 − 0. 0993264
	$S_{P_j}^{U_3}$	− 0. 0188397 − 0. 0138388	− 0. 0252922 − 0. 0157978	− 0. 0566155 − 0. 0435907	− 0. 0336527 − 0. 0304477	− 0. 1704135 − 0. 1541837
	$S_{P_j}^{D_0}$	− 0. 0419960 0. 0062393	− 0. 1540552 − 0. 0730645	− 0. 2062836 − 0. 1512998	− 0. 0832290 − 0. 0765681	− 0. 5169250 − 0. 4898118
(2, 3)	$S_{P_j}^{U_2}$	− 0. 0185239 − 0. 0136068	0. 0036079 0. 0057762	0. 0296932 0. 0385655	− 0. 0623143 − 0. 0563796	− 0. 0757290 − 0. 0685167
	$S_{P_j}^{U_3}$	− 0. 0188397 − 0. 0138388	− 0. 0252922 − 0. 0157978	− 0. 056615529 − 0. 043590692	− 0. 0336527 − 0. 0304477	− 0. 1704135 − 0. 1541837
	$S_{P_j}^{D_0}$	− 0. 0384157 − 0. 0215930	− 0. 0291362 − 0. 0083105	− 0. 0468091 − 0. 0117376	− 0. 0847664 − 0. 0753668	− 0. 2426601 − 0. 2253186
(2, 4)	$S_{P_j}^{U_2}$	− 0. 0185239 − 0. 0136068	0. 0036079 0. 0057762	0. 0296931 0. 0385655	− 0. 0623143 − 0. 0563796	− 0. 0757290 − 0. 0685167
	$S_{P_j}^{U_4}$	0. 0230920 0. 0314367	0. 0048274 0. 0077286	− 0. 0115399 − 0. 0088851	− 0. 0161807 − 0. 0146397	− 0. 0557110 − 0. 0504052
	$S_{P_j}^{D_0}$	0. 0118927 0. 0283126	0. 0090871 0. 0169270	0. 0135897 0. 0276966	− 0. 0814739 − 0. 0787046	− 0. 1420750 − 0. 1444408
(3, 4)	$S_{P_j}^{U_3}$	− 0. 0188397 − 0. 0138388	− 0. 0252922 − 0. 0157978	− 0. 0566155 − 0. 0435907	− 0. 0336527 − 0. 0304477	− 0. 1704135 − 0. 1541837
	$S_{P_j}^{U_4}$	0. 0230920 0. 0314367	0. 0048274 0. 0077286	− 0. 0115399 − 0. 0088851	− 0. 0161807 − 0. 0146397	− 0. 0557110 − 0. 0504052
	$S_{P_j}^{D_0}$	− 0. 2220532 − 0. 1354291	− 0. 1533592 − 0. 0743609	− 0. 2188588 − 0. 1387068	− 0. 0820940 − 0. 0776069	− 0. 5146262 − 0. 4919043

　　根据式（10-7）、式（10-8）和式（10-10）分别可求出 SD^i、TD^i 和 ST^i 各系数值，见表 10-3。

　　从表 10-3 中的优化系数 ST 值可见，在 5 组待选可测点集合中，节点（1，3）对应的优化系数 ST 值最大，而节点（2，4）对应的 ST 值最小。所以选择（1，3）节点作为子网络 N_1 的可测点较为理想，它有利于 N_1 的故障诊断。

表 10-3　SD^i、TD^i 和 ST^i 各系数值

	(1, 2)	(1, 3)	(2, 3)	(2, 4)	(3, 4)
SD^i	0.0942593	0.4467484	0.1960285	0.0847971	0.5272498
TD^i	0.0008981	0.0021543	0.0015298	0.0002351	0.0005636
ST^i	0.08464×10^{-3}	0.96153×10^{-3}	0.29989×10^{-3}	0.01994×10^{-3}	0.29716×10^{-3}

　　现在通过选择最好的和最差的两组可测点计算子网络 N_1 撕裂端口的零电流门限 D_0 值的大小来证实选择节点 (1, 3) 作为 N_1 的可测点是较为理想的，而选择节点 (2, 4) 作为可测点是不理想的。

　　现将网络无故障时，在可测点 (1, 3) 和 (2, 4) 的电压区间值分别代入式 (10-4) 和式 (10-5) 中，则可以算出它们分别对应 N_1 撕裂端口的零电流门限 D_0 的区间值见表 10-4。

表 10-4　零电流门限 D_0 的区间值　　　　　　（单位：V）

	U_1	U_3	U_2	U_4
U_i	0.1220202 0.1103992	0.1894110 0.1713718	0.1220202 0.1103992	0.0619216 0.0560243
D_0	0.0240722	−0.0229034	0.1208669	−0.1144552

　　为了便于直观地比较，现将这两组可测点对应的 D_{0i}（D_{01} 对应于可测点 (1, 3) 的零门限，D_{02} 对应于可测点 (2, 4) 的零门限），在同一个数轴上分别标出它们的区间值，如图 10-4 所示。

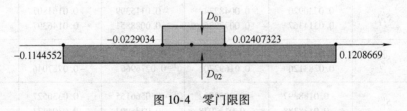

图 10-4　零门限图

　　从图 10-4 中可见，可测点 (1, 3) 对应的零门限 D_{01}，它的区间宽度比可及点 (2, 4) 对应的零门限 D_{02} 的区间宽度小，即 $\omega(D_{01}) < \omega(D_{02})$。所以选择节点 (1, 3) 作为 N_1 的可测点是理想的。它有利于 N_1 的故障诊断；而选择可测点 (2, 4) 作为可测点，由于它的零门限 D_{02} 的区间宽度较大，所以它可能会造成故障误诊断。换句话说，选择较小的零门限区间宽度的可测点，当 N_1 发生故障时能够明显地将电路元器件的容差与发生故障区分开。

10.4.2　容差网络可测点优化选择仿真示例二

　　现在研究含有受控源容差网络可及点的优化问题。图 10-5 是一个具有 19 个独立节点，32 条支路的容差电网络。在节点 4 和参考点之间外加 0.1A 的电流源激励。网络中存在两个

受控源支路，受控系数 β_0 和 β_1 的大小分别是 2 和 1。网络中各元器件的参数标称值均按 y_i 的下标（$i \times 0.1S$）取值（例如：$y_9 = 0.9S$）。元器件容差按 ±5% 变化。假设第 i 次撕裂是在节点 8、9 和 10 处将 N 撕裂成 N_1，如图 10-6 所示。

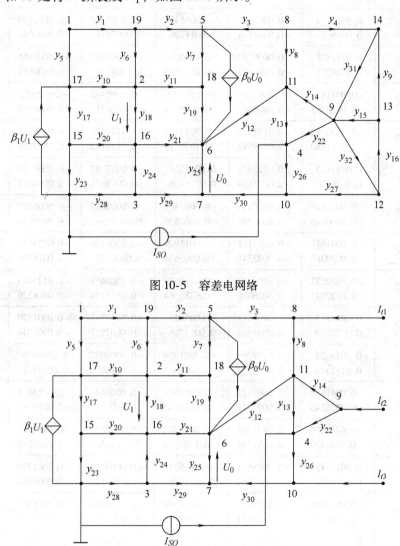

图 10-5　容差电网络

图 10-6　电路子网络 N_1

如果子网络 N_1 的待选可测点基集合为：{1，2，4；1，3，4；1，5，4；1，4，6；2，4，6；3，4，6；3，4，10；3，4，18；3，4，5；4，6，9；4，5，16；4，9，10；4，6，19；2，4，17；2，3，4}，即共有 15 组待选可测点。子网络级电路 N_1 中的故障基集合为：{y_3，y_7，y_{10}，y_{19}，y_{21}，y_{24}}，即 $bf = 6$。现在研究如何从 15 组待选可测点中优化选择出一组较为理想的节点作为子网络级电路 N_1 的可测点。

根据 10.4 节容差子网络级电路可测点优化选择公式和方法可算出每一组待选可测点的 $S_{P_j}^{U_i}$ 和 $S_{P_j}^{D_0}$ 的区间值和 $\boldsymbol{G}_S$、ST 优化系数矩阵。计算结果见表 10-5 和表 10-6。

表 10-5 待选可测点的 $S_{P_j}^{U_i}$ 和 $S_{P_j}^{D_0}$ 的区间值

待选可测点	灵敏度	y_3	y_7	y_{10}	y_{19}	y_{21}	y_{24}
(1, 2, 4)	$S_{P_j}^{U_1}$	0. 0013113 0. 0026770	− 0. 0005671 − 0. 0001864	0. 0005539 0. 0011706	− 0. 0003747 0. 0007571	− 0. 0001770 − 0. 0001044	− 0. 0003371 − 0. 0000711
	$S_{P_j}^{U_2}$	0. 0011888 0. 0024271	− 0. 0000250 − 0. 0000082	− 0. 0030076 − 0. 0014230	− 0. 0004032 0. 0008146	− 0. 0001165 − 0. 0000687	− 0. 0006016 − 0. 0001268
	$S_{P_j}^{U_4}$	− 0. 0041619 − 0. 0020385	− 0. 0007121 − 0. 0002341	− 0. 0011909 − 0. 0005634	− 0. 0000446 0. 0000221	− 0. 0025035 − 0. 0014766	− 0. 0001213 − 0. 0000256
	$S_{P_j}^{D_0}$	− 2. 4890862 2. 0054280	− 0. 2183315 0. 6799517	− 3. 7013957 0. 1010718	− 2. 9724428 2. 9626182	− 0. 0486381 0. 1542999	− 0. 9116286 0. 7691496
(1, 3, 4)	$S_{P_j}^{U_1}$	0. 0013113 0. 0026770	− 0. 0005671 − 0. 0001864	0. 0005539 0. 0011706	− 0. 0003747 0. 0007571	− 0. 0001770 − 0. 0001044	− 0. 0003371 − 0. 0000711
	$S_{P_j}^{U_3}$	− 0. 0001323 − 0. 0000648	− 0. 0000159 − 0. 0000052	− 0. 0007452 − 0. 0003526	− 0. 0000079 0. 0000159	− 0. 0005357 − 0. 0003160	0. 0001056 0. 0005010
	$S_{P_j}^{U_4}$	− 0. 0041619 − 0. 0020385	− 0. 0007121 − 0. 0002341	− 0. 0011909 − 0. 0005634	− 0. 0000446 0. 0000221	− 0. 0025035 − 0. 0014766	− 0. 0001213 − 0. 0000256
	$S_{P_j}^{D_0}$	− 0. 0822552 0. 0122032	− 0. 0264241 0. 0026816	− 0. 0233677 0. 0389564	− 0. 0308698 0. 0333154	− 0. 0425030 − 0. 0108229	− 0. 039091 0. 0164997
(1, 4, 5)	$S_{P_j}^{U_1}$	0. 0013113 0. 0026770	− 0. 0005671 − 0. 0001864	0. 0005539 0. 0011706	− 0. 0003747 0. 0007571	− 0. 0001770 − 0. 0001044	− 0. 0003371 − 0. 0000711
	$S_{P_j}^{U_4}$	0. 0074622 0. 0152348	− 0. 0119764 − 0. 0039377	− 0. 0011969 − 0. 0005663	− 0. 0008037 0. 0016238	0. 0008678 0. 0014714	0. 0001287 0. 0006104
	$S_{P_j}^{U_5}$	− 0. 0041619 − 0. 0020385	− 0. 0007121 − 0. 0002341	− 0. 0011909 − 0. 0005634	− 0. 0000446 0. 0000221	− 0. 0025035 − 0. 0014766	− 0. 0001213 − 0. 0000256
	$S_{P_j}^{D_0}$	− 0. 6432476 0. 3164539	− 0. 2801701 0. 6377148	− 0. 0054547 0. 1780179	− 0. 3222512 0. 3272562	− 0. 0859272 − 0. 0178075	− 0. 0895702 0. 0402212
(1, 4, 6)	$S_{P_j}^{U_1}$	0. 0013113 0. 0026770	− 0. 0005671 − 0. 0001864	0. 0005539 0. 0011706	− 0. 0003747 0. 0007571	− 0. 0001770 − 0. 0001044	− 0. 0003371 − 0. 0000711
	$S_{P_j}^{U_4}$	− 0. 0041619 − 0. 0020385	− 0. 0007121 − 0. 0002341	− 0. 0011909 − 0. 0005634	− 0. 0000446 0. 0000221	− 0. 0025035 − 0. 0014766	− 0. 0001213 − 0. 0000256
	$S_{P_j}^{U_6}$	0. 0001765 0. 0003603	0. 0000963 0. 0002928	− 0. 0014179 − 0. 0006708	− 0. 0002770 0. 0001371	− 0. 0039885 − 0. 0023525	− 0. 0005274 − 0. 0001112
	$S_{P_j}^{D_0}$	− 0. 1877321 − 0. 0220762	− 0. 0203713 0. 0519008	− 0. 1294153 − 0. 0154050	− 0. 1210523 0. 1036888	− 0. 1357682 − 0. 0702091	− 0. 0402218 0. 0389232
(2, 4, 6)	$S_{P_j}^{U_2}$	0. 0011888 0. 0024271	− 0. 0000250 − 0. 0000082	− 0. 0030076 − 0. 0014230	− 0. 0004032 0. 0008146	− 0. 0001165 − 0. 0000687	− 0. 0006016 − 0. 0001268
	$S_{P_j}^{U_4}$	− 0. 0041619 − 0. 0020385	− 0. 0007121 − 0. 0002341	− 0. 0011909 − 0. 0005634	− 0. 0000446 0. 0000221	− 0. 0025035 − 0. 0014766	− 0. 0001213 − 0. 0000256
	$S_{P_j}^{U_6}$	0. 0001765 0. 0003603	0. 0000963 0. 0002928	− 0. 0014179 − 0. 0006708	− 0. 0002770 0. 0001371	− 0. 0039885 − 0. 0023525	− 0. 0005274 − 0. 0001112
	$S_{P_j}^{D_0}$	− 0. 1400228 − 0. 0467413	− 0. 0135616 0. 0158544	− 0. 0260815 0. 1095562	− 0. 1134277 0. 0969312	− 0. 1568477 − 0. 0727405	− 0. 0452876 0. 0512831

（续）

待选 可测点	灵敏度	y_3	y_7	y_{10}	y_{19}	y_{21}	y_{24}
(3, 4, 6)	$S_{P_j}^{U_3}$	-0.0001323 -0.0000648	-0.0000159 -0.0000052	-0.0007452 -0.0003526	-0.0000079 0.0000159	-0.0005357 -0.0003160	0.0001056 0.0005010
	$S_{P_j}^{U_4}$	-0.0041619 -0.0020385	-0.0007121 -0.0002341	-0.0011909 -0.0005634	-0.0000446 0.0000221	-0.0025035 -0.0014766	-0.0001213 -0.0000256
	$S_{P_j}^{U_6}$	0.0001765 0.0003603	0.0000963 0.0002928	-0.0014179 -0.0006708	-0.0002770 0.0001371	-0.0039885 -0.0023525	-0.0005274 -0.0001112
	$S_{P_j}^{D_0}$	-0.0744850 -0.0239555	-0.0148507 0.0006517	-0.0253633 0.0130185	-0.0072944 0.0069286	-0.0459629 -0.0296433	-0.0282930 0.0120691
(3, 4, 10)	$S_{P_j}^{U_3}$	-0.0001323 -0.0000648	-0.0000159 -0.0000052	-0.0007452 -0.0003526	-0.0000079 0.0000159	-0.0005357 -0.0003160	0.0001056 0.0005010
	$S_{P_j}^{U_4}$	-0.0041619 -0.0020385	-0.0007121 -0.0002341	-0.0011909 -0.0005634	-0.0000446 0.0000221	-0.0025035 -0.0014766	-0.0001213 -0.0000256
	$S_{P_j}^{U_{10}}$	-0.0030369 -0.0014875	-0.0004918 -0.0001617	-0.0011510 -0.0005446	-0.0000626 0.0000310	-0.0023833 -0.0014057	-0.0000759 -0.0000160
	$S_{P_j}^{D_0}$	-0.0807376 -0.0158422	-0.0158523 0.0009859	-0.0270426 0.0066220	-0.0026394 0.0022236	-0.0428974 -0.0128278	-0.0154376 0.0094357
(3, 4, 18)	$S_{P_j}^{U_3}$	-0.0001323 -0.0000648	-0.0000159 -0.0000052	-0.0007452 -0.0003526	-0.0000079 0.0000159	-0.0005357 -0.0003160	0.0001056 0.0005010
	$S_{P_j}^{U_4}$	-0.0041619 -0.0020385	-0.0007121 -0.0002341	-0.0011909 -0.0005634	-0.0000446 0.0000221	-0.0025035 -0.0014766	-0.0001213 -0.0000256
	$S_{P_j}^{U_{18}}$	0.0018558 0.0037888	0.0004653 0.0014151	-0.0018487 -0.0008747	-0.0009221 0.0018630	-0.0018044 -0.0010643	-0.0003342 -0.0000705
	$S_{P_j}^{D_0}$	-0.0807950 0.0011641	-0.0211038 0.0130700	-0.0356291 0.0193137	-0.0417944 0.0436704	-0.0501529 -0.0155454	-0.0325980 0.0132671
(3, 4, 5)	$S_{P_j}^{U_3}$	-0.0001323 -0.0000648	-0.0000159 -0.0000052	-0.0007452 -0.0003526	-0.0000079 0.0000159	-0.0005357 -0.0003160	0.0001056 0.0005010
	$S_{P_j}^{U_4}$	-0.0041619 -0.0020385	-0.0007121 -0.0002341	-0.0011909 -0.0005634	-0.0000446 0.0000221	-0.0025035 -0.0014766	-0.0001213 -0.0000256
	$S_{P_j}^{U_5}$	0.0074622 0.0152348	-0.0119764 -0.0039377	-0.0011969 -0.0005663	-0.0008037 0.0016238	0.0008678 0.0014714	0.0001287 0.0006104
	$S_{P_j}^{D_0}$	-0.1134175 0.0804629	-0.1236344 0.0446585	-0.0331349 0.0250835	-0.0281370 0.0302727	-0.0445469 -0.001801	-0.0384511 0.0200904
(4, 6, 9)	$S_{P_j}^{U_4}$	-0.0041619 -0.0020385	-0.0007121 -0.0002341	-0.0011909 -0.0005634	-0.0000446 0.0000221	-0.0025035 -0.0014766	-0.0001213 -0.0000256
	$S_{P_j}^{U_6}$	0.0001765 0.0003603	0.0000963 0.0002928	-0.0014179 -0.0006708	-0.0002770 0.0001371	-0.0039885 -0.0023525	-0.0005274 -0.0001112
	$S_{P_j}^{U_9}$	-0.0048525 -0.0023768	-0.0008526 -0.0002803	-0.0011986 -0.0005671	-0.0000266 0.0000132	-0.0024917 -0.0014696	-0.0001235 -0.0000260
	$S_{P_j}^{D_0}$	-0.0777259 0.0054917	-0.0167964 0.0060897	-0.0241509 0.0009463	-0.0050203 0.0047382	-0.0395420 -0.0171536	-0.0060157 0.0035671

（续）

待选可测点	灵敏度	y_3	y_7	y_{10}	y_{19}	y_{21}	y_{24}
(4, 5, 16)	$S_{P_j}^{U_4}$	-0.0041619 -0.0020385	-0.0007121 -0.0002341	-0.0011909 -0.0005634	-0.0000446 0.0000221	-0.0025035 -0.0014766	-0.0001213 -0.0000256
	$S_{P_j}^{U_5}$	0.0074622 0.0152348	-0.0119764 -0.0039377	-0.0011969 -0.0005663	-0.0008037 0.0016238	0.0008678 0.0014714	0.0001287 0.0006104
	$S_{P_j}^{U_{16}}$	0.0003868 0.0007896	0.0000197 0.0000598	-0.0011975 -0.0005666	-0.0000860 0.0001736	0.0005181 0.0008784	-0.0010076 -0.0002124
	$S_{P_j}^{D_0}$	-0.6693666 0.1558523	-0.2275647 0.6964650	-0.0720797 -0.0244347	-0.2033691 0.1866902	0.0519679 0.0389981	-0.1631916 0.0496849
(4, 9, 10)	$S_{P_j}^{U_4}$	-0.0041619 -0.0020385	-0.0007121 -0.0002341	-0.0011909 -0.0005634	-0.0000446 0.0000221	-0.0025035 -0.0014766	-0.0001213 -0.0000256
	$S_{P_j}^{U_9}$	-0.0048525 -0.0023768	-0.0008526 -0.0002803	-0.0011986 -0.0005671	-0.0000266 0.0000132	-0.0024917 -0.0014696	-0.0001235 -0.0000260
	$S_{P_j}^{U_{10}}$	-0.0030369 -0.0014875	-0.0004918 -0.0001617	-0.0011510 -0.0005446	-0.0000626 0.0000310	-0.0023833 -0.0014057	-0.0000759 -0.0000160
	$S_{P_j}^{D_0}$	-0.1186573 0.0338557	-0.0253510 0.0122546	-0.0342852 0.0118143	-0.0029838 0.0027382	-0.0587710 0.0078242	-0.0046117 0.0026458
(4, 6, 19)	$S_{P_j}^{U_4}$	-0.0041619 -0.0020385	-0.0007121 -0.0002341	-0.0011909 -0.0005634	-0.0000446 0.0000221	-0.0025035 -0.0014766	-0.0001213 -0.0000256
	$S_{P_j}^{U_6}$	0.0001765 0.0003603	0.0000963 0.0002928	-0.0014179 -0.0006708	-0.0002770 0.0001371	-0.0039885 -0.0023525	-0.0005274 -0.0001112
	$S_{P_j}^{U_{19}}$	0.0025965 0.0053010	-0.0027411 -0.0009012	-0.0021410 -0.0010130	-0.0004890 0.0009880	0.0001354 0.0002296	-0.0003029 -0.0000639
	$S_{P_j}^{D_0}$	-0.2062907 -0.0158045	-0.0361518 0.1167605	-0.0465966 0.0544983	-0.0902679 0.0773231	-0.1041857 -0.0892172	-0.0286670 0.0222838
(2, 4, 17)	$S_{P_j}^{U_2}$	0.0011888 0.0024271	-0.0000250 -0.0000082	-0.0030076 -0.0014230	-0.0004032 0.0008146	-0.0001165 -0.0000687	-0.0006016 -0.0001268
	$S_{P_j}^{U_4}$	-0.0041619 -0.0020385	-0.0007121 -0.0002341	-0.0011909 -0.0005634	-0.0000446 0.0000221	-0.0025035 -0.0014766	-0.0001213 -0.0000256
	$S_{P_j}^{U_{17}}$	0.0010542 0.0021523	-0.0001323 -0.0000435	0.0008672 0.0018330	-0.0003519 0.0007109	-0.0002583 -0.0001524	-0.0003440 -0.0000725
	$S_{P_j}^{D_0}$	-35.619829 38.957803	-3.7444920 1.3409848	3.9176120 88.00801	-61.341663 61.569699	-4.3121798 -0.8165351	-16.356865 18.716767
(2, 3, 4)	$S_{P_j}^{U_2}$	0.0011888 0.0024271	-0.0000250 -0.0000082	-0.0030076 -0.0014230	-0.0004032 0.0008146	-0.0001165 -0.0000687	-0.0006016 -0.0001268
	$S_{P_j}^{U_3}$	-0.0001323 -0.0000648	-0.0000159 -0.0000052	-0.0007452 -0.0003526	-0.0000079 0.0000159	-0.0005357 -0.0003160	0.0001056 0.0005010
	$S_{P_j}^{U_4}$	-0.0041619 -0.0020385	-0.0007121 -0.0002341	-0.0011909 -0.0005634	-0.0000446 0.0000221	-0.0025035 -0.0014766	-0.0001213 -0.0000256
	$S_{P_j}^{D_0}$	-0.0742232 -0.0070234	-0.0151396 -0.0012962	-0.0483655 0.0154932	-0.0264290 0.0270630	-0.0406771 -0.0099952	-0.0402161 0.0179650

表 10-6　G_S、ST 优化系数矩阵

待选可测点	SD^i	TD^i	ST^i	ST^i_{max}
(1, 2, 4)	0.6115006	3.3269088	2.0344068	
(1, 3, 4)	0.0252796	1.8186330	0.0459743	
(1, 5, 4)	0.0092059	9.2258044	0.0849318	
(1, 4, 6)	0.0912898	5.7038394	0.5207022	
(2, 4, 6)	0.0568476	4.0849055	0.2322172	
(3, 4, 6)	0.0361967	2.2329870	0.0808268	
(3, 4, 10)	0.0323349	2.2257657	0.0719700	
(3, 4, 18)	0.0311889	2.1264427	0.0663214	
(3, 4, 5)	0.0304257	3.6117955	0.1098915	
(4, 6, 9)	0.0275953	8.7695981	0.2419997	
(4, 5, 16)	0.0300580	5.0650256	0.1522446	
(4, 9, 10)	0.0289212	8.7412377	0.2528072	
(4, 6, 19)	0.0577193	6.9449777	0.4008592	
(2, 4, 17)	15.0532179	3.2943421	49.5904488	49.5904488
(2, 3, 4)	0.0338074	1.3024462	0.0440323	

从表 10-6 中的计算结果可见，在 15 组待选可测点的基集合中，节点（2、4、17）对应的优化系数最大，所以选择（2、4、17）作为子网络级电路 N_1 的可测点是最理想的，而选择节点（2、3、4）作为子网络级电路 N_1 的可测点是最不理想的（具体分析详见 10.5 节）。

10.5　优化选择可测点对子网络故障诊断的影响

现在我们仍然以图 10-5 和图 10-6 为例，分析合理优化、选择可测点对子网络级故障诊断的重要性。下面我们分别讨论选择最理想的可测点（2、4、17）和最不理想的可测点（2、3、4）对子网络 N_1 故障诊断的影响。

10.5.1　合理选择可测点对子网络 N_1 零门限 D_0 的影响

若网络 N 无故障时，应用 Markov 迭代法可算出网络 N 各个可测点的电压区间值。然后，在子网络 N_1 中分别选择可测点（2、4、17）和（2、3、4），并将它们的电压区间值分别代入式（10-4）和式（10-5）中，则可算出 N_1 无故障时撕裂端口的零电流门限 D_0（现在用 D_{01} 表示可测点（2、4、17）对应的零门限；D_{02} 表示可测点（2、3、4）对应的零门限）的区间值，见表 10-7。

表 10-7　零电流门限 D_0 的区间值　　　　　　　　　　　　（单位：V）

	U_2	U_4	U_{17}
电压区间值	0.0311924 0.0282217	0.0891218 0.0806340	0.0235408 0.0212988
D_{01}	$(-0.4154789,\ 1.0549231) \times 10^3$		
	U_2	U_3	U_4
电压区间值	0.0311924 0.0282217	0.0248960 0.0225249	0.0891218 0.0806340
D_{02}	$(-1.1092738,\ 3.9685891) \times 10^3$		

为了便于更直观地比较零电流门限 D_{01} 和 D_{02} 区间宽度的大小，在同一个数轴上分别标出 D_{01} 和 D_{02} 的区间值，门限图 D_0 如图 10-7 所示。

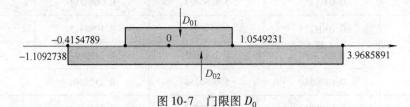

图 10-7　门限图 D_0

从图 10-7 中可见，零门限 D_{02} 的区间宽度比 D_{01} 的区间宽度大，即 $\omega(D_{01}) < \omega(D_{02})$。所以选择节点（2、3、4）作为 N_1 的可测点是不理想的。它不利于 N_1 的故障诊断。

10.5.2　合理选择可测点对子网络 N_1 故障诊断的影响

如果选择（2、4、17）作为子网络 N_1 的可测点，现在分析网络在下列三种故障情况下的诊断结果。

1）当网络 N 中元器件 y_{10} 和 y_{12} 参数发生故障（见图 10-5），y_{10} 从 $1S$ 变到 $10S$，y_{12} 从 $1.2S$ 变到 $12S$。现将可测点（2、4、17）的电压测量值代入式（10-4）和式（10-5）中，则可算出撕裂端口 D_f 的区间值。为了便于分析比较，现将 D_0 和 D_f 的区间值在同一个表中列出，见表 10-8，其门限图如图 10-8 所示。

表 10-8　D_0 和 D_f 的区间值　　　　　　　　　　　　（单位：V）

无 故 障 情 况			故 障 情 况		
U_2	U_4	U_{17}	U_2	U_4	U_{17}
0.0311924 0.0282217	0.0891218 0.0806340	0.0235408 0.0212988	0.0248821	0.0711307	0.0235968
D_0	$(-0.4154789,\ 1.0549231) \times 10^3$		D_f	$(-1.7767809,\ -3.159426) \times 10^3$	

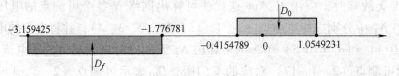

图 10-8　门限图

　　从图 10-8 可见，D_f 与 D_0 的交集为空集，即 $D_f \cap D_0 = 0$。说明选择（2、4、7）作为 N_1 的可测点时，能正确诊断出 N_1 内部发生故障。

　　2）如果网络 N 中元器件 y_{10} 和 y_{12} 的参数值发生故障，y_{10} 由 1S 变为 0.1S，y_{12} 由 1.2S 变为 0.12S。现将可及点（2、4、17）的电压测量值代入式（10-4）和式（10-5）中则可算出 D_f 的区间值。为便于分析比较，现将 D_0 和 D_f 的区间值在同一个表中列出，见表 10-9，其门限图如图 10-9 所示。

表 10-9　D_0 和 D_f 的区间值　　　　　　（单位：V）

无故障情况			故障情况		
U_2	U_4	U_{17}	U_2	U_4	U_{17}
0.0311924 0.0282217	0.0891218 0.0806340	0.0235408 0.0212988	0.1415371	0.1240967	0.2853863
D_0	$(-0.4154789, 1.0549231) \times 10^3$		D_f	$(1.1419828, 4.0424880) \times 10^3$	

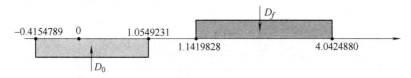

图 10-9　门限图

　　从图 10-9 中可见，$D_f \cap D_0 = 0$，所以选择节点（2、4、17）作为子网络 N_1 的可测点，能正确诊断出子网络 N_1 发生故障。

　　3）如果网络 N 中元器件 y_{12} 的参数值发生故障，y_{12} 从 1.2S 变为 12S，y_{10} 的参数值不变。现将可及点（2、4、17）的电压测量值代入式（10-4）和式（10-5）中，则可算出 D_f 的区间值。为便于分析比较，现将 D_0 和 D_f 的区间值在同一个表中列出，见表 10-10，其门限图如图 10-10 所示。

表 10-10　D_0 和 D_f 的区间值　　　　　（单位：V）

无故障情况			故障情况		
U_2	U_4	U_{17}	U_2	U_4	U_{17}
0.0311924 0.0282217	0.0891218 0.0806340	0.0235408 0.0212988	0.02908814	0.0729562	0.0210682
D_0	$(-0.4154789, 1.0549231) \times 10^3$		D_f	$(-2.0048815, -3.6585831) \times 10^3$	

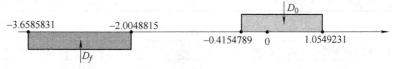

图 10-10　门限图

　　从图 10-10 中可见，$D_f \cap D_0 = 0$。所以在子网络中选择（2、4、17）为可测点，也能正确诊断出子网络发生故障。

如果选择（2、3、4）作为子网络 N_1 的可测点，同样分析在下列三种故障情况下的诊断结果。

1）如果网络 N 中的元器件 y_{10} 和 y_{12} 参数发生故障（见图 10-5），假设 y_{10} 从 1S 变到 10S，y_{12} 从 1.2S 变到 12S。现在把可测点（2、3、4）的电压测量值代入式（10-4）和式（10-5）中，则可算出 D_f 的区间值。为了便于分析比较，现将 D_0 和 D_f 的区间值列于同一表中，见表 10-11，其门限图如图 10-11 所示。

表 10-11　D_0 和 D_f 的区间值　　　　　　　　（单位：V）

无故障情况			故障情况		
U_2	U_3	U_4	U_2	U_3	U_4
0.0311924 0.0282217	0.0248960 0.0225249	0.0891218 0.0806340	0.0248821	0.0221082	0.0711307
D_0	$(-1.1092738,\ 3.9685891)\times10^3$		D_f	$(-0.0009466,\ 0.0022789)\times10^3$	

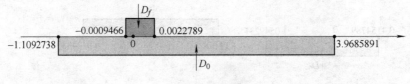

图 10-11　门限图

从图 10-11 中的诊断结果可见，D_0 与 D_f 的交集不为空集，即 $D_f \cap D_0 \neq 0$。所以，选择（2、3、4）作为 N_1 的可测点时，在撕裂端口上无法判断出 N_1 发生故障，将造成故障误诊断或漏诊断。

2）如果网络 N 中的元器件 y_{10} 和 y_{12} 参数发生故障，y_{10} 从 1S 变到 0.1S，y_{12} 从 1.2S 变到 0.12S。把可测点（2、3、4）的电压测量值代入式（10-4）和式（10-5）中，可算出 D_f 的区间值。为了便于比较，把 D_0 和 D_f 的区间值列于同一表中，见表 10-12，其门限图如图 10-12 所示。

表 10-12　D_0 和 D_f 的区间值　　　　　　　　（单位：V）

无故障情况			故障情况		
U_2	U_3	U_4	U_2	U_3	U_4
0.0311924 0.0282217	0.0248960 0.0225249	0.0891218 0.0806340	0.1415371	0.0355537	0.1240967
D_0	$(-1.1092738,\ 3.9685891)\times10^3$		D_f	$(-1.2136431,\ 4.1443172)\times10^3$	

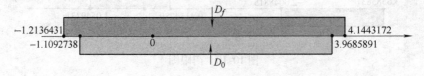

图 10-12　门限图

从图 10-12 的诊断结果可见，D_0 与 D_f 的交集不为空集，即 $D_f \cap D_0 \neq 0$。所以，在撕裂

端口上无法判断出 N_1 发生故障，同样将造成故障误诊断或漏诊断。

3）如果网络 N 中 y_{12} 的参数发生故障，y_{12} 参数值从 1.2S 变到 12S，y_{10} 参数值不变。把可及点（2、3、4）的电压测量值代入式（10-4）和式（10-5）中，则可算出 D_f 的区间值。为了便于分析比较，现将 D_0 和 D_f 的区间值列于同一表中，见表 10-13，其门限图如图 10-13所示。

表 10-13　D_0 和 D_f 的区间值　　　　　　（单位：V）

无故障情况			故 障 情 况		
U_2	U_3	U_4	U_2	U_3	U_4
0.0311924 0.0282217	0.0248960 0.0225249	0.0891218 0.0806340	0.02908814	0.0231829	0.0729562
D_0	(−1.1092738, 3.9685891) × 10^3		D_f	(−0.0008407, 0.0024138) × 10^3	

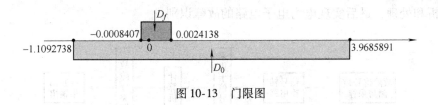

图 10-13　门限图

从图 10-13 中可见，D_f 与 D_0 的交集不为空集，即 $D_f \cap D_0 \neq 0$。所以，选择节点（2、3、4）作为 N_1 的可测点时，在撕裂端口上无法判断出 N_1 发生故障，将造成误诊断或漏诊断。

通过以上两个示例分析比较可见，合理选择可测点对子网络级故障诊断是十分重要的，若可测点选择不合理，将会造成故障误诊断或者漏诊断。

10.6　本章小结

可测点的优化选择是网络故障诊断理论中至关重要的研究课题之一，它涉及故障的可诊断性和准确性。特别是对含有容差的模拟电路的故障诊断，合理地选择可测点显得更为重要，如果网络可测点选择不合理，将会造成故障误诊断或者漏诊断。本章在子网络级故障可诊断性定理和条件的基础上，深入研究容差子网络级电路可测点的优化选择。如果把这些优化选择可测点的方法和交叉撕裂法结合起来，用于整个容差网络的可测点优化设计，可以提高整个网络可测点的重复利用率，减小可测点所需要的数量，简化在电路板上设计多个测试点的难度。这种优化可测点的方法在实际工程的故障诊断中具有重要的应用价值。

第11章　电力电子电路故障诊断系统的设计

11.1　引言

本章阐述通过实验设计电力电子电路故障诊断系统。该诊断系统由两部分组成：硬件设计部分和软件编程部分，图 11-1 所示是故障诊断系统的总体框图。故障诊断系统采用分散采样和集中处理的方式，即在电力电子电路中的可测点提取电压信号，然后采用信号转换电路，将模拟信号转换成数据信号后由数据采集卡传送到计算机内存，再通过故障分类器对数据进行分析和处理，最后实现电力电子电路的故障识别。

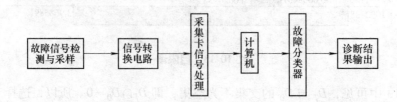

图 11-1　故障诊断系统总体框图

系统硬件部分的主要任务为数据采集和信号转换，然后利用数据采集卡将变换后的模拟信号转换为数字信号，为计算机提供可处理的数据。在图 11-1 中，信号转换电路的作用为：将被测装置中的输出电压信号转化为数据采集卡允许输入的电压信号（-10~10V），以便于利用数据采集卡进行数据采集。数据采集卡采用 NI 公司生产的高速多功能 PCI-6251 采集卡。

在诊断系统软件编程方面，利用 MATLAB 的工具箱和 Delphi 友好的开发环境编写基于 MATLAB 和 Delphi 界面和算法的电力电子电路故障诊断程序。下面分别简要地介绍系统各主要模块的功能。

11.2　系统的硬件部分

以图 11-2 所示十二脉波串联可控整流电路和检测接线图为例介绍诊断系统采用的器件。实验中需要检测的物理量总共有三个：三相电源 A 相电压、晶闸管 VT1 的触发电压以及可控整流电路的输出电压波形。

实验装置实物图如图 11-3 所示，该装置含有如下实验仪器设备：

1）JZB-1A 型电力电子变流实验装置两台，用来构建十二脉波串联可控整流电路。

2）TSGC2J-6KVA 型调压变压器 T1，即用来调节输入所需要的三相电压。调压变压器的参数见表 11-1。

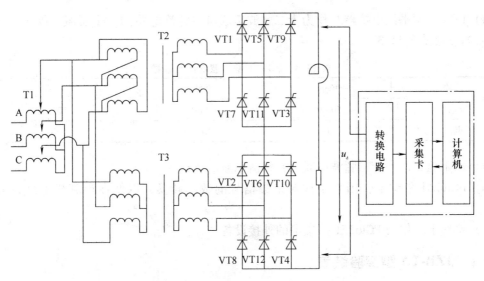

图 11-2　十二脉波串联可控整流电路和检测接线图

图 11-3　实验装置实物图

表 11-1　调压变压器参数

变压器相数	输　入	输　出
3	电压 380V	电压和电流 0 ~ 430V，8A

3）BK-4 型变压器，即图 11-2 中的两台三相变压器 T2 和 T3。T2、T3 的一次绕组均接成三角形，其中二次侧一个绕组接成星形，另一个接成三角形。BK-4 变压器的参数见表 11-2。

表 11-2　BK-4 变压器参数

容　量	4kV·A
相数	3
电压	380V/220V
电流	6A/105A
频率	50Hz

4）PBK-1 型平波电抗器，作为十二脉波串联可控整流电路的一个负载。PBK-1 型平波电抗器的参数见表 11-3。

表 11-3 PBK-1 型平波电抗器参数

接法	单组	并联	串联
电感量	50mH	50mH	100mH
电流	20A	40A	20A

5）电阻箱，作为十二脉波串联可控整流电路的负载。

6）PCI6251 采集卡，用来实现对采集信号的数模转换，以便在计算机上进行分析和处理。

7）接线卡，作为 PCI6251 采集卡的外接设备。

11.2.1 JZB-1A 型实验装置

如图 11-4 所示是 JZB-1A 型实验装置的总体结构框图。它是由整流主电路和触发移相控制电路两部分组成的。其中整流主电路的作用是将输入的三相交流电变换为直流电；触发移相控制电路的主要作用是输出可控双脉冲信号来控制整流管的触发角。三相交流电源经过三相组合开关和熔断器后，然后分两路输出。将其中一路输出接到三相降压变压器的一次绕组，经变压器降压后输出 36V 电压作为整流电路的输入电源；另一路输出接入同步变压器进行电压采样，并将采样值作为触发移相电路的输入。另外，在触发移相控制电路中还需要外接一个直流电源用于驱动触发移相电路内部芯片工作。

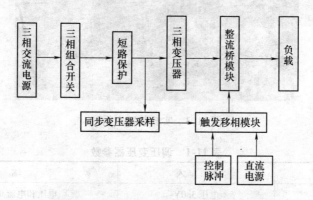

图 11-4 JZB-1A 型实验装置的总体结构框图

三相交流电压经同步变压器降压之后，分别将输出电压接入到三块 KC04 芯片中，其后输出六路单脉冲信号。然后通过调节电位器 R_P 的阻值来改变单脉冲的占空比设置；而后再将单脉冲信号输入到 KC41 芯片中，则输出两组相位相差 60° 的双脉冲信号。最后将双脉冲信号用于触发十二脉波串联可控整流桥式电路。图 11-5 所示是触发移相控制电路的工作原理框图。

KC41 芯片是由二极管网络、输出电流放大器以及电子开关等模块组合而成的脉冲逻辑电路。KC04 芯片将输出两路移相脉冲输出信号，它们之间的相位相差为 180°。输出的移相脉冲可以作为单相和三相桥式全控整流装置的触发信号。三相全控桥集成触发电路是由三块

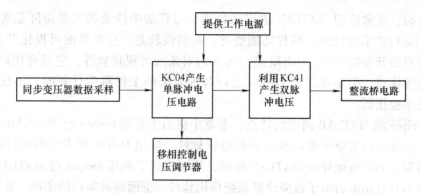

图 11-5　触发移相控制电路的工作原理框图

KC0 芯片与一块 KC41 外加少量分立元器件组成的。为了保证两组全控桥整流输出电压相等，且它们之间的波形相位相差 30°，需要对触发电路进行调节，使得两组装置的触发角相同。由两台 JZB-1A 型实验装置串联就可以构建成十二脉波串联可控整流电路。

11.2.2　信号转换电路

由于可控整流电路中所要测量的三个电压信号都不在采集卡允许的输入电压范围内（PCI6251 采集卡的输入电压值范围为 -10～10V），则需通过转换电路的分压器将测量的三个电压降压后再输入到采集卡上。

11.2.3　PCI6251 数据采集卡

PCI6251 数据采集卡主要由以下 4 个部分组成：

1）多路开关：通过电子开关切换，将信号传送到各个放大器的输入端，从而实现信号的分时采集。

2）放大器：将上一级多路开关切换的信号经过放大器放大或衰减，使采样信号在允许的量程范围内。通常根据实际情况，用户可以选择合适的放大器增益。

3）A－D 转换器：将模拟输入量转换为数字量输出量，实现信号幅值的量化功能。

4）采样/保持器：对待测信号进行离散化处理，并在转换过程中保持幅度不变。若被测信号变化缓慢，则不需要采用采样/保持器。通常可以将采样保持器和转换器集成在同一个芯片上。

将以上 4 部分通过总线接口电路、定时/计数器等集成在一块电路板上，则构成数据采集卡。它具有数据采集、放大和模/数转换等功能。

高速 PCI6251 数据采集板卡同样是由多路开关模块、放大模块、采样/保持模块和模/数转换模块等四个功能模块组成，可以实现对所需模拟信号的实时采集和转换等功能。应用 PCI-6251 采集卡进行数据采集前，需要在计算机中安装该板卡的驱动软件。

11.3　系统的软件设计

由前面分析可知，在电力电子电路故障诊断时需要完成信号的采集、特征提取以及故障定位等。在处理这些问题时，需要对采集的样本进行训练以获得相应的诊断模型。在设置系统分析软件时，通常应用 MATLAB 语言来处理学习算法中涉及的大量矩阵运算。但 MAT-LAB 软件的运行效率比较低、编程功能匮乏、灵活性较差，且在界面可视化开发上很难适应目前软件界面开发的要求。Delphi 是一种面向对象的可视化软件，它具有代码输入量小、开发效率高等优点，但是在应用 Delphi 进行各种复杂的工程科学计算时，不仅工作量大，而且开发效率也很低。

基于 Delphi 和 MATLAB 两者的特点，本章中提出了采用 Delphi 与 MATLAB 相结合的混合编程技术来开发电力电子电路故障诊断分析软件。应用 Delphi 开发诊断软件的前端可视化界面，将复杂的矩阵运算由 MATLAB 处理，从而实现了利用 Delphi 与 MATLAB 相结合的混合编程技术开发出电力电子故障诊断系统应用软件。下面将对接口的实现、各模块功能等方面进行详细介绍。

11.3.1 接口实现

MATLAB Deployment Tool 的编程原理是在 MATLAB 编译器的基础上，首先将 MATLAB 程序转换为 C 语言，并产生与 COM 文件相关的包装代码，然后调用外部编译器来实现 COM 组件。应用 MATLAB Deployment Tool 制作 COM 组件的具体过程如下：

1）应用 MATLAB 软件编写所需的 M 文件，且生成的 M 文件是一个函数文件，它既能够接受参数，同时也能够返回参数。

2）应用 MATLAB 配置工具 Deploytool 创建工程，即在 MATLAB 命令行中输入 Deploytool 命令，然后出现如图 11-6 所示的 COM 组件创建界面，在界面中选择 Create a new deployment project 新建一个工程，在出现的对话框中对这个工程的属性进行选择，此时应选择 MATLAB Builder NE 中的 Generic Com Component 选项（通用 COM 组件）。

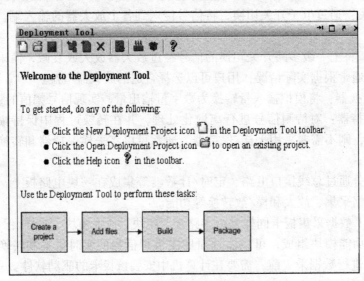

图 11-6　COM 组件创建界面

3）向工程中添加 M 文件。右击工程的文件夹，选择 AddFile 命令添加 M 文件到工程，即选择 Build the project、配置工具 Deploytool 即可开始创建 COM 组件。

4）COM 组件打包。在完成所需函数的编译后，还需要把 COM 组件里所有的函数进行打包处理，以便于让其他软件调用 COM 中的组件。如果诊断系统要脱离 MATLAB 环境下独立运行，必须在文件 Project'Setting'Packaging 中选择 include MATLAB Component Runtime（MCR）这个功能。完成该项操作后，再返回主界面单击 Package the Project 实现打包操作，随后将会在目标目录中会产生一个 MatAnalTool_pkg. exe 执行文件。再将该文件进行解压操作，最后生产 4 个子文件，运行其中的_install. bat 文件，则可以完成 MCR 软件的安装以及 COM 组件的注册。

依据以上操作步骤，就可以完成对 COM 组件的注册功能。为了让 COM 组件能够方便地被 Delphi 软件调用，还需要对 COM 组件进行导入操作。COM 组件的导入操作步骤为：

1）单击 Delphi 软件 Project 菜单中的 Import Type Library 后，将会出现如图 11-7 所示的窗口界面。

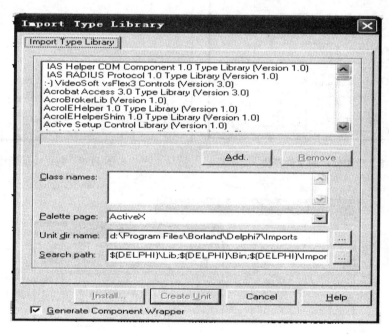

图 11-7　安装 COM 组件的窗口界面

2）在该界面中选中安装 COM 组件对应的动态链接库，单击 Install 按钮后，在 ActiveX 组件菜单中就会出现所需的 COM 对象。

按照上述操作步骤，在 Delphi 软件中就可以方便地调用 COM 组件，实现在 MATLAB 软件环境下编写函数的调用程序。

按照以上步骤进行 Delphi 和 MATLAB 的混合编程，把在 MATLAB 中编写的函数转换为 COM 组件，并在 Delphi 中直接调用，实现 Delphi 和 MATLAB 的无缝连接。该方法在没有安装 MATLAB 软件的环境中也能正常运行。

11.3.2　故障诊断软件

故障诊断应用软件是由 MATLAB 和 Delphi 混合编程来实现的，软件功能包含有数据读入和保存、模型训练、采样设置、故障诊断等功能模块，如图 11-8 所示。操作界面中的"文件"选项是软件与系统的接口，可用于实现数据的输入、结果保存以及系统退出等功能。

"模型训练"功能模块的选项提供三种不同形式的数据训练模型，如图 11-9 所示。"采样设置"功能模块负责对采集卡进行初始化设置。如图 11-10 所示，"采样数据"功能模块负责控制采集卡进行采样，并将采样到的数据进行显示。"故障诊断"功能模块负责对采样到的信号进行故障类型的分类和识别。

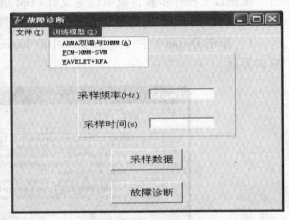

| 图 11-8 应用软件的文件模块 | 图 11-9 数据模型训练 |

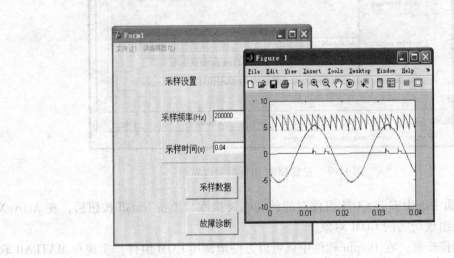

图 11-10 数据采样界面

11.4 实验结果及说明

针对十二脉波串联可控整流电路，应用离线故障诊断软件对电路进行监控与诊断。对其中的 11 种典型故障状态的输出信号进行数据采样，每一种故障状态的输出信号采样 30 个周期，共有 330 个样本数据。其中前 10 个周期的样本作为训练数据，后 20 个周期的样本作为测试数据。在进行样本数据简化后，分别应用 ARMA 双谱、DHMM 与 ARMA 双谱和 FCM-HMM-SVM、小波分析与随机森林算法对训练样本进行训练，然后用测试样本进行故障诊断，诊断结果的正确率分别为 84.1%、85.45% 和 90.9%，这表明了文中提出的故障诊断法是有效的。由于上述诊断正确率还不能满足实际要求，所以需要对造成误诊断的原因进行分析，可得到以下结论：由于在数据采集过程中受到各种各样的噪声信号干扰和影响，因而使得从输出端采集到的电压波形与实际电压波形之间存在一定的误差，从而造成误诊断。

11.5　本章小结

　　本章主要介绍一种在离线状态下实现对电力电子电路故障诊断的装置及软件系统。在实验中采用 PCI6251 采集卡对数据进行采集，然后通过计算机分析软件对输出信号和数据进行分析和处理，最后实现电力电子电路故障的识别。本章分别对实验装置、仪器以及实验方案等进行详细说明，并简要地介绍了在 MATLAB 和 Delphi 的开发环境下，采用两种语言相结合进行混合编程的核心技术以及实现步骤，最后介绍了基于 MATLAB 和 Delphi 的电力电子电路故障诊断软件组成和主要功能，并提供了实验结果，同时还对诊断结果进行了分析。

附　　录

附录 A　三相桥式可控整流输出电压波形图

1. 触发延迟角为 0° 时的各类故障波形

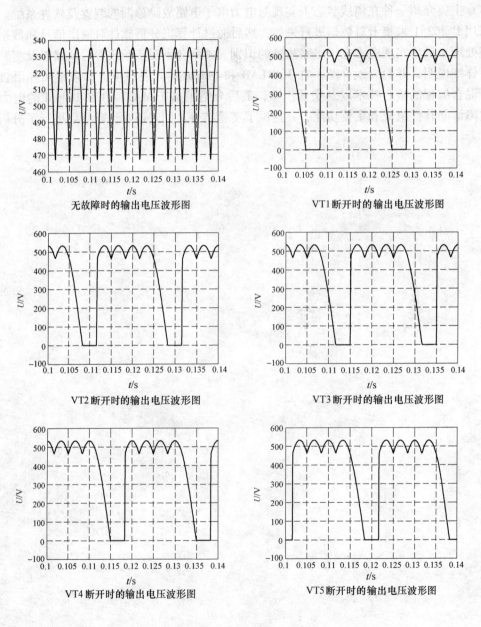

无故障时的输出电压波形图

VT1 断开时的输出电压波形图

VT2 断开时的输出电压波形图

VT3 断开时的输出电压波形图

VT4 断开时的输出电压波形图

VT5 断开时的输出电压波形图

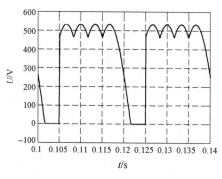

VT6 断开时的输出电压波形图

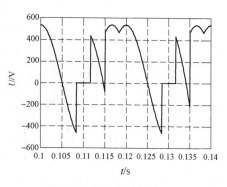

VT1、VT2 断开时的输出电压波形图

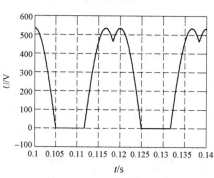

VT1、VT3 断开时的输出电压波形图

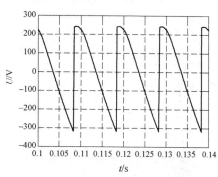

VT1、VT4 断开时的输出电压波形图

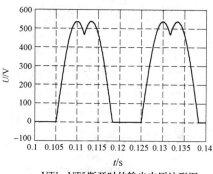

VT1、VT5断开时的输出电压波形图

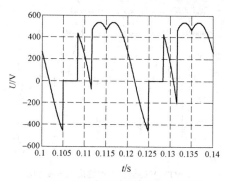

VT1、VT6 断开时的输出电压波形图

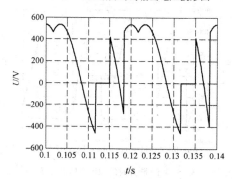

VT2、VT3 断开时的输出电压波形图

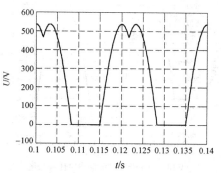

VT2、VT4 断开时的输出电压波形图

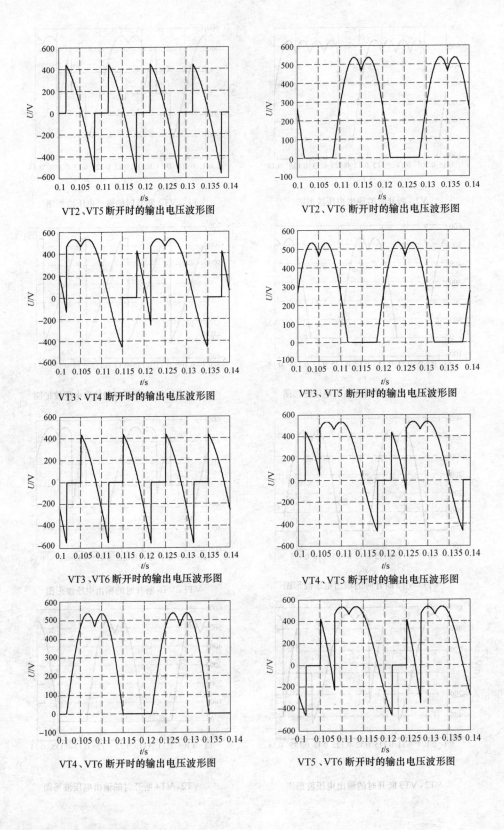

VT2、VT5 断开时的输出电压波形图

VT2、VT6 断开时的输出电压波形图

VT3、VT4 断开时的输出电压波形图

VT3、VT5 断开时的输出电压波形图

VT3、VT6 断开时的输出电压波形图

VT4、VT5 断开时的输出电压波形图

VT4、VT6 断开时的输出电压波形图

VT5、VT6 断开时的输出电压波形图

2. 触发延迟角为30°时的各类故障波形

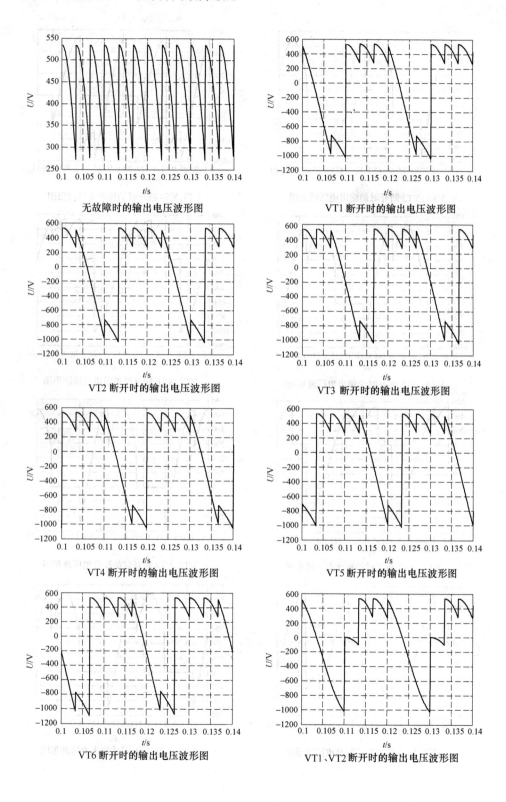

无故障时的输出电压波形图

VT1 断开时的输出电压波形图

VT2 断开时的输出电压波形图

VT3 断开时的输出电压波形图

VT4 断开时的输出电压波形图

VT5 断开时的输出电压波形图

VT6 断开时的输出电压波形图

VT1、VT2 断开时的输出电压波形图

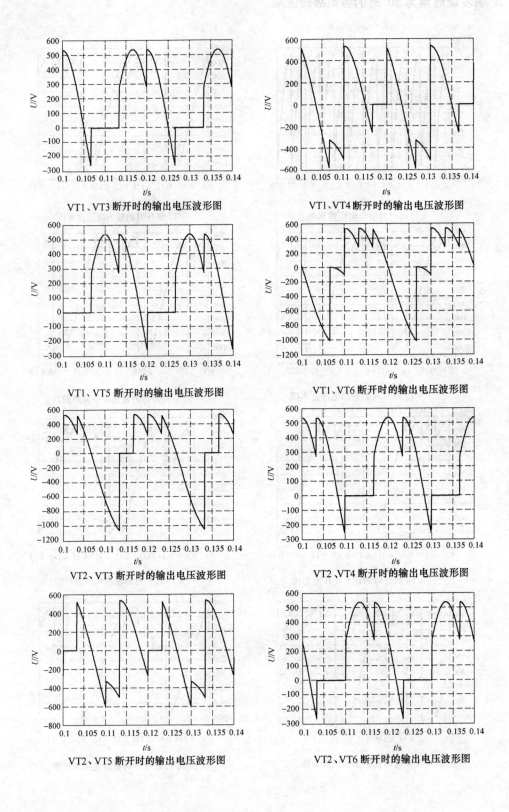

VT1、VT3 断开时的输出电压波形图

VT1、VT4 断开时的输出电压波形图

VT1、VT5 断开时的输出电压波形图

VT1、VT6 断开时的输出电压波形图

VT2、VT3 断开时的输出电压波形图

VT2、VT4 断开时的输出电压波形图

VT2、VT5 断开时的输出电压波形图

VT2、VT6 断开时的输出电压波形图

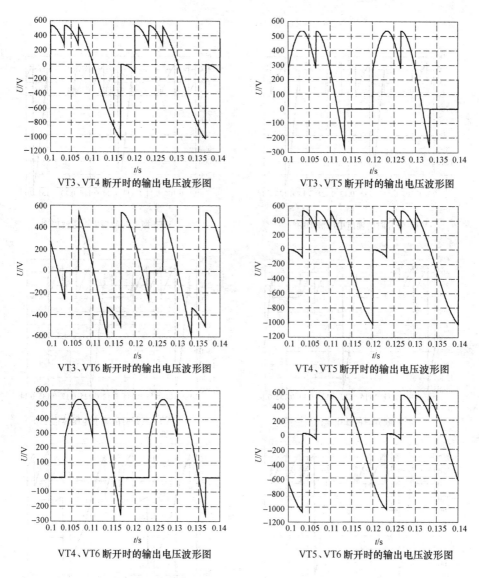

VT3、VT4 断开时的输出电压波形图

VT3、VT5 断开时的输出电压波形图

VT3、VT6 断开时的输出电压波形图

VT4、VT5 断开时的输出电压波形图

VT4、VT6 断开时的输出电压波形图

VT5、VT6 断开时的输出电压波形图

3. 触发延迟角为60°时的各类故障波形

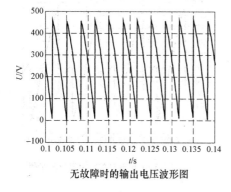

无故障时的输出电压波形图

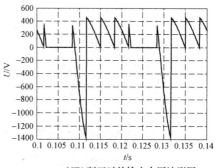

VT1 断开时的输出电压波形图

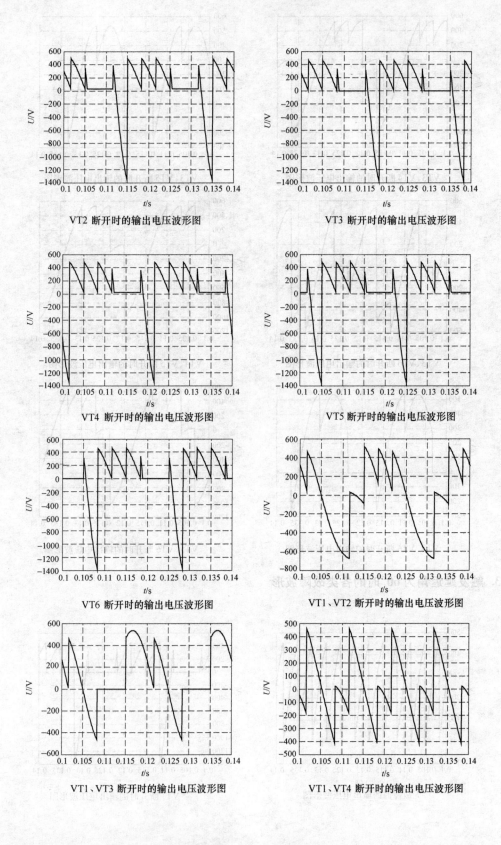

VT2 断开时的输出电压波形图

VT3 断开时的输出电压波形图

VT4 断开时的输出电压波形图

VT5 断开时的输出电压波形图

VT6 断开时的输出电压波形图

VT1、VT2 断开时的输出电压波形图

VT1、VT3 断开时的输出电压波形图

VT1、VT4 断开时的输出电压波形图

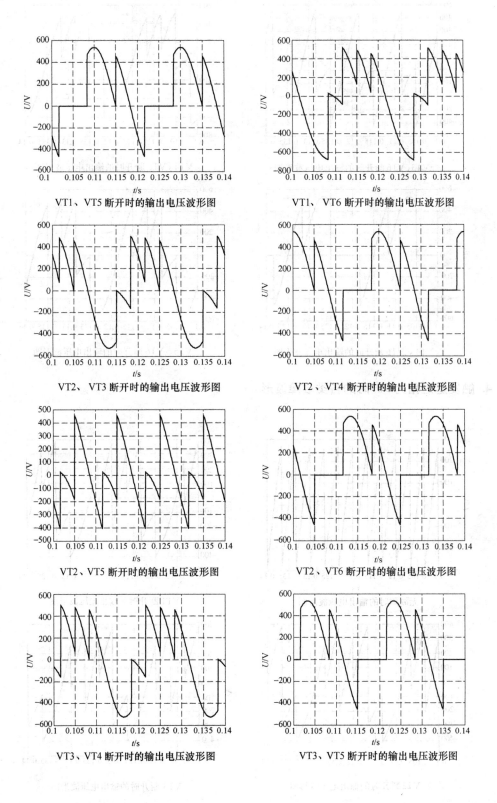

VT1、VT5 断开时的输出电压波形图

VT1、VT6 断开时的输出电压波形图

VT2、VT3 断开时的输出电压波形图

VT2、VT4 断开时的输出电压波形图

VT2、VT5 断开时的输出电压波形图

VT2、VT6 断开时的输出电压波形图

VT3、VT4 断开时的输出电压波形图

VT3、VT5 断开时的输出电压波形图

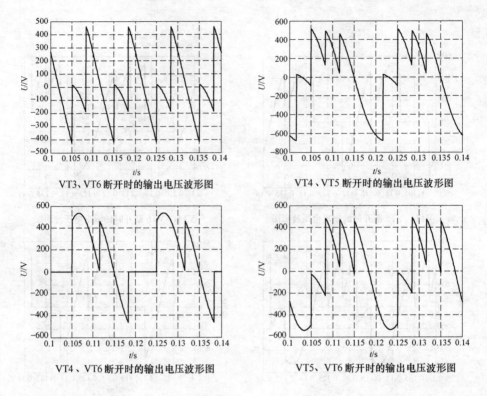

VT3、VT6 断开时的输出电压波形图

VT4、VT5 断开时的输出电压波形图

VT4、VT6 断开时的输出电压波形图

VT5、VT6 断开时的输出电压波形图

4. 触发延迟角为 90°时的各类故障波形

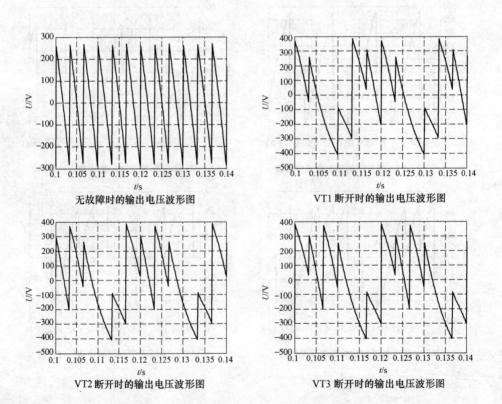

无故障时的输出电压波形图

VT1 断开时的输出电压波形图

VT2 断开时的输出电压波形图

VT3 断开时的输出电压波形图

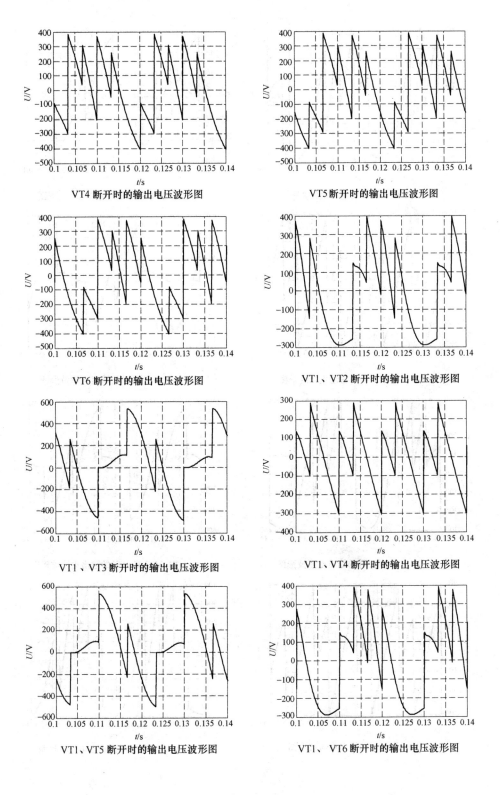

VT4 断开时的输出电压波形图

VT5 断开时的输出电压波形图

VT6 断开时的输出电压波形图

VT1、VT2 断开时的输出电压波形图

VT1、VT3 断开时的输出电压波形图

VT1、VT4 断开时的输出电压波形图

VT1、VT5 断开时的输出电压波形图

VT1、 VT6 断开时的输出电压波形图

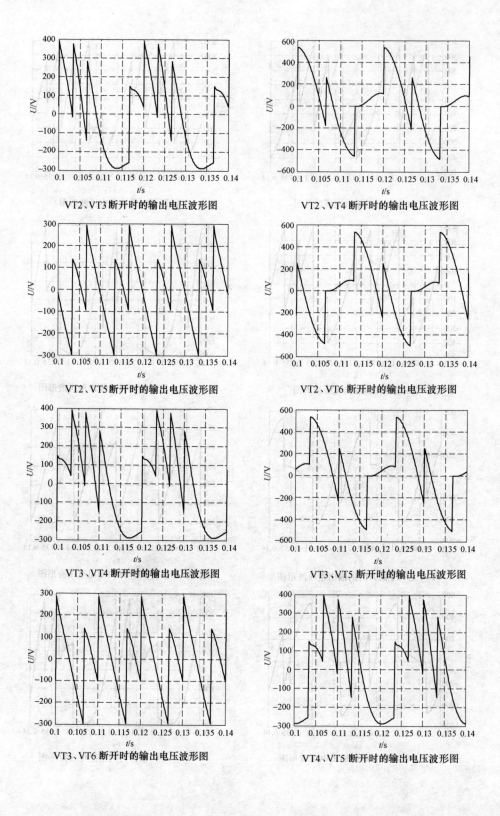

VT2、VT3 断开时的输出电压波形图

VT2、VT4 断开时的输出电压波形图

VT2、VT5 断开时的输出电压波形图

VT2、VT6 断开时的输出电压波形图

VT3、VT4 断开时的输出电压波形图

VT3、VT5 断开时的输出电压波形图

VT3、VT6 断开时的输出电压波形图

VT4、VT5 断开时的输出电压波形图

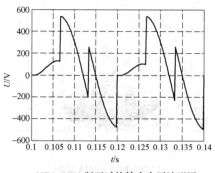

VT4、VT6 断开时的输出电压波形图

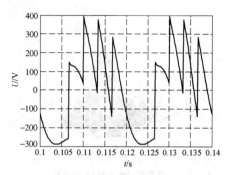

VT5、VT6 断开时的输出电压波形图

附录 B　ARMA 双谱故障诊断图

　　附录 B 给出了 SS8 机车主变流器电路故障状态下的 ARMA 双谱图。各图中 x, y 轴分别代表双谱矩阵的行和列, z 轴代表双谱矩阵中对应的数值（单位：无量纲）, 坐标轴从左至右依次为 z 轴, y 轴, x 轴。

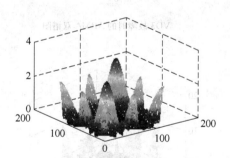

无故障时的 ARMA 双谱图

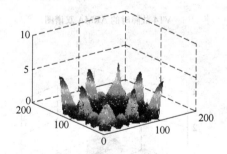

VD1 故障时的 ARMA 双谱图

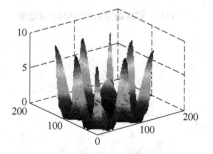

VD2 故障时的 ARMA 双谱图

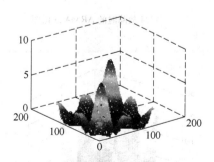

VT1 故障时的 ARMA 双谱图

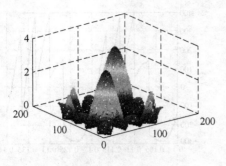

VT2 故障时的 ARMA 双谱图

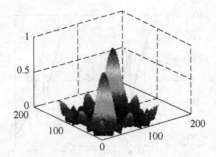

VT3 故障时的 ARMA 双谱图

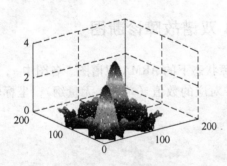

VT4 故障时的 ARMA 双谱图

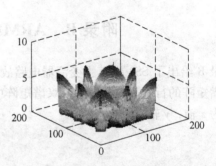

VD3 故障时的 ARMA 双谱图

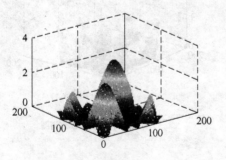

VD4 故障时的 ARMA 双谱图

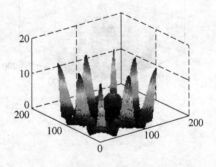

VD1、VD2 故障时的 ARMA 双谱图

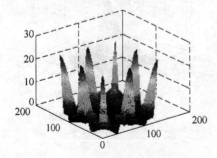

VD3、VD4 故障时的 ARMA 双谱图

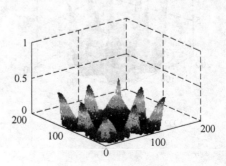

VT1、VT2 故障时的 ARMA 双谱图

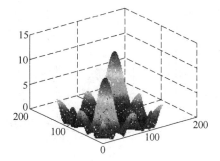

VT3、VT4 故障时的 ARMA 双谱图

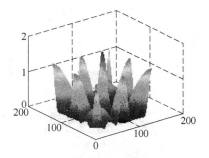

VD1、VT1 故障时的 ARMA 双谱图

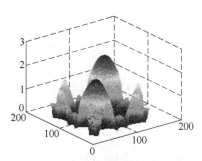

VD1、VT2 故障时的 ARMA 双谱图

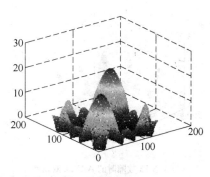

VD1、VT3 故障时的 ARMA 双谱图

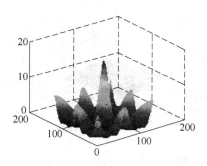

VD1、VT4 故障时的 ARMA 双谱图

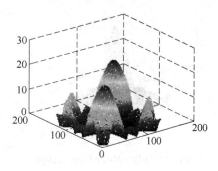

VD2、VD4 故障时的 ARMA 双谱图

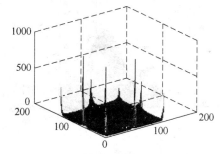

VD4、VT2 故障时的 ARMA 双谱图

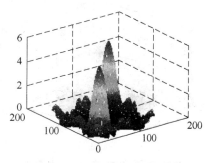

VD2、VT1 故障时的 ARMA 双谱图

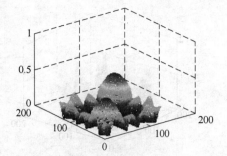

VD2、VT2 故障时的 ARMA 双谱图

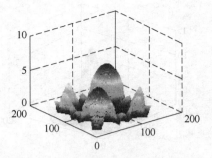

VD2、VT4 故障时的 ARMA 双谱图

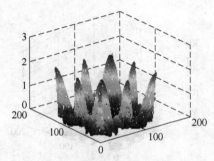

VD2、VT3 故障时的 ARMA 双谱图

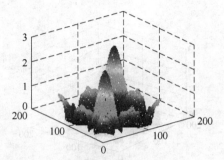

VT1、VT3 故障时的 ARMA 双谱图

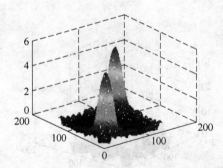

VT2、VT4 故障时的 ARMA 双谱图

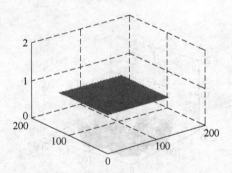

VD3、VT5 故障时的 ARMA 双谱图

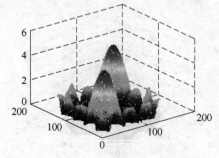

VD3、VT6 故障时的 ARMA 双谱图

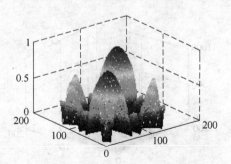

VD4、VT5 故障时的 ARMA 双谱图

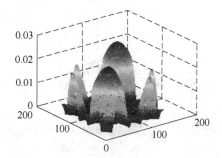

VD4、VT4 故障时的 ARMA 双谱图

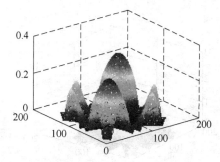

VD1、VD3 故障时的 ARMA 双谱图

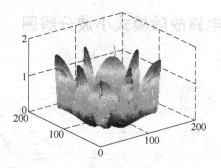

VD2、VD3 故障时的 ARMA 双谱图

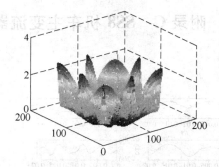

VD3、VT1 故障时的 ARMA 双谱图

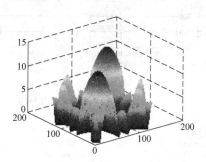

VD3、VT2 故障时的 ARMA 双谱图

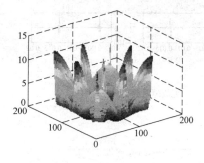

VD3、VT3 故障时的 ARMA 双谱图

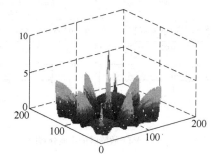

VD3、VT4 故障时的 ARMA 双谱图

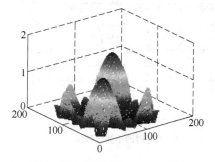

VD1、VD4 故障时的 ARMA 双谱图

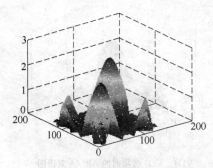

VD4、VT1 故障时的 ARMA 双谱图

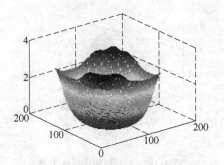

VD4、VT3 故障时的 ARMA 双谱图

附录 C　SS8 机车主变流器电路故障模式小波分解图

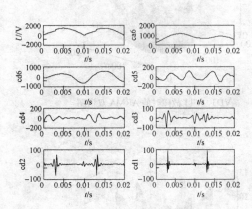

无故障时的小波分解图

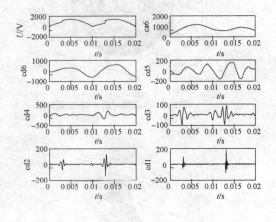

VD1 故障时的小波分解图

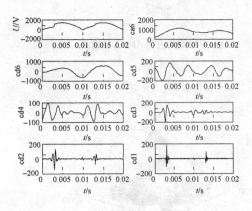

VD2 故障时的小波分解图

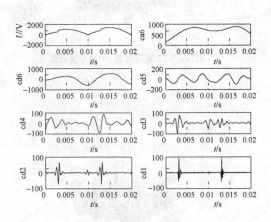

VT1 故障时的小波分解图

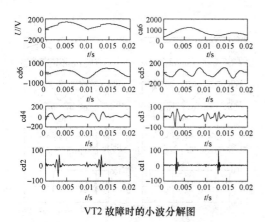

VT2 故障时的小波分解图

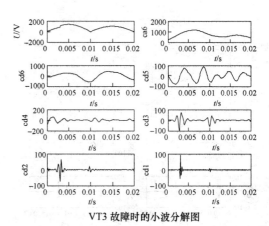

VT3 故障时的小波分解图

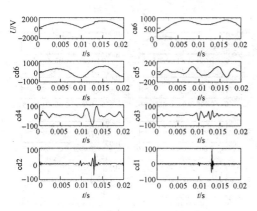

VT4 故障时的小波分解图

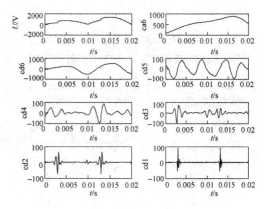

VD3 故障时的小波分解图

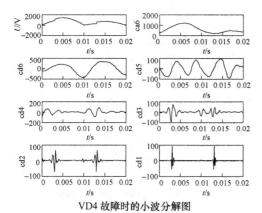

VD4 故障时的小波分解图

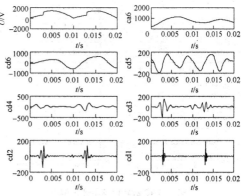

VD1、VD2 故障时的小波分解图

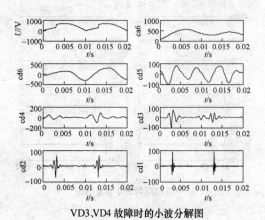

VD3、VD4 故障时的小波分解图

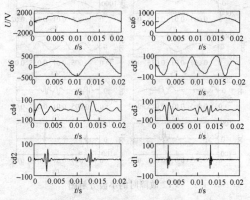

VT1、VT2 故障时的小波分解图

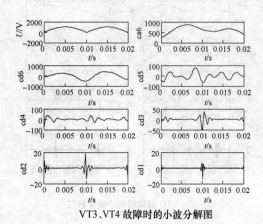

VT3、VT4 故障时的小波分解图

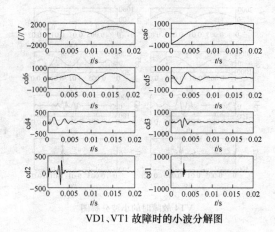

VD1、VT1 故障时的小波分解图

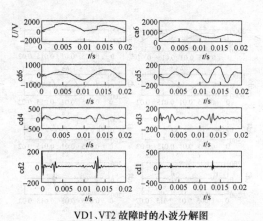

VD1、VT2 故障时的小波分解图

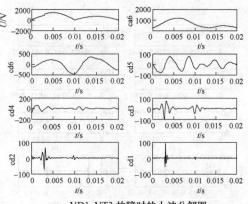

VD1、VT3 故障时的小波分解图

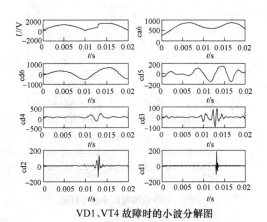

VD1、VT4 故障时的小波分解图

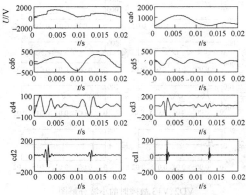

VD2、VD4 故障时的小波分解图

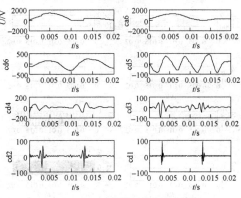

VD4、VT2 故障时的小波分解图

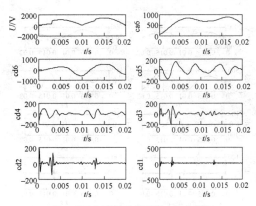

VD2、VT1 故障时的小波分解图

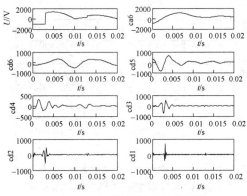

VD2、VT2 故障时的小波分解图

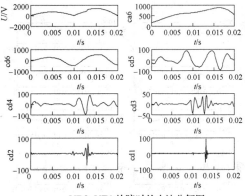

VD2、VT4 故障时的小波分解图

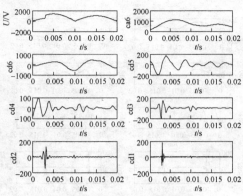

VD2、VT3 故障时的小波分解图

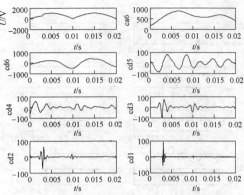

VT1、VT3 故障时的小波分解图

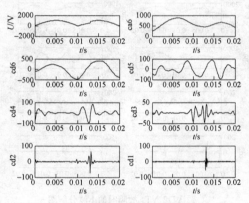

VT2、VT4 故障时的小波分解图

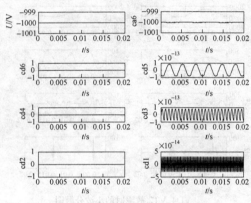

VD3、VT5 故障时的小波分解图

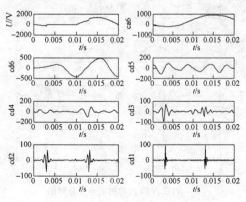

VD3、VT6 故障时的小波分解图

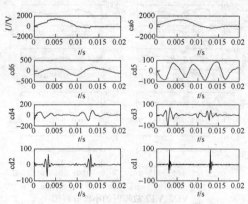

VD4、VT5 故障时的小波分解图

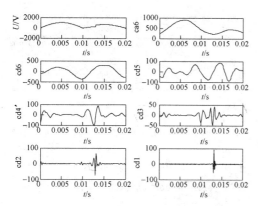

VD4、VT4 故障时的小波分解图

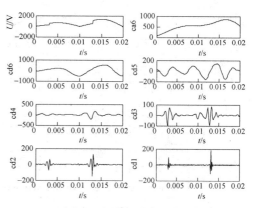

VD1、VD3 故障时的小波分解图

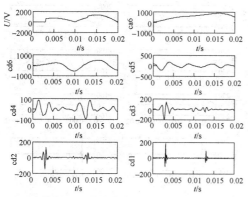

VD2、VD3 故障时的小波分解图

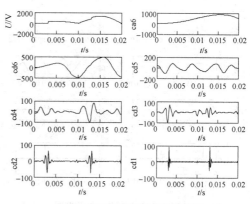

VD3、VT1 故障时的小波分解图

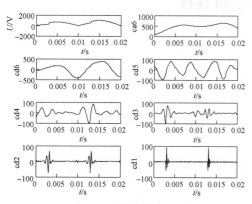

VD3、VT2 故障时的小波分解图

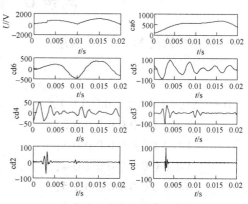

VD3、VT3 故障时的小波分解图

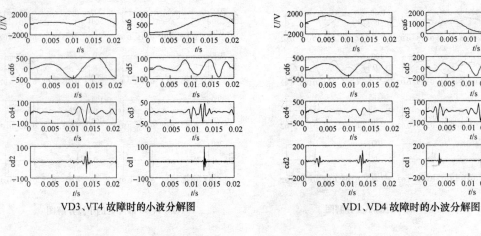

VD3、VT4 故障时的小波分解图　　　　VD1、VD4 故障时的小波分解图

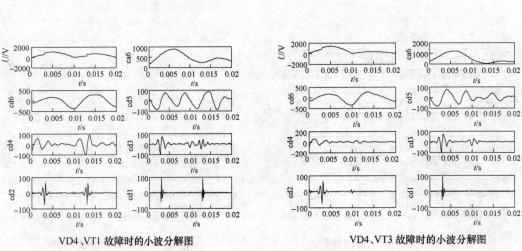

VD4、VT1 故障时的小波分解图　　　　VD4、VT3 故障时的小波分解图

附录 D　故障诊断程序

1. 粗糙集约简 MATLAB 程序

主程序：

```
clear
DS0 = [0 0 1 0 0 1 1 0 0 0 0 1;
       1 1 0 1 0 0 0 0 0 0 0 2;
       1 0 0 1 0 0 0 0 0 0 0 3;
       1 1 0 0 0 0 0 0 0 1 0 4;
       0 0 1 0 0 0 1 0 0 0 0 1 5;
       1 0 0 0 0 0 0 0 0 0 0 1 6;
       1 0 0 0 1 0 1 0 0 0 0 0 7;
       1 1 1 0 0 1 0 0 1 0 0 8;
```

```
    1 0 0 0 0 1 0 0 0 1 1 8;
    1 0 0 1 0 0 0 0 1 0 0 9;
    1 0 0 0 0 0 0 1 0 1 0 1 0;
    1 0 0 0 1 0 0 0 0 1 0 1 1;];
[m,n] = size(DS0);
DS = DS0(:,1:n - 1);
    DS = [1 1 1 1 1 1 1 0 1 0 0;
    0 1 1 1 1 0 1 0 1 0 0;
    1 0 0 0 0 0 0 0 0 0 0;
0 0 0 0 0 0 1 0 0 1 1;
0 0 0 1 1 1 1 1 1 0 0;
0 1 1 0 0 1 0 0 0 1 1;
0 0 0 0 0 0 0 0 0  0 0;];
    DS = DS0(:,1:11);
    DS0 = [1 1 0 0 1 1 0 1 1  0 0 1;
      %0 1 0 1 0 1 0 0 1  0 0 2;
      0 1 0 0 1 1 0 1 0  0 0 3;
      0 0 0 0 0 1 1 1 1  0 0 4;
      0 0 0 1 0 0 0 0 0  0 1 5;
      0 1 1 0 0 1 0 0 0  0 0 6;
      0 0 0 0 1 1 0 1 0  0 0 7;
      0 0 0 1 1 1 0 1 1  0 0 8;
      0 0 0 0 0 1 1 1 1  1 0 9;
      0 0 0 0 0 0 0 0 0  0 0 1 0;];
[m,n] = size(DS0);
% break
DS = DS0(:,1:n - 1)
[m,n] = size(DS);
IT = 1:n;
sss = FFFF01(DS(:,1:n),IT)
    SIGN = 8899
[m1,n1] = size(sss);
ppp = [];pp = zeros(1,n);
k = 0;
for i = 1:n1
    k = k + 1;
    pp(1,k) = sss(1,i);
    if sss(1,i) = = 999
        k = 0;
```

```
            ppp = [ppp;pp];
            pp = zeros(1,n);
        end
    end
ppp1 = sort(ppp')';
[ii,jj] = size(ppp1);
ppp2 = ppp1;
ppp5 = [];
while 1
    [m2,n2] = size(ppp2);
    if m2 < =0
        break;
    end
    ppp5 = [ppp5;ppp2(1,:)];
    ppp3 = ppp2(1,:);
    it = 0;ppp4 = [];
    for i = 2:m2
        if sum(ppp3 = = ppp2(i,:)) ~ =n2
            it = it + 1;
            if it = = 1
                ppp4 = ppp2(i,:);
            else
                ppp4 = [ppp4;ppp2(i,:)];
            end
        end
    end
    ppp2 = ppp4;
end
ppp5
% 每个约简形成最小解
[II,JJ] = size(ppp5);
for i = 1:II
    DD = ABC(ppp5(i,:),DS0);
        DD(1,:)
end
函数文件:
function DD = ABC(BB,DS)
% BB 为一个约简,DS 为原始决策表,DD 为返回约简值
    [m,n] = size(BB);
```

```
ss = [ ];IT = 0;
for i = n - 1: - 1:1
    if BB(m,i) ~ = 0
                IT = IT + 1;
            ss = [ss,BB(m,i)];
        end
end
DS1 = DS;
[M1,N2] = size(DS);
    N1 = N2 - 1;
    DS = DS(:,1:N2);
ss = sort(ss);
    N11 = N1;
    IT1 = 1:N1;
for i = 1:IT
    sss = [ ];
    for j = 1:N11
            if ss(1,i) ~ = IT1(1,j)
                sss = [sss,IT1(1,j)];
            end
        end
    [M11,N11] = size(sss);
    IT1 = sss;
end
sss = sort(sss);
for i = 1:M1
    for j = 1:N1 - IT
            ds1(i,j) = DS(i,sss(1,j));
        end
end
DD = [sss;ds1];DD = [DD[999,DS1(:,N2)']']';
```

2. 神经网络故障诊断 MATLAB 程序

```
    Clear
dataforthrs;
% lei4all;
[nn,n] = size(a);p = 12;[qq,q] = size(y);
w = 2 * rand(n,p) - ones(n,p);xw = zeros(n,p);          设定权 w,v 的初始值
v = 2 * rand(p,q) - ones(p,q);xv = zeros(p,q);
sita = rand(1,p);xsita = zeros(1,p);
```

```
gama = rand(1,q); xgama = zeros(1,q);          设定阈值的初始
afa = 0.7;    bita = 0.7;                      学习步长
fai = 0.9;                                     动量系数
c = zeros(qq,q);
nx = 0;
for N = 1:200                                  学习开始
  allsee(N) = 0;
  sallsee = 0;
  for ii = 1:nn
      a1 = a(ii,:);                            取一个样本
      see = 0;
      for j = 1:p
            s(j) = 0;b(j) = 0;
      end
        for j = 1:p
        for i = 1:n
        s1 = 0;
        s1 = w(i,j) * a1(i);
        s(j) = s(j) + s1;
        end
        s(j) = s(j) - sita(1,j);
        x = exp( - s(j));
        b(j) = 1/(1 + x);
        end
      for i = 1:q
          st(i) = 0;c(ii,i) = 0;
      end
        for t = 1:q
          for j = 1:p
            st1 = 0;
            st1 = v(j,t) * b(j);
            st(t) = st(t) + st1;
          end
          st(t) = st(t) - gama(1,t);
          x = exp( - st(t));
          c(ii,t) = 1/(1 + x);
        end
  for t = 1:q
      d(t) = (y(ii,t) - c(ii,t)) * c(ii,t) * (1 - c(ii,t));    计算输出误差
```

```
    for j = 1:p
       yitav = afa * d(t) * b(j) + fai * xv(j,t);
       v(j,t) = v(j,t) + yitav;
       xv(j,t) = yitav;
    end
    yitagama = - afa * d(t) + fai * xgama(1,t);
    gama(1,t) = gama(1,t) + yitagama;
    xgama(1,t) = yitagama;
  end
    for j = 1:p
      e(j) = 0;
      for t = 1:q
        x = d(t) * v(j,t);
        e(j) = e(j) + x;
      end
        e(j) = e(j) * b(j) * (1 - b(j));
      for i = 1:n
          yitaw = bita * e(j) * a1(i) + fai * xw(i,j);
          w(i,j) = w(i,j) + yitaw;
          xw(i,j) = yitaw;
      end
        yitasita = - bita * e(j) + fai * xsita(1,j);
        sita(1,j) = sita(1,j) + yitasita;
        xsita(1,j) = yitasita;
    end
            for t = 1:q
              x = (y(ii,t) - c(ii,t))^2;
              see = see + x;
            end
                osee = see;
                sallsee = sallsee + osee;
    end
        allsee(N) = sallsee/2;
end
    plot(allsee)
a1 = a(2,:);
cy = zeros(1,q);
    for j = 1:p
      s(j) = 0;b(j) = 0;
```

```
        end
     for j = 1:p
        for i = 1:n
           s1 = 0;
           s1 = w(i,j) * a1(i);
             s(j) = s(j) + s1;
        end
        s(j) = s(j) - sita(1,j);
        % end
        x = exp( - s(j));
        b(j) = 1/(1 + x);
     end
                % the second step
        for i = 1:q
                st(i) = 0; cy(1,i) = 0;
        end
           for t = 1:q
           for j = 1:p
           st1 = 0;
           st1 = v(j,t) * b(j);
             st(t) = st(t) + st1;
           end
           st(t) = st(t) - gama(1,t);
           x = exp( - st(t));
           cy(1,t) = 1/(1 + x);
        end
```

参 考 文 献

[1] 蔡涛，段善旭，康勇．电力电子系统故障诊断技术研究综述 [J]．电测与仪表，2008，45 (5)：1-7.

[2] 龙伯华．电力电子电路故障诊断方法研究 [D]．长沙：湖南大学，2009.

[3] Debaprasad Kastha, Bimal K Bose. Investigation of fault modes of voltage-fed inverter system for induction motor drive [J]. IEEE Transactions on Industry Applications, 1994, 30 (4): 1208-1038.

[4] 王江，胡龙根，赵忠堂．基于观测器的方法在三相逆变器故障诊断中的应用 [J]．电源技术应用，2001，5 (6)：24-27.

[5] Park B G, Jang J S, Kim T S, Hyun D S. EKF-based fault diagnosis for open-phase faults of PMSM drives [C]. IEEE Power Electronics and Motion Control Conference, 2009: 418-422.

[6] 朱新宇，袁璐，宋华．基于模糊观测器的直流电动机故障诊断 [J]．导弹与航天运载技术，2007，(6)：57-60.

[7] 张志学．基于混杂系统理论的电力电子电路故障诊断 [D]．杭州：浙江大学，2005.

[8] 黄东泉，蔡金锭．子网络级故障诊断中的误区分析 [J]．电子学报，1995，8 (8)：75-77.

[9] 蔡金锭，马西奎，黄东泉．网络故障的 markov 区间识别 [J]．电子测量与仪器学报，2002，16 (2)：56-61.

[10] 蔡金锭，马西奎．子网络级故障的交叉逻辑诊断法 [J]．西安交通大学学报，2001，35 (12)：1123-1126.

[11] 蔡金锭，马西奎，黄东泉．电子电路故障诊断的一种新方法 [J]．通信学报，2001，22 (9)：43-48.

[12] 蔡金锭，马西奎，黄东泉．大规模网络故障的快速诊断法 [J]．电路与系统学报，2001，6 (2)：11-15.

[13] 蔡金锭，黄东泉．区间分析法在容差子网络级故障诊断中的应用 [J]．福州大学学报，1994，22 (3)：45-49.

[14] 蔡金锭，马西奎，黄东泉．基于改进区间迭代法的容差网络故障诊断 [J]．小型微型计算机系统，2001，22 (7)：840-842.

[15] 蔡金锭，马西奎，黄东泉．容差网络故障的区间诊断法 [J]．小型微型计算机系统，2000，21 (11)：1190-1192.

[16] 蔡金锭，黄东泉．容差网络元件故障的区间诊断 [J]．福建电力与电工，1996，16 (1)：5-7.

[17] 张选利，蔡金锭，刘庆珍．人工智能在电力电子电路故障诊断中的应用 [J]．福州大学学报，2003，31 (3)：303-307.

[18] 鄢仁武，蔡金锭．基于 AR 模型与 DHMM 的电力电子电路故障识别 [C]．全国博士生学术论坛，2008：415-418.

[19] 李敏远，陈如清．基于改进谱分析法的大功率可控整流电路故障在线诊断系统 [J]．中国电机工程学报，2004，24 (10)：165-167.

[20] 徐德鸿，程肇基，范云其．诊断电力电子电路故障的新方法——沃尔什分析法 [J]．电工技术学报，1993，8 (1)：35.

[21] 孟庆学．电力电子装置的智能故障诊断 [D]．天津：天津理工大学，2008.

[22] Marques A J, Cardoso, Mendes A M S. Semi-converter fault diagnosis in dc-motor drives by park's approach [C]. IEEE Power Electronics and Variable Speed Drives Conference, 1996: 93-98.

[23] 胡志坤，桂卫华，何多昌，等．电力电子电路故障的小波分形检测方法 [J]．控制工程，2008，15 (3)：337-341.

［24］蔡金锭，鄢仁武．基于小波分析与随机森林算法的电力电子电路故障诊断［J］．电力科学与技术学报，2011，26（2）：54-60.

［25］王经维，鲁照权，王海金．变频调速系统的智能故障诊断［J］．电气自动化，1993，15（6）：30-32.

［26］Romuald Szezesny，Piotr Kurzynski，Hubert Piquet，et al. Knowledge-base system approach to power electronic system fault diagnosis［J］．Proceedings of the IEEE International Symposium on Industrial Electronics，1996：1005-1010.

［27］文敏．SVM-FuzzyES 技术在污水处理工艺故障诊断中的应用［D］．重庆：重庆大学，2006.

［28］刘颖，张民，张永辉．基于模糊理论和频谱分析的电力电子设备的故障诊断［J］．海军工程大学学报，2005，17（1）：85-88.

［29］李杰，魏权利．基于模糊神经网络的晶闸管三相桥式全控整流电路故障诊断［J］．青岛科技大学学报，2004，25（1）：69-72.

［30］薄海涛，白振兴．基于故障树和神经网络的飞机电源系统故障诊断［J］．自动化与仪表，2005，（4）：65-67.

［31］李敏远，闫淑群．一种二十四脉波可控整流电路的故障在线诊断方法［J］．西安理工大学学报，2006，22（4）：385.

［32］涂娟，张选利，刘庆珍．整流电路智能故障诊断的一种新方法［J］．福建工程学院学报，2006，4（4）：418-420.

［33］Lai L L，Ndeh-Che F，Eejedo Chary Rajroop P J，et al. HVDC systems fault diagnosis with neural networks［C］．Proceedings of the 1993 the European Power Electronics Association，1993：145-150.

［34］郑炜坚，蔡金锭．基于免疫神经网络的电力电子电路故障诊断［J］．江苏电器，2008，31（12）．

［35］鄢仁武，蔡金锭．FCM-HMM-SVM 混合故障诊断模型及其在电力电子电路故障诊断中的应用［J］．电力科学与技术学报，2010（2）：61-67.

［36］张丹红，程丹玲．模式识别在电力电子电路故障诊断中的应用［J］．基础自动化，2000，7（4）：36-39.

［37］卢路先．一种基于模式识别的故障在线诊断方法［J］．武汉理工大学学报，2001，23（1）：91-93.

［38］刘庆珍，蔡金锭，王少芳．基于粗糙集 - 神经网络系统的电力电子电路故障诊断［J］．电力自动化设备，2004，24（4）：45-48.

［39］梁虹，王艳秋．基于粗糙集 - 神经网络的三相 SPWM 逆变电路故障诊断研究［J］．辽宁工学院学报，2005，25（6）：351-353.

［40］蔡金锭，涂娟，王少芳．电力电子电路故障的遗传进化神经网络诊断［J］．高电压技术，2004，30（9）：3-5.

［41］蔡金锭，付中云．粒子群 - 神经网络混合算法在三相整流电路故障诊断中的应用［J］．电工电能新技术，2006，25（4）：23-26.

［42］王云亮，孟庆学．基于小波包能量法及神经网络的电力电子装置故障诊断［J］．电气自动化，2009，31（2）：25-27.

［43］龙伯华，谭阳红，许慧，等．基于新小波神经网络的电力电子电路故障诊断［J］．计算机仿真，2009，26（5）：266-270.

［44］蔡金锭，鄢仁武．ARMA 双谱分析与离散隐马尔可夫模型在电力电子电路故障诊断中的应用［J］．中国电机工程学报，2010，30（24）：54-60.

［45］崔江，王友仁．采用基于模糊推理的分类器融合方法诊断电力电子电路参数故障［J］．中国电机工程学报，2009，29（18）：54-59.

［46］鄢仁武，蔡金锭．基于离散 HMM 的电力电子电路故障诊断［J］．电工电能新技术，2008，27（4）：22-26.

[47] 蔡金锭，黄东泉. 容差网络可及点合理选择的区间分析法 [J]. 电子科学学刊，1995，17 (4)：359-364.
[48] 蔡金锭，马西奎，黄东泉. 容差网络可及点优化方法的研究 [J]. 电路与系统学报，2000，5 (2)：23-27.
[49] 蔡金锭，黄东泉. 网络可及点的合理选择 [J]. 福州大学学报，1990，18 (1)：33-37.
[50] 胡守仁，余少波，戴葵. 神经网络导论 [M]. 长沙：国防科技大学出版社，1997.
[51] 马浩，徐德鸿，等. 基于神经网络的电力电子电路故障诊断 [J]. 电力电子技术，1997，11 (4)：10-12.
[52] 吴金培，肖健华. 智能故障诊断与专家系统 [M]. 北京：科学出版社，1997.
[53] 蔡金锭，马西奎，黄东泉. 网络故障交叉撕裂的神经元网络诊断法 [J]. 小型微型计算机系统 2000，21 (7)：700-702.
[54] 李爱国，覃征，鲍复民，等. 粒子群优化算 [J]. 计算机工程应用，2002 (3)：1-3.
[55] 王正志，薄涛. 进化计算 [M]. 长沙：国防科技大学出版社，2000.
[56] 徐文，王大中，周泽存，等. 结合遗传算法的人工神经网络在电力变压器故障诊断中的应用 [J]. 中国电机工程学报，1997，17 (2).
[57] 王少芳，蔡金锭，刘庆珍. 基于粗糙集理论的电力变压器绝缘故障诊断 [J]. 继电器，2004，32 (2)：23-26.
[58] 王国胤. Rough 集理论与知识获取 [M]. 西安：西安交通大学出版社，2001.
[59] 张文修，吴伟志，梁吉业. 粗糙集理论与方法 [M]. 北京：科学出版社，2001.
[60] 马皓，徐德鸿，卞敬明. 基于神经网络和频谱分析的电力电子电路故障在线诊断 [J]. 浙江大学学报：工学版，1999，33 (6).
[61] 张贤达. 时间序列分析－高阶统计量方法 [M]. 北京：清华大学出版社，1996.
[62] 杨俊，韩捷，董辛旻. 基于矢谱－HM 的旋转机械故障诊断方法研究 [J]. 机床与液压，2009，37 (10)：262-263.
[63] 陆汝华，杨胜跃，朱颖，等. 基于 DHMM 的轴承故障音频诊断方法 [J]. 计算机工程与应用，2007，43 (17)：218-220.
[64] 杨威，李俊山，胡双演，等. 基于 HMM 的多尺度 Wedgelet 图像压缩算法 [J]. 计算机工程，2008，34 (1)：187-189.
[65] 王冲鶄，李一民，杨霞. 基于隐马尔可夫模型（HMM）的人脸表情识别 [J]. 通信技术，2007，40 (11)：359-361.
[66] 陈特放，钟燕科. 基于小波分析和 SVM 的主变流器故障诊断 [J]. 机车电传动，2009，1 (1)：57-59.
[67] 崔江，王友仁，刘权. 基于高阶谱与支持向量机的电力电子电路故障诊断技术 [J]. 中国电机工程学报，2007，27 (10)：62-66.
[68] 柳新民，刘冠军，邱静. 基于 HMM-SVM 的故障诊断模型及应用 [J]. 仪器仪表学报，2006，27 (1)：45-48.
[69] 柳新民，邱静，刘冠军. 基于 HMM-SVM 的混合故障诊断模型及应用 [J]. 航空学报，2005，26 (4)：496-500.
[70] 冯德益，楼世博. 模糊数学方法与应用 [M]. 北京：地震出版社，1985.
[71] 王志华. 基于模式识别的柴油机故障诊断技术研究 [D]. 武汉：武汉理工大学，2004.
[72] 单志强. 基于模糊 C-均值聚类算法的柴油机磨损模式识别 [J]. 机械设计与制造，2008，12：198-200.

［73］ 史铁林, 陈勇辉, 李巍华, 等. 提高大型复杂机电系统故障诊断质量的几种新方法［J］. 机械工程学报, 2003, 39（9）: 1-10.

［74］ 王国胜, 钟义信. 支持向量机的若干新进展［J］. 电子学报, 2001, 29（10）: 1397-1380.

［75］ Vapnik V N. 统计学习理论的本质［M］. 张学工, 译. 北京: 清华大学出版社, 2000.

［76］ 张学工. 关于统计学习理论与支持向量机［J］. 自动化学报, 2000, 26（1）: 32-42.

［77］ 段江涛, 李凌均, 张周锁, 等. 基于支持向量机的机械系统多故障分类方法［J］. 农业机械学报, 2004, 35（4）: 144-147.

［78］ 李飞, 高小榕, 高上凯. 基于随机森林算法的高维脑电特征优选［J］. 北京生物医学工程, 2007, 26（4）: 360-364.

［79］ 杨福生. 小波变换的工程分析与应用［M］. 北京: 科学出版社, 1999.

［80］ Xinhao Tian, Jing Lin, Fyfe K R, Zuo M J. Gearbox fault diagnosis using independent component analysis in the frequency domain and wavelet filtering［C］. IEEE Acoustics, Speech and Signal Processing, 2003: 245-248.

［81］ 胡寿松, 周川, 胡维. 基于小波奇异性的结构故障检测［J］. 应用科学学报, 18（3）: 198-201.

［82］ 刘伯鸿. 基于小波奇异性的故障检测［J］. 现代电力电子, 2006, 239（24）: 92-93.

［83］ 周小勇, 叶银忠. 故障信号检测的小波基选择方法［J］. 控制工程, 2003, 10（4）: 308-311.

［84］ 陈泽鑫. 小波基函数在故障诊断中的最佳选择［J］. 机械科学与技术, 2005, 24（2）: 172-175.

［85］ Weijie Wang, Yuanfu Kang, Xuezheng Zhao, et al. Study of automobile engine fault diagnosis based on wavelet neural networks［C］. Proceedings of the Fifth World Congress on Intelligent Control and Automation, 2004: 1766-1770.

［86］ 黄东泉, 叶风. 杨祖樱. 子网络级故障可诊断的拓扑条件［J］. 中国科学, 1991（12）: 1326-1332.

［87］ Lin R W, Lin C S, Liu R W. Analog Fault Diagnosis, A New Circuit Theory［J］. Proc. IEEE Int. Symp. CAS, 1983, 15（7）: 931-939.

［88］ Biernacki R M, Bandler J W. Multiple-Fault Location of Analog Circuits［J］. IEEE Trans. on CAS, 1981, 28（5）: 361-367.

［89］ Salama A, Starzyk J, Bandler J. A Unified Decomposition Approach for Fault Location in Large Analog Circuits［J］. IEEE Trans. on CAS, 1984, 31（7）: 609-621.

［90］ Ozawa T, Salama A. Diagnosability in the Decomposition Approach for Fault Location in Large Analog Networks［J］. IEEE Trans. on CAS, 1985, 32（4）: 415-416.

［91］ 孙雨耕, 吴雪, 宋学军. 大规模模拟电路子网络级故障诊断的改进节点撕裂法［J］. 天津大学学报, 1997, 30（3）: 265-273.

［92］ 罗先觉. 大规模模拟电路子网络级多级诊断［J］. 电工技术学报, 1995, 12（4）: 64-69.

［93］ 黄东泉, 叶风, 杨祖樱. 间接可测点可信性的拓扑条件［C］. 第二届电路 CAD 学术讨论会论文集, 1988: 458-464.

［94］ 陈怀海. 非确定结构系统区间分析的直接优化法［J］. 南京航空航天大学学报, 1999, 31（2）: 146-150.

［95］ 张友纯, 黄鹰. 容差条件下"黑箱"单子网络故障的可诊断性分析［J］. 电路与系统学报, 2000, 21（3）: 75-77.

［96］ 邹锐. 模拟电路故障诊断原理和方法［M］. 武汉: 华中理工大学出版社, 1988.

［97］ 陈圣俭, 洪炳熔, 等. 可诊断容差模拟电路软故障的新故障字典法［J］. 电子学报, 2000, 28（2）: 127-129.

［98］ 沈祖和. 区间分析方法及其应用［J］. 应用数学与计算数学, 1983（2）: 1-26.

[99] Svetoslav Markvol. An Iterative Method for Algebraic Solution to Interval Equations [J]. Applied Numerical Mathematics, 1999 (30): 225-239.

[100] 吴芝路, 陈圣, 王月芳. 模拟电路实用故障诊断新方法 [J]. 电子测量与仪器学报, 2000, 14 (2): 41-45.

[101] 陈圣俭, 蔡金燕, 等. 容差模拟电路子网络级故障诊断的新方法 [J]. 电子测量与仪器学报, 1998, 12 (2): 61-65.

[102] 张志涌, 杨祖樱. 非线性容差电路的故障诊断 [J]. 通信学报, 1994, 15 (4): 21-28.

[103] 孙义闯. 非线性电路故障节点诊断的一种方法 [J]. 通信学报, 1987, 8 (3): 92-96.

[104] 蔡金锭, 马西奎, 黄东泉, 等. 非线性容差子网络级故障的识别法 [J]. 微电子学, 2001, 22 (6).

[105] 罗先觉, 邱关源. 开关电容网络故障子网络的诊断 [J]. 西安交通大学学报, 1990, 25 (2): 11-20.

[106] 李承. 电网络的灵敏度研究 [J]. 武汉汽车工业大学学报, 2000, 22 (3): 56-59.

[107] 张志涌, 刘瑞祯, 杨祖樱. 掌握和精通 Matlab 6.5 [M]. 北京: 北京航空航天大学出版社, 2002.

[108] 刘志俭. MATLAB 应用程序接口用户指南 [M]. 北京: 科学出版社, 2000.

[109] 刘海燕, 姜麟, 胡珂. 基于 Delphi 和 Matlab 的混合编程方法在交通流量估算中的应用 [J]. 微计算机应用, 2009, 30 (6): 62-66.

[110] 罗作煌, 张新政, 过斌仔. 基于 Delphi 和 Matlab 集成开发水质预测与管理信息系统 [J]. 科学技术与工程, 2008, 8 (17): 5041-5045.

[111] 陈斌, 朱锐, 郝勇. Delphi 与 Matlab 接口在近红外光谱分析中的应用 [J]. 农机化研究, 2006 (8): 173-175.

[112] 姜银方, 陈建希, 李路娜. 基于 COM 的 Delphi 和 Matlab 接口编程研究 [J]. 计算机应用与软件, 2008, 25 (2): 31-34.

[113] 游佳, 何健鹰. Delphi 与 Matlab 接口以及脱离 Matlab 运行 [J]. 计算机与数字工程, 2004, 32 (6): 21-23.

[114] 韩守红, 唐力伟, 汪伟, 等. Delphi 和 Matlab 动态数据交换技术的实现 [J]. 微计算机信息, 2002, 18 (1): 66-67.

[115] 程云艳, 陈桦. 用 Delphi 面向对象开发模式实现 Matlab 的调用 [J]. 计算机时代, 2004 (4): 30-31.

[116] 李玉超, 高沁翔. 三相桥式全控整流实验装置的设计与研制 [J]. 现代电子技术, 2006, 29 (19): 104-106.

[117] 李志农, 丁启全, 吴昭同, 等. 转子裂纹的高阶谱分析 [J]. 振动与冲击, 2002, 21 (1): 60-62.

[118] Molloy S, Adolphsen C, Bane K, et al. Investigations of the wideband spectrum of higher order modes measured on tesla-style cavities at the flash linac [C]. Particle Accelerator Conference, 2007.

[119] Chua K C, Chandran V, Acharya Rajendra, et al. Automatic identification of epilepsy by HOS and power spectrum parameters using EEG signals: A comparative study [C]. Engineering in Medicine and Biology Society, 2008.

[120] 杨江天, 陈家骥, 曾子平. 双谱分析及其在机械故障诊断中的应用 [J]. 中国机械工程, 2000, 11 (4): 424-426.

[121] Rosero J, Ortega J, Urresty J, et al. Stator short circuits detection in PMSM by means of higher order spectral analysis (HOSA) [C]. Applied Power Electronics Conference and Exposition, 2009: 964-969.

[122] De la Rosa J J G, Lloret I, Moreno A, et al. Higher-order spectral characterization of termite emissions using acoustic emission probes [J]. IEEE Sensors Applications Symposium, 2007, 14 (3): 1-6.

[123] Dai J. Hybrid approach to speech recognition using hidden Markov models and Markov chains [J]. IEEE Vision, Image and Signal Processing, 1994, 141 (5): 273-279.

[124] Nankaku Y, Tokuda, K. Face Recognition using hidden markov eigenface models. Acoustics [J], Speech and Signal Processing, 2007, 2: 469-472.

[125] 崔锦泰，程正兴. 小波分析导论 [M]. 西安：西安交通大学出版社，1995.

[126] 彭玉华. 小波变换与工程应用 [M]. 北京：科学出版社，1999.

[127] Breiman L. Random forests [J]. Machine Learning, 2001, 45 (1): 5-32.